5年

実力アップ
計算練習ノート

特別ふろく

計算力がぐんぐんのびる！

このふろくは
すべての教科書に対応した
全教科書版です。

年	組	名前

「計算練習ノート」はとりはずして使用できます。

1 直方体や立方体の体積(1)

得点　/100点

◆ 次のような形の体積は何 cm^3 ですか。　1つ6〔36点〕

❶ 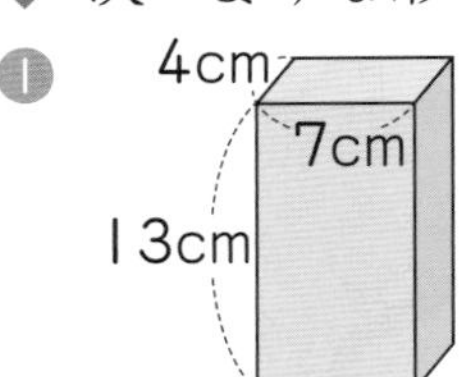

❷ 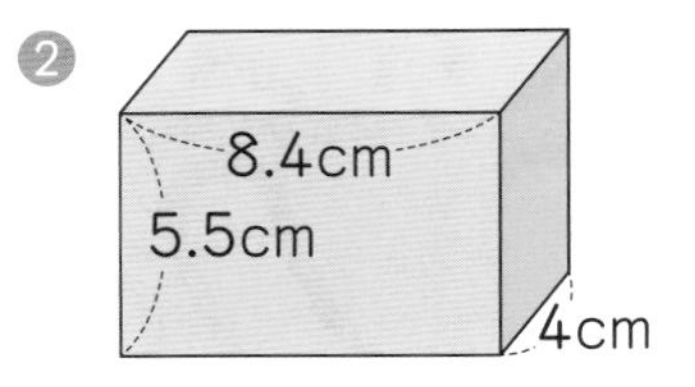

❸ 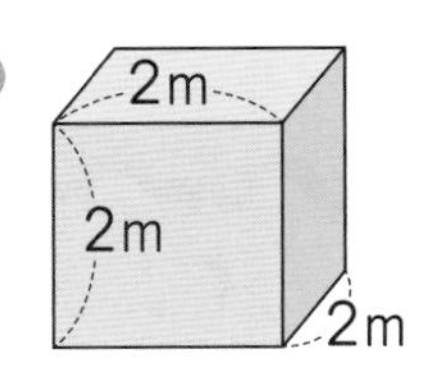

(　　　)　(　　　)　(　　　)

❹ 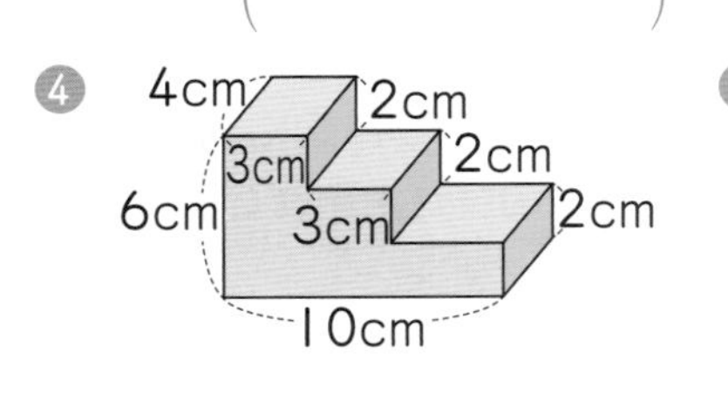

❺ 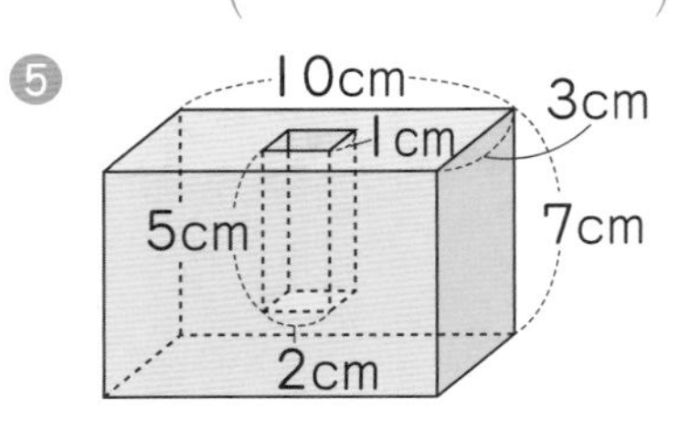

❻ 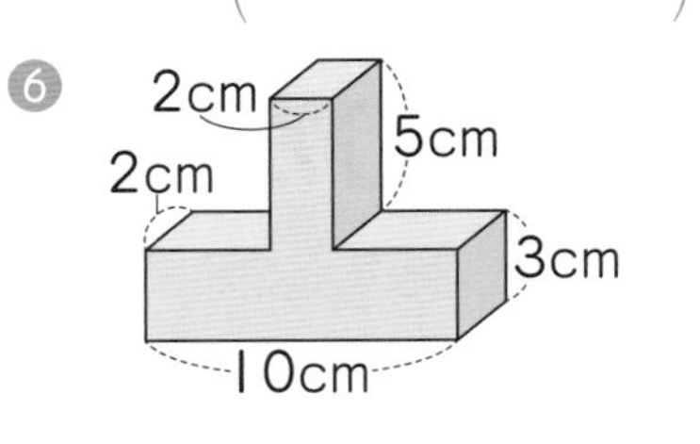

(　　　)　(　　　)　(　　　)

♥ 次の図は直方体や立方体の展開図(てんかいず)です。この直方体や立方体の体積を、それぞれの単位で求めましょう。　1つ6〔36点〕

❼ 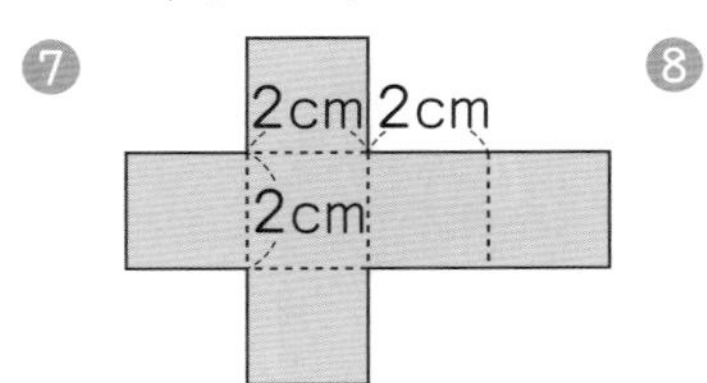

❽ 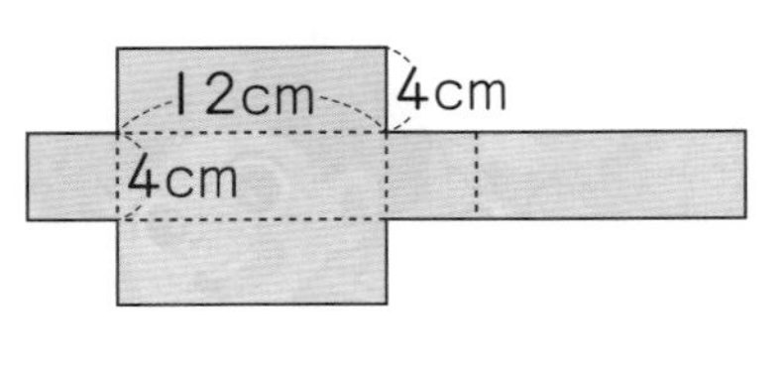

❾ 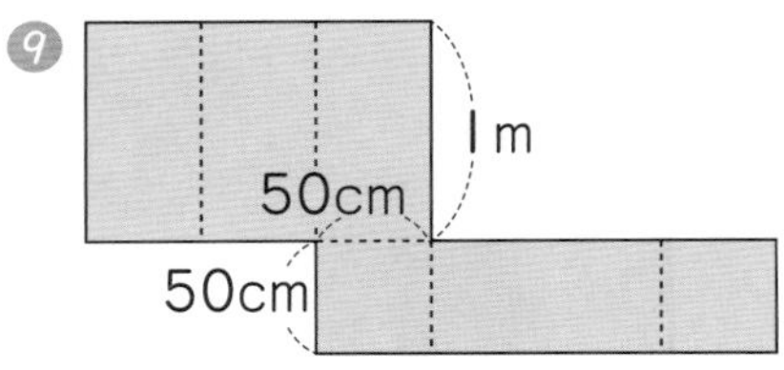

cm^3 (　　　)　cm^3 (　　　)　cm^3 (　　　)

mL (　　　)　mL (　　　)　L (　　　)

♠ たてが28cm、横が23cm、体積が3220 cm^3 の直方体の高さを求めましょう。　〔7点〕

(　　　)

♣ ある学校のプールは、たて25m、横10m、深さ1.2mです。このプールの容積(ようせき)は何 m^3 ですか。また、何Lですか。　1つ7〔21点〕

式

答え (　　　、　　　)

2 直方体や立方体の体積(2)

得点

/100点

◆ 次のような形の体積を求めましょう。　1つ10〔60点〕

❶ たて4cm、横5cm、高さ6cmの直方体

(　　　　　)

❷ 1辺の長さが8cmの立方体

(　　　　　)

❸

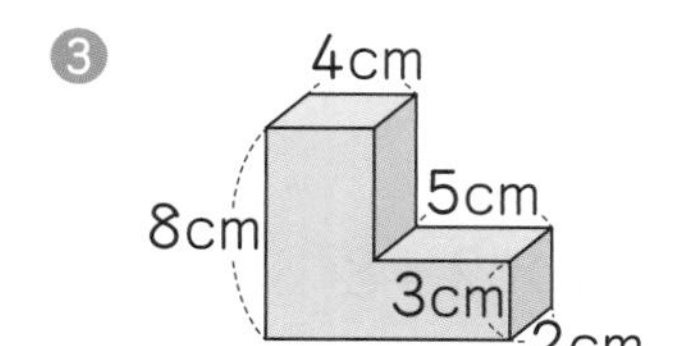

(　　　　　)

❹

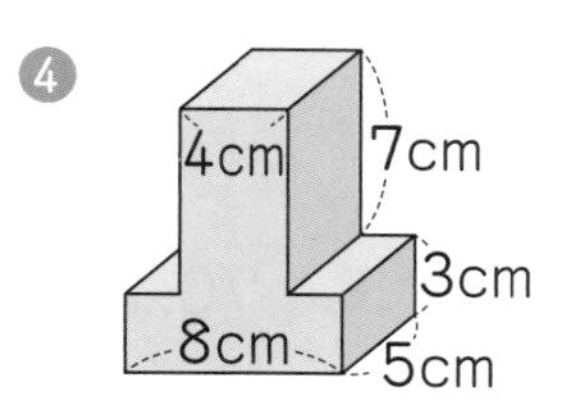

(　　　　　)

❺

(　　　　　)

❻

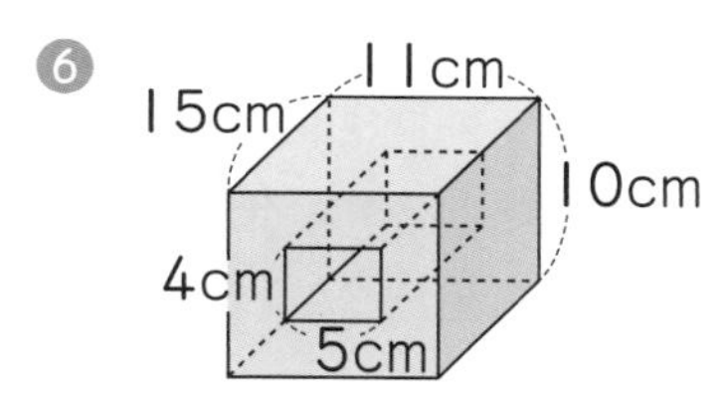

(　　　　　)

♥ 右の図は直方体の展開図です。この直方体の体積は何cm³ですか。　〔10点〕

(　　　　　)

♠ 右の図のような直方体の水そうがあります。この水そうに深さ15cmまで水を入れると、水の体積は何cm³ですか。また、何Lですか。　1つ10〔30点〕

式

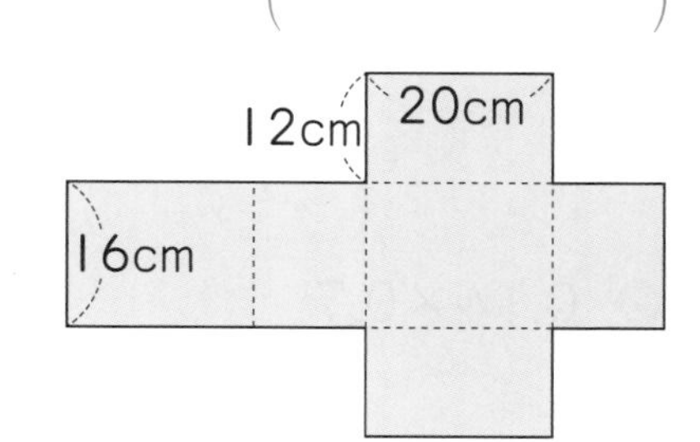

答え (　　　　、　　　　)

●勉強した日　月　日

3 小数のかけ算（1）

得点
/100点

◆ 計算をしましょう。　1つ5〔45点〕

❶ 3×5.8　❷ 9×1.61　❸ 3.5×7.6

❹ 2.7×0.74　❺ 0.66×5.2　❻ 8.07×20.1

❼ 2.9×0.71　❽ 70.1×0.13　❾ 0.51×2.18

♥ 計算をしましょう。　1つ5〔45点〕

❿ 5×2.2　⓫ 40×5.05　⓬ 7.5×0.4

⓭ 12.5×0.8　⓮ 3.3×0.3　⓯ 1.09×0.2

⓰ 0.14×0.7　⓱ 1.8×0.5　⓲ 0.16×0.5

♠ 1mの重さが27.6gのはり金があります。このはり金7.3mの重さは何gですか。

式　1つ5〔10点〕

答え（　　　　）

●勉強した日　月　日

4 小数のかけ算 (2)

得点

/100点

◆ 計算をしましょう。 1つ5〔45点〕

❶ 20×4.3　❷ 12×0.97　❸ 10.7×1.7

❹ 4.2×85.7　❺ 1.92×40.4　❻ 1.01×9.9

❼ 0.8×7.03　❽ 0.66×0.66　❾ 9.92×0.98

♥ 計算をしましょう。 1つ5〔45点〕

❿ 62×0.35　⓫ 0.75×1.6　⓬ 3.52×2.5

⓭ 1.3×0.6　⓮ 5.3×0.12　⓯ 0.28×0.3

⓰ 0.9×0.45　⓱ 0.8×0.25　⓲ 0.02×0.5

♠ たて0.45m、横0.8mの長方形の面積を求めましょう。 1つ5〔10点〕

式

答え（　　　　　）

●勉強した日　月　日

5 小数のかけ算(3)

得点

/100点

◆ 計算をしましょう。　1つ5〔45点〕

❶ 2.9×3.1　❷ 3.7×6.4　❸ 4.4×0.86

❹ 2.83×4.6　❺ 4.51×8.5　❻ 16.7×3.09

❼ 2.06×4.03　❽ 36×7.6　❾ 617×3.4

♥ 計算をしましょう。　1つ5〔45点〕

❿ 3.5×8.6　⓫ 4.25×5.4　⓬ 645×1.4

⓭ 50×4.06　⓮ 0.85×4.8　⓯ 0.26×1.6

⓰ 0.34×2.7　⓱ 0.3×2.6　⓲ 0.25×2.4

♠ まさとさんの身長は140cmで、お父さんの身長はその1.25倍です。お父さんの身長は何cmですか。　1つ5〔10点〕

式

答え（　　　　）

●勉強した日　月　日

6 小数のわり算(1)

得点　/100点

◆ わりきれるまで計算しましょう。　1つ5〔45点〕

❶ 2.88÷1.8　❷ 7.54÷2.6　❸ 9.52÷2.8

❹ 22.4÷6.4　❺ 36.9÷4.5　❻ 50.7÷7.8

❼ 7.7÷5.5　❽ 8.01÷4.45　❾ 6.6÷2.64

♥ 計算をしましょう。　1つ5〔45点〕

❿ 40.2÷6.7　⓫ 42.4÷5.3　⓬ 65.8÷9.4

⓭ 53.2÷1.4　⓮ 75.4÷2.6　⓯ 94.5÷3.5

⓰ 81.6÷1.36　⓱ 68.7÷2.29　⓲ 81.5÷1.63

♠ 面積が36.75 m^2、たての長さが7.5 mの長方形の花だんの横の長さは何 mですか。　1つ5〔10点〕

式

答え（　　　　）

7 小数のわり算(2)

得点
/100点

◆ わりきれるまで計算しましょう。　1つ5〔45点〕

❶ 6.08÷7.6　❷ 5.34÷8.9　❸ 1.9÷2.5

❹ 3.6÷4.8　❺ 1.74÷2.4　❻ 2.31÷8.4

❼ 17÷6.8　❽ 48÷7.5　❾ 57÷7.6

♥ わりきれるまで計算しましょう。　1つ5〔45点〕

❿ 5.1÷0.6　⓫ 3.6÷0.8　⓬ 14.5÷0.4

⓭ 9.2÷0.8　⓮ 2.85÷0.6　⓯ 2.66÷0.4

⓰ 0.98÷0.8　⓱ 8÷0.5　⓲ 6÷0.25

♠ 6.4 mのパイプの重さは4.8kgでした。このパイプ1 mの重さは何kgですか。

式　1つ5〔10点〕

答え（　　　）

8 小数のわり算(3)

得点
/100点

◆ 商は一の位まで求めて、あまりも出しましょう。　1つ5〔45点〕

❶ 16÷4.3　❷ 21÷3.6　❸ 45÷2.4

❹ 480÷8.5　❺ 355÷7.9　❻ 5.7÷2.6

❼ 16.7÷8.5　❽ 24.9÷6.8　❾ 5.23÷3.6

♥ 商は四捨五入（ししゃごにゅう）して、上から2けたのがい数で求めましょう。　1つ5〔45点〕

❿ 8.7÷2.6　⓫ 9.3÷1.7　⓬ 7.13÷3.8

⓭ 6.46÷4.7　⓮ 23.4÷5.3　⓯ 7÷2.9

⓰ 9.06÷0.44　⓱ 2.23÷0.81　⓲ 7÷0.33

♠ たての長さが3.6 m、面積が11.5 m^2の長方形の土地があります。この土地の横の長さは何mですか。四捨五入して、上から2けたのがい数で求めましょう。

式　1つ5〔10点〕

答え（　　　　）

9 小数のわり算 (4)

得点

/100点

◆ わりきれるまで計算しましょう。　1つ5〔45点〕

❶ 73.6÷9.2　❷ 1.52÷3.8　❸ 1.35÷0.15

❹ 707÷1.4　❺ 1.11÷14.8　❻ 14.4÷0.32

❼ 3.06÷6.12　❽ 29.83÷3.14　❾ 0.4÷1.28

♥ 商は一の位まで求めて、あまりも出しましょう。　1つ5〔30点〕

❿ 40÷9.56　⓫ 9.31÷1.1　⓬ 97.8÷3.32

⓭ 10÷9.29　⓮ 2.3÷0.88　⓯ 122.2÷0.61

♠ 商は四捨五入(ししゃごにゅう)して、上から2けたのがい数で求めましょう。　1つ5〔15点〕

⓰ 50.5÷9.09　⓱ 31.18÷0.7　⓲ 88.7÷1.11

♣ 長さが4.21mのロープを33.3cmずつ切り取ります。33.3cmのロープは全部で何本できて、何cmあまりますか。　1つ5〔10点〕

式

答え（　　　　　　　　）

10 整数の性質

得点　/100点

◆ 2、7、12、21、33、40、56、61のうち、次の数を全部書きましょう。　1つ6〔18点〕

❶ 偶数(ぐうすう)　(　)
❷ 奇数(きすう)　(　)
❸ 7の倍数　(　)

♥ 次の数の倍数を、小さい順に3つ求めましょう。　1つ6〔12点〕

❹ 12　(　)
❺ 15　(　)

♠ (　)の中の数の公倍数を、小さい順に3つ求めましょう。　1つ6〔12点〕

❻ (32、48)　(　)
❼ (26、52)　(　)

♣ 次の数の約数を、全部求めましょう。　1つ6〔12点〕

❽ 24　(　)
❾ 49　(　)

◆ (　)の中の数の公約数を、全部求めましょう。　1つ6〔12点〕

❿ (48、72)　(　)
⓫ (65、91)　(　)

♥ (　)の中の数の最小公倍数と最大公約数を求めましょう。　1つ7〔28点〕

⓬ (36、96)
最小公倍数 (　)
最大公約数 (　)

⓭ (34、51、85)
最小公倍数 (　)
最大公約数 (　)

♠ たて10cm、横16cmの長方形のタイルをすきまなくならべて、できるだけ小さい正方形をつくります。できる正方形の1辺の長さは何cmですか。　〔6点〕

(　)

11 図形の角

時間20分

得点　/100点

◆ あ～うの角度は何度ですか。計算で求めましょう。　1つ6〔18点〕

❶
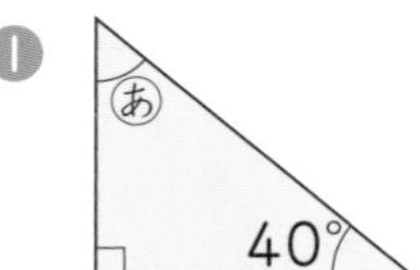

❷

❸
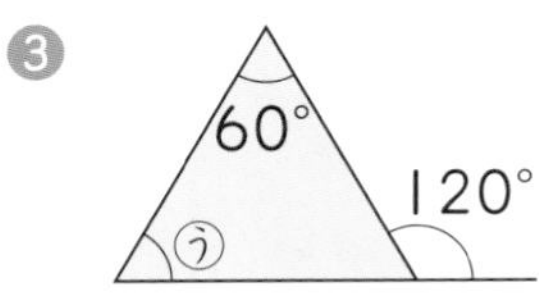

（　　）（　　）（　　）

♥ あ～かの角度は何度ですか。計算で求めましょう。　1つ6〔36点〕

❹
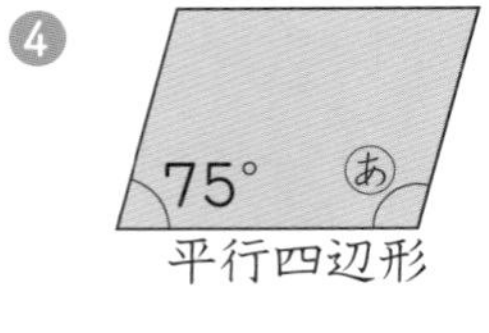

❺
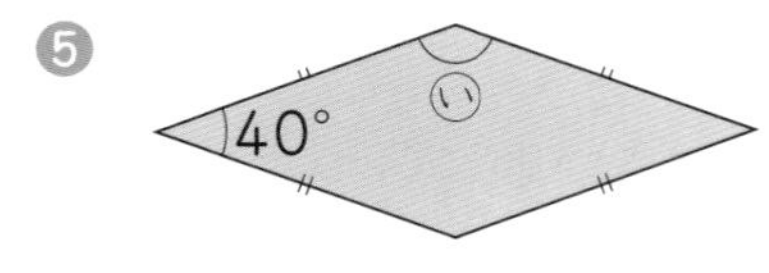

❻
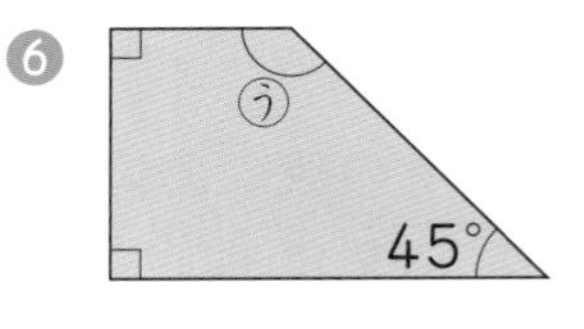

（　　）（　　）（　　）

❼
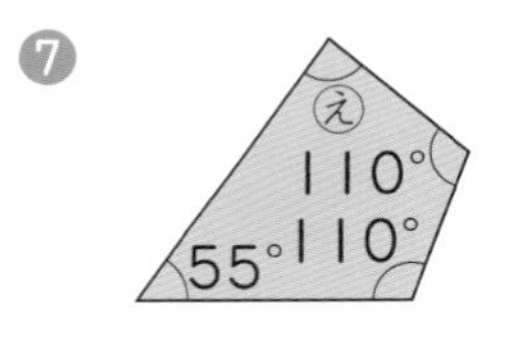

❽
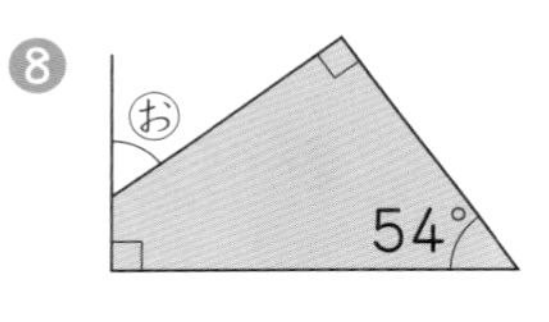

❾
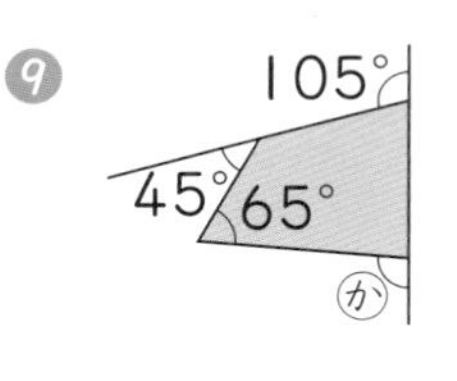

（　　）（　　）（　　）

♠ あ～うの角度は何度ですか。計算で求めましょう。　1つ6〔18点〕

❿
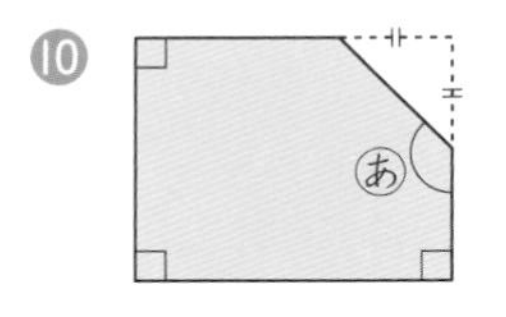

⓫

⓬
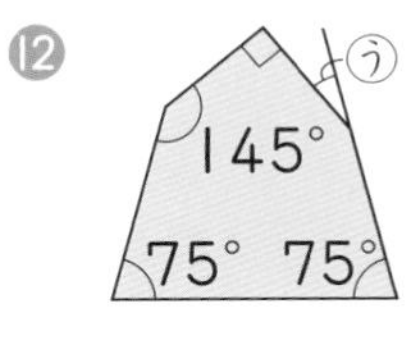

（　　）（　　）（　　）

♣ あ～えの角度は何度ですか。計算で求めましょう。　1つ7〔28点〕

⓭
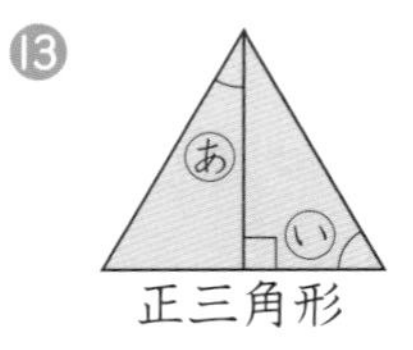

⓮
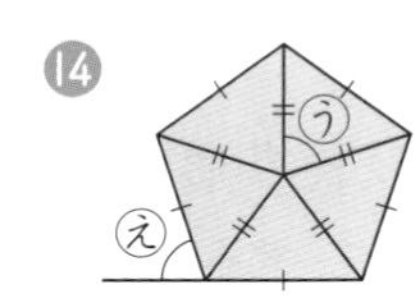

あ（　　）　　う（　　）

い（　　）　　え（　　）

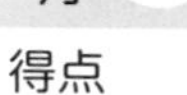

12 分数のたし算とひき算（1）

得点

/100点

◆ 計算をしましょう。　1つ5〔45点〕

❶ $\frac{1}{4}+\frac{2}{3}$　❷ $\frac{1}{3}+\frac{1}{5}$　❸ $\frac{1}{2}+\frac{2}{7}$

❹ $\frac{3}{8}+\frac{1}{4}$　❺ $\frac{4}{5}+\frac{2}{3}$　❻ $\frac{2}{7}+\frac{3}{4}$

❼ $\frac{3}{5}+\frac{7}{3}$　❽ $\frac{5}{6}+\frac{2}{9}$　❾ $\frac{7}{8}+\frac{5}{6}$

♥ 計算をしましょう。　1つ5〔45点〕

❿ $\frac{5}{7}-\frac{1}{2}$　⓫ $\frac{4}{5}-\frac{3}{4}$　⓬ $\frac{5}{6}-\frac{1}{7}$

⓭ $\frac{7}{8}-\frac{2}{5}$　⓮ $\frac{9}{10}-\frac{3}{4}$　⓯ $\frac{9}{7}-\frac{2}{3}$

⓰ $\frac{9}{8}-\frac{3}{4}$　⓱ $\frac{7}{3}-\frac{3}{7}$　⓲ $\frac{11}{10}-\frac{3}{8}$

♠ 容器(ようき)に $\frac{8}{5}$ L のジュースが入っています。$\frac{4}{3}$ L 飲んだとき、残りのジュースは何 L ですか。　1つ5〔10点〕

式

答え（　　　　）

13 分数のたし算とひき算（2）

得点 /100点

◆ 計算をしましょう。 1つ5〔45点〕

❶ $\frac{2}{3}+\frac{1}{12}$　❷ $\frac{1}{5}+\frac{3}{10}$　❸ $\frac{1}{6}+\frac{2}{15}$

❹ $\frac{11}{20}+\frac{1}{4}$　❺ $\frac{1}{15}+\frac{1}{12}$　❻ $\frac{2}{3}+\frac{8}{15}$

❼ $\frac{5}{6}+\frac{5}{14}$　❽ $\frac{9}{10}+\frac{4}{15}$　❾ $\frac{17}{12}+\frac{23}{20}$

♥ 計算をしましょう。 1つ5〔45点〕

❿ $\frac{2}{3}-\frac{5}{12}$　⓫ $\frac{7}{10}-\frac{1}{6}$　⓬ $\frac{7}{10}-\frac{1}{5}$

⓭ $\frac{17}{15}-\frac{5}{6}$　⓮ $\frac{8}{3}-\frac{1}{6}$　⓯ $\frac{7}{15}-\frac{3}{10}$

⓰ $\frac{9}{14}-\frac{1}{6}$　⓱ $\frac{4}{3}-\frac{11}{15}$　⓲ $\frac{31}{6}-\frac{3}{10}$

♠ $\frac{2}{3}$kgのかごに、$\frac{5}{6}$kgの果物を入れました。重さは全部で何kgですか。 1つ5〔10点〕

式

答え（　　　）

14 分数のたし算とひき算(3)

●勉強した日  月 日

得点 /100点

◆ 計算をしましょう。 1つ5〔45点〕

❶ $1\frac{2}{3}+\frac{1}{2}$

❷ $1\frac{1}{5}+\frac{2}{7}$

❸ $\frac{3}{8}+2\frac{3}{4}$

❹ $1\frac{5}{6}+\frac{3}{4}$

❺ $3\frac{3}{8}+\frac{7}{10}$

❻ $\frac{5}{6}+2\frac{2}{5}$

❼ $2\frac{2}{5}+2\frac{1}{9}$

❽ $1\frac{1}{6}+3\frac{1}{4}$

❾ $1\frac{1}{6}+3\frac{3}{8}$

♥ 計算をしましょう。 1つ5〔45点〕

❿ $1\frac{2}{5}+\frac{1}{10}$

⓫ $2\frac{2}{3}+\frac{1}{12}$

⓬ $\frac{6}{7}+2\frac{9}{14}$

⓭ $1\frac{2}{5}+2\frac{3}{4}$

⓮ $3\frac{5}{6}+1\frac{2}{9}$

⓯ $1\frac{3}{10}+2\frac{1}{6}$

⓰ $1\frac{1}{10}+1\frac{1}{15}$

⓱ $2\frac{5}{6}+3\frac{2}{3}$

⓲ $2\frac{17}{21}+5\frac{5}{14}$

♠ 1日目は$1\frac{1}{6}$L、2日目は$\frac{5}{14}$Lのペンキを使って、2日間でかべをぬりました。ペンキは全部で何L使いましたか。 1つ5〔10点〕

式

答え（ ）

15 分数のたし算とひき算(4)

得点　　/100点

◆ 計算をしましょう。　1つ5〔45点〕

❶ $2\frac{5}{6}-\frac{2}{3}$　❷ $1\frac{8}{9}-\frac{3}{4}$　❸ $2\frac{11}{12}-1\frac{3}{8}$

❹ $5\frac{2}{3}-3\frac{1}{2}$　❺ $3\frac{3}{4}-2\frac{3}{5}$　❻ $2\frac{11}{14}-\frac{1}{2}$

❼ $2\frac{7}{10}-2\frac{1}{5}$　❽ $1\frac{7}{8}-1\frac{5}{6}$　❾ $1\frac{7}{12}-1\frac{2}{15}$

♥ 計算をしましょう。　1つ5〔45点〕

❿ $1\frac{1}{2}-\frac{4}{5}$　⓫ $1\frac{3}{8}-\frac{2}{3}$　⓬ $1\frac{1}{12}-\frac{5}{9}$

⓭ $3\frac{1}{6}-\frac{3}{14}$　⓮ $2\frac{1}{24}-\frac{5}{8}$　⓯ $1\frac{1}{10}-\frac{4}{15}$

⓰ $4\frac{3}{10}-3\frac{1}{2}$　⓱ $4\frac{1}{12}-1\frac{4}{21}$　⓲ $3\frac{1}{15}-2\frac{3}{20}$

♠ 米が$2\frac{5}{12}$kgあります。$\frac{9}{20}$kg使うと、残りは何kgになりますか。　1つ5〔10点〕

式

答え（　　　　）

16 分数のたし算とひき算(5)

得点

/100点

◆ 計算をしましょう。　1つ7〔42点〕

❶ $\frac{1}{3}+\frac{1}{4}+\frac{1}{5}$

❷ $\frac{2}{5}+\frac{3}{10}+\frac{4}{15}$

❸ $\frac{2}{5}+\frac{1}{3}+\frac{1}{2}$

❹ $\frac{1}{6}+\frac{1}{2}+\frac{2}{9}$

❺ $1\frac{1}{2}+1\frac{2}{3}+1\frac{1}{6}$

❻ $\frac{5}{6}+1\frac{3}{8}+2\frac{5}{12}$

♥ 計算をしましょう。　1つ7〔42点〕

❼ $\frac{1}{2}+\frac{1}{3}-\frac{1}{4}$

❽ $\frac{4}{5}-\frac{3}{4}+\frac{1}{8}$

❾ $\frac{2}{3}-\frac{2}{5}-\frac{1}{6}$

❿ $\frac{1}{3}-\frac{2}{9}-\frac{1}{12}$

⓫ $1\frac{3}{10}-\frac{2}{5}-\frac{1}{2}$

⓬ $4\frac{1}{7}-\frac{4}{5}-2\frac{4}{35}$

♠ ドレッシングが$\frac{4}{5}$dLありました。昨日と今日2日続けてドレッシングを$\frac{3}{20}$dLずつ使いました。残ったドレッシングは何dLですか。　1つ8〔16点〕

式

答え（　　　　）

●勉強した日　　月　　日

17 分数と小数

時間 20分

得点　/100点

◆ 次の分数を小数や整数になおしましょう。　1つ5〔30点〕

❶ $\frac{3}{4}$　(　　　)

❷ $\frac{11}{10}$　(　　　)

❸ $\frac{7}{8}$　(　　　)

❹ $\frac{95}{5}$　(　　　)

❺ $\frac{23}{20}$　(　　　)

❻ $3\frac{1}{25}$　(　　　)

♥ 次の小数を分数になおしましょう。　1つ5〔30点〕

❼ 0.2　(　　　)

❽ 1.3　(　　　)

❾ 2.75　(　　　)

❿ 3.2　(　　　)

⓫ 1.05　(　　　)

⓬ 0.025　(　　　)

♠ 分数で答えましょう。　1つ6〔12点〕

⓭ 2mは、3mの何倍ですか。　(　　　)

⓮ 9kgを1とみると、84kgはいくつになりますか。　(　　　)

♣ □にあてはまる不等号を書きましょう。　1つ7〔28点〕

⓯ 0.79 □ $\frac{4}{5}$

⓰ $\frac{2}{3}$ □ 0.66

⓱ 1.13 □ $\frac{9}{8}$

⓲ $3\frac{5}{9}$ □ 3.6

18 平　均

得点　/100点

◆ 次の量の平均(へいきん)を求めましょう。　1つ7〔42点〕

❶ 30人、40人、50人

(　　　　)

❷ 102mL、105mL、90mL、97mL

(　　　　)

❸ 33g、48g、26g、88g、29g

(　　　　)

❹ 5cm^2、4.7cm^2、3.8cm^2、0cm^2、5.3cm^2

(　　　　)

❺ 9.8m、9.6m、8.9m、9.8m、8.2m

(　　　　)

❻ 50分、45分、60分、75分

(　　　　)

♥ 下の表の空らんにあてはまる数を書きましょう。　1つ7〔14点〕

❼ 欠席者の人数

曜日	月	火	水	木	金	平均
人数(人)	3	1	0		5	2.2

❽ めがねをかけている人の人数

組	A	B	C	D	E	平均
人数(人)	8	7		8	9	9

♠ 25個(こ)のたまごのうち、3個の重さの平均が58.5gのとき、次の量を求めましょう。　1つ8〔16点〕

❾ これら3個のたまごの合計の重さ

(　　　　)

❿ 25個のたまご全体のおよその重さ

(　　　　)

♣ 次の問いに答えましょう。　1つ7〔28点〕

⓫ 1日に平均1.1Lの水を飲むとき、2週間で飲む水の量は、およそ何Lになりますか。

式

答え(　　　　)

⓬ 1日に平均で1.2km走るとき、走ったきょりの合計が30kmになるには、およそ何日かかりますか。

式

答え(　　　　)

19 単位量あたりの大きさ

得点
/100点

◆ 次の単位量あたりの大きさを求めましょう。　1つ7〔42点〕

・10m²の部屋の中に5人いるときの、

❶ 1m²あたりの人数　（　　　）

❷ 1人あたりの広さ　（　　　）

・ガソリン40Lで500km走る自動車の、

❸ ガソリン1Lあたりに走る道のり　（　　　）

❹ 1kmあたりに必要なガソリンの量　（　　　）

・50mあたりの重さが1600gのはり金の、

❺ 1mあたりの重さ　（　　　）

❻ 1kgあたりの長さ　（　　　）

♥ 1mあたりのねだんが125円のテープについて、次の長さや代金を求めましょう。　1つ7〔28点〕

❼ 4.2mの代金　（　　　）

❽ 10.6mの代金　（　　　）

❾ 500円分の長さ　（　　　）

❿ 1200円分の長さ　（　　　）

♠ 下の表を見て、A（エー）市、B（ビー）市、C（シー）市の人口密度（じんこうみつど）を、四捨五入（ししゃごにゅう）して上から2けたのがい数で求めましょう。　1つ10〔30点〕

都市の面積と人口

	面積（km²）	人口（万人）
A市	1004	201
B市	560	144
C市	332	159

⓫ A市（　　　）

⓬ B市（　　　）

⓭ C市（　　　）

●勉強した日　月　日

20 速さ(1)

得点

/100点

◆ 次の速さを、〔　〕の中の単位で求めましょう。　1つ8〔24点〕

❶ 150mを30秒で走る人の秒速〔m〕

(　　　　　　)

❷ 180kmを2時間で走る列車の時速〔km〕

(　　　　　　)

❸ 2000mを25分間で歩く人の分速〔m〕

(　　　　　　)

♥ 次の道のりを、〔　〕の中の単位で求めましょう。　1つ8〔24点〕

❹ 時速54kmで走る自動車が45分間に進む道のり〔km〕

(　　　　　　)

❺ 秒速15mで走る動物が5分間に進む道のり〔m〕

(　　　　　　)

❻ 分速75mで歩く人が2時間に進む道のり〔km〕

(　　　　　　)

♠ 次の時間を、〔　〕の中の単位で求めましょう。　1つ8〔24点〕

❼ 分速0.8kmで走る自動車が120km進むのにかかる時間〔時間〕

(　　　　　　)

❽ 秒速20mで飛ぶ鳥が30km飛ぶのにかかる時間〔分〕

(　　　　　　)

❾ 時速18kmで走る自転車が36km進むのにかかる時間〔分〕

(　　　　　　)

♣ 右の表の空らんにあてはまる数を書きましょう。　1つ3〔18点〕

	秒速	分速	時速
自転車	5m		
電車		1.2km	
飛行機			540km

◆ なみさんは40分間に3km歩きました。12分間では何m歩きますか。　1つ5〔10点〕

式

答え(　　　　　　)

21 速さ(2)

得点　/100点

◆ 次の速さを、〔　〕の中の単位で求めましょう。　1つ8〔24点〕

① 150kmを2.5時間で走る自動車の時速〔km〕
（　　　　）

② 0.9kmを5分間で進む自転車の分速〔m〕
（　　　　）

③ 192mを16秒間で走る馬の秒速〔m〕
（　　　　）

♥ 次の道のりを、〔　〕の中の単位で求めましょう。　1つ8〔24点〕

④ 分速500mのバイクが18分間に進む道のり〔km〕
（　　　　）

⑤ 秒速20mで飛ぶ鳥が40秒間に進む道のり〔m〕
（　　　　）

⑥ 時速36kmで走るバスが15分間に進む道のり〔m〕
（　　　　）

♠ 次の時間を、〔　〕の中の単位で求めましょう。　1つ8〔24点〕

⑦ 時速4.5kmで歩く人が9000m進むのにかかる時間〔時間〕
（　　　　）

⑧ 分速180mで走る人が10.8km進むのにかかる時間〔分〕
（　　　　）

⑨ 秒速55mで飛ぶ鳥が6050m飛ぶのにかかる時間〔時間〕
（　　　　）

♣ 右の表の空らんにあてはまる数を書きましょう。　1つ3〔18点〕

	秒速	分速	時速
はと			72km
つばめ	65m		
飛行機		18km	

◆ 家からA町まで自動車で往復しました。行きは時速48kmで走り、36分後にA町に着きました。帰りは行きの速さの1.5倍で走るとき、帰りには何分かかりますか。　1つ5〔10点〕

式

答え（　　　　）

22 四角形と三角形の面積(1)

得点

/100点

◆ 次の平行四辺形の面積を求めましょう。　1つ8〔32点〕

❶
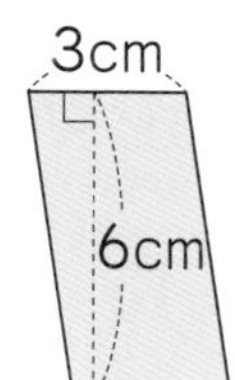

❷
2.7cm
3.6cm

❸
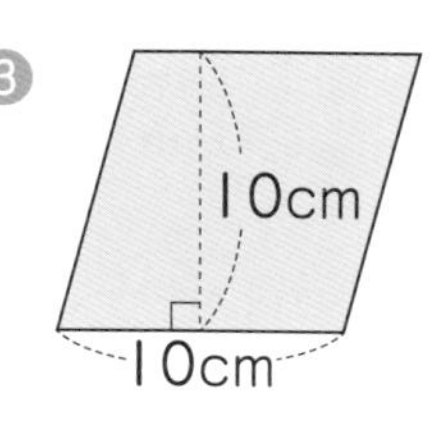

❹
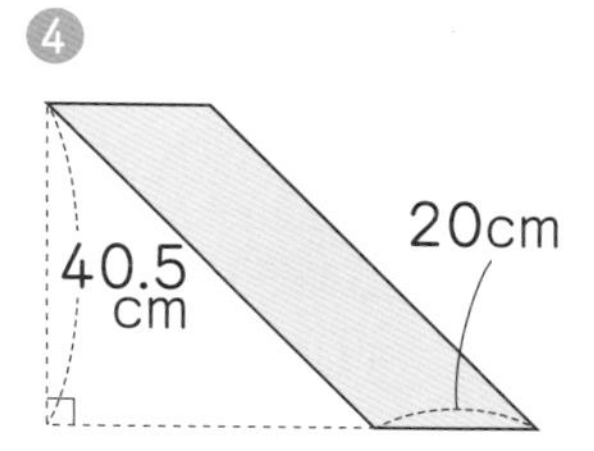

(　　　　)　(　　　　)　(　　　　)　(　　　　)

♥ 次の三角形の面積を求めましょう。　1つ8〔32点〕

❺
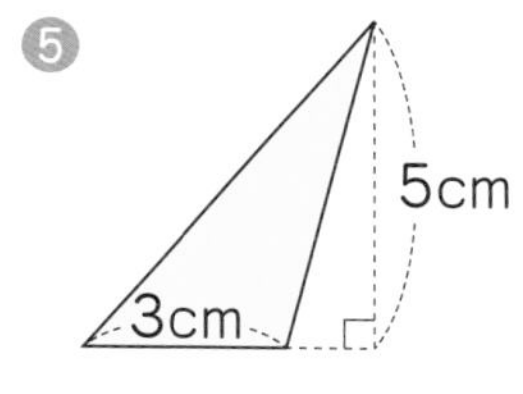

❻
9.6cm
6.9
cm
4.6cm

❼
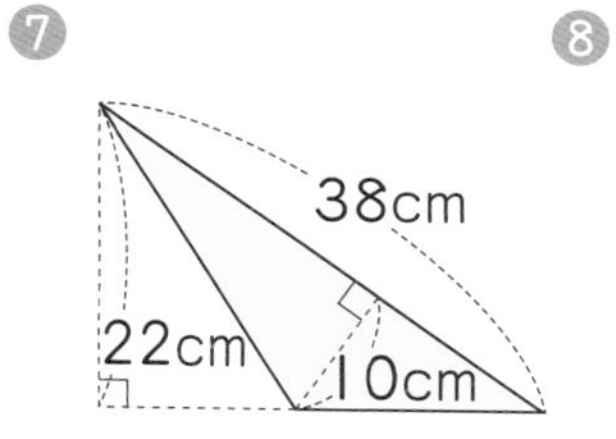

❽
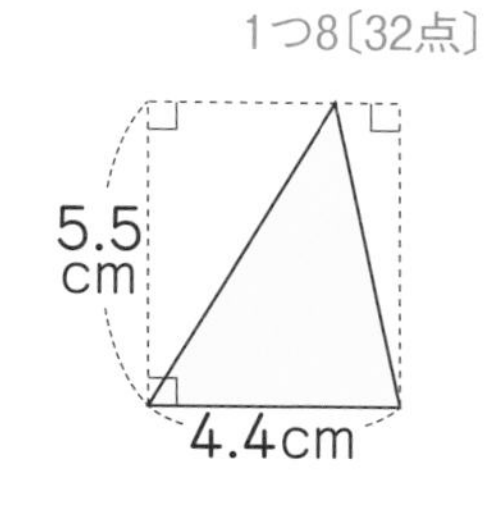

(　　　　)　(　　　　)　(　　　　)　(　　　　)

♠ 次の底辺がわかっている平行四辺形と三角形の高さを求めましょう。　1つ9〔36点〕

❾
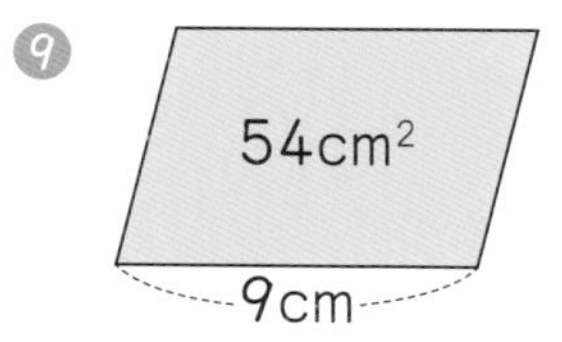

❿
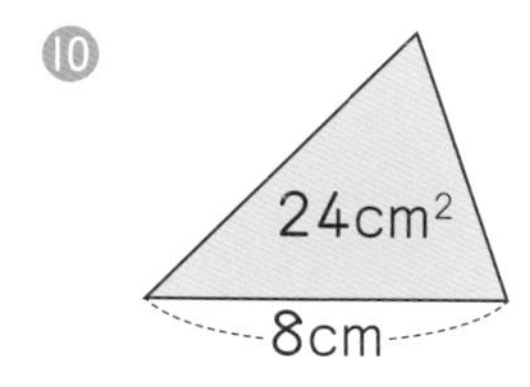

(　　　　)　(　　　　)

⓫
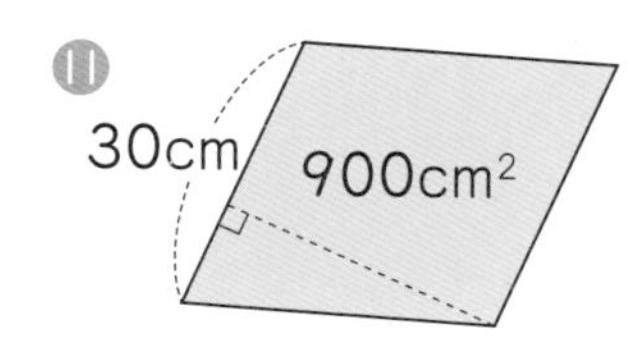

⓬
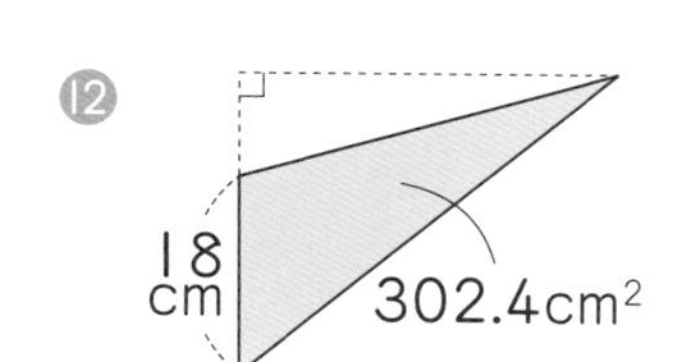

(　　　　)　(　　　　)

23 四角形と三角形の面積(2)

時間 20分

得点　/100点

◆ 次の台形の面積を求めましょう。　1つ8〔32点〕

❶ 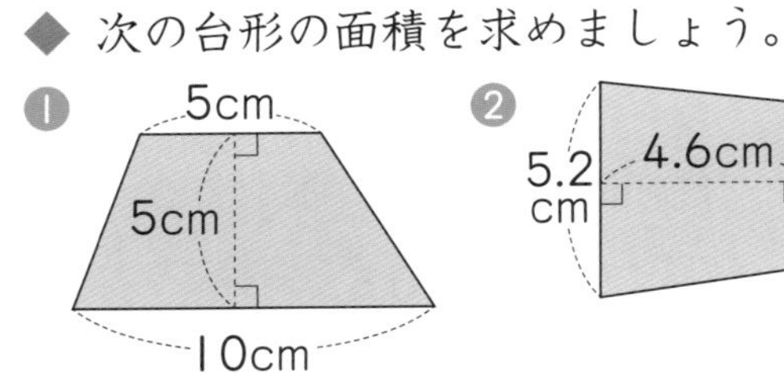

❷ 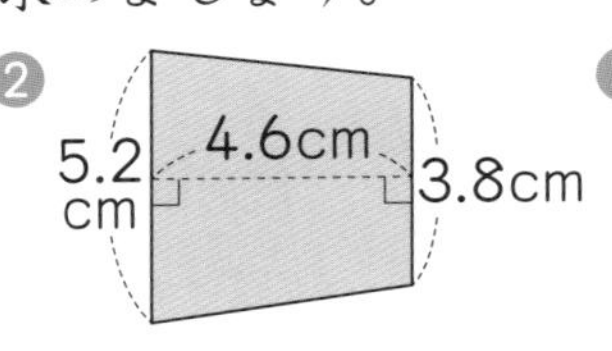

❸ 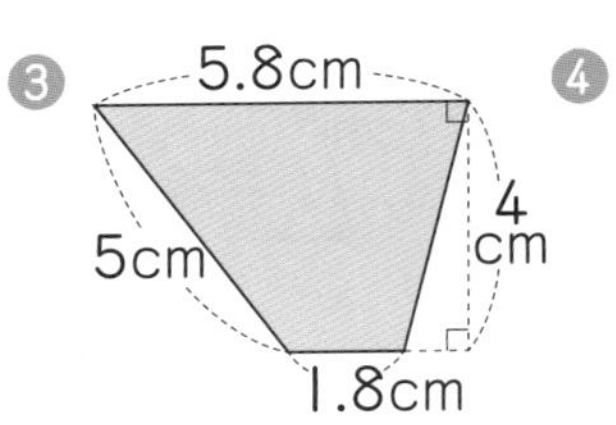

❹ 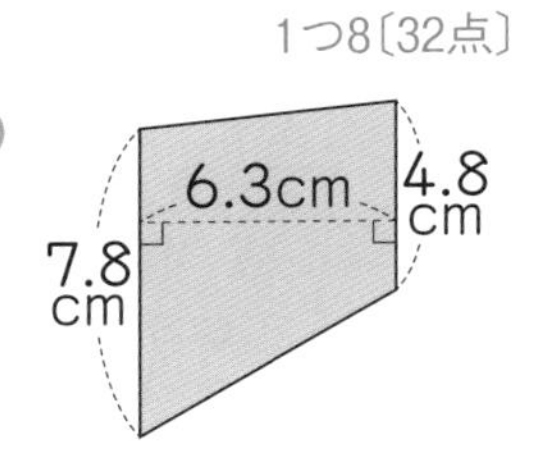

(　　　) (　　　) (　　　) (　　　)

♥ 次のひし形の面積を求めましょう。　1つ8〔32点〕

❺ 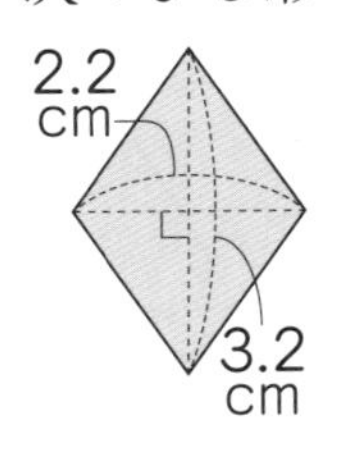

❻ 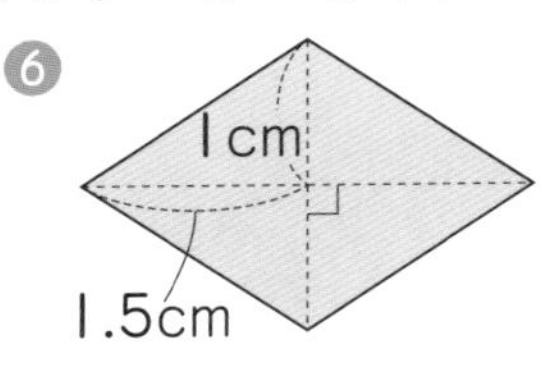

❼ 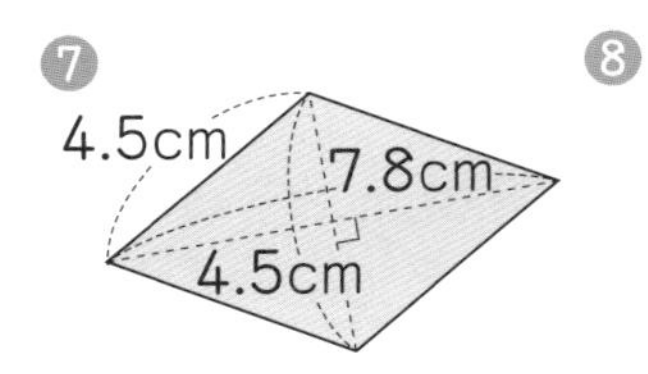

❽ 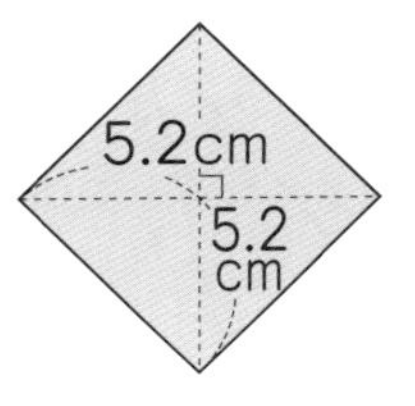

(　　　) (　　　) (　　　) (　　　)

♠ 色をぬった部分の面積を求めましょう。　1つ9〔36点〕

❾ 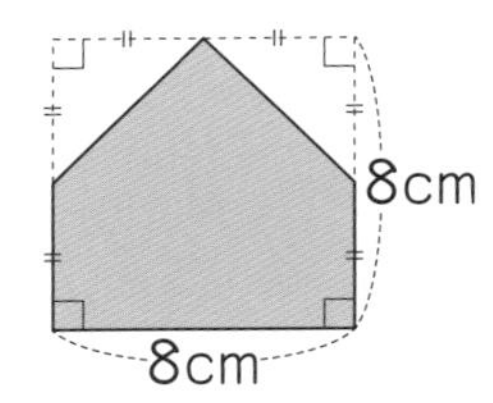

❿ 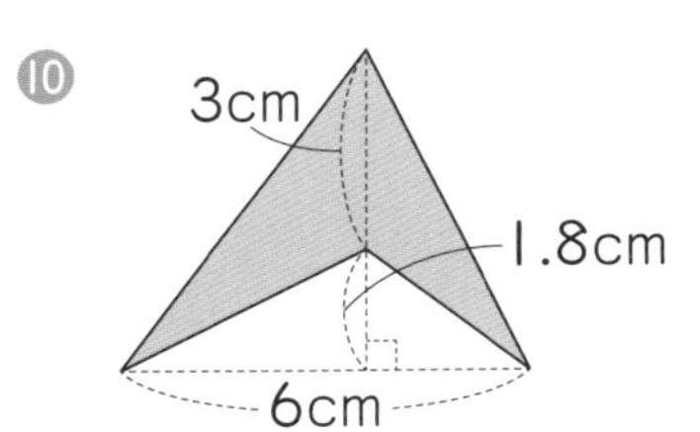

(　　　) (　　　)

⓫ 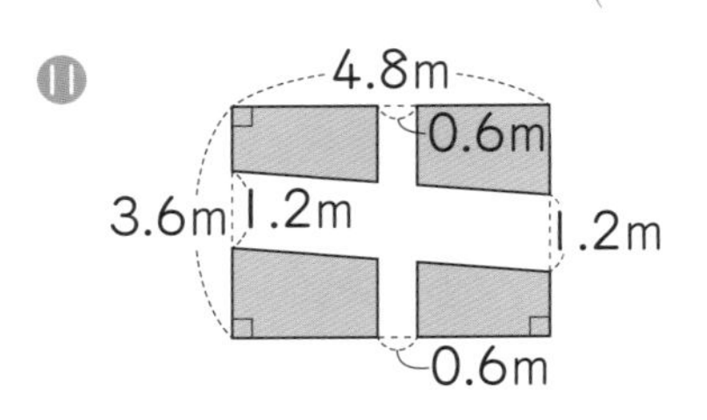

⓬ 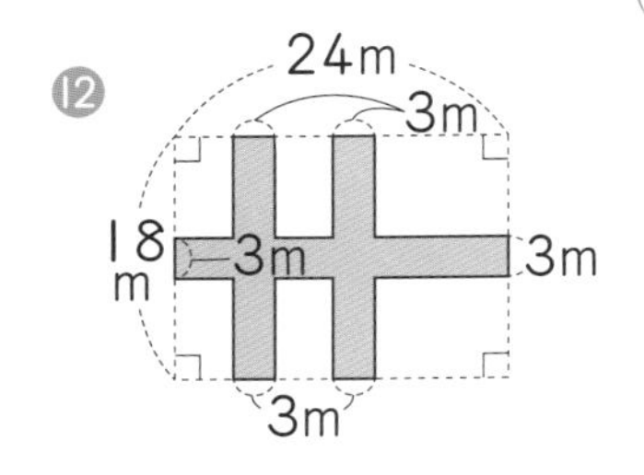

(　　　) (　　　)

●勉強した日　月　日

24 割合と百分率(1)

得点　/100点

◆ 下の表の空らんにあてはまる割合を書きましょう。　1つ4〔40点〕

割合を表す小数	0.7	❸	0.45	❼	❾
百分率	❶	20%	❺	❽	91%
歩合	❷	❹	❻	8割	❿

♥ □にあてはまる数を書きましょう。　1つ6〔48点〕

⑪ 1.62gは、9gの□%です。

⑫ 125m²の□割□分は、105m²です。

⑬ 3.8Lの38%は□Lです。

⑭ □kmは27kmの44%です。

⑮ 1500人の14%は□人です。

⑯ 3900円は□円の5割2分です。

⑰ □cm³の33%は198cm³です。

⑱ 46万さつは□万さつの92%です。

♠ 定価が65000円のテレビを、定価の4割引きで買いました。何円で買いましたか。

式　1つ6〔12点〕

答え（　　　　）

25 割合と百分率(2)

得点　/100点

◆ 下の表の空らんにあてはまる割合(わりあい)を書きましょう。　1つ4〔40点〕

割合を表す小数	0.14	③	0.109	⑦	⑨
百分率(ひゃくぶんりつ)	①	2.7%	⑤	⑧	100%
歩合(ぶあい)	②	④	⑥	8割5厘(りん)	⑩

♥ □にあてはまる数を書きましょう。　1つ6〔48点〕

⑪ 2haは、16haの□%です。

⑫ 63.95gの□割は、76.74gです。

⑬ 15.06mLの25%は□mLです。

⑭ 34mの70.5%は□mです。

⑮ 500人の101%は□人です。

⑯ 30600円は□円の25%です。

⑰ □m^3の130%は78m^3です。

⑱ 54万本は□万本の9%です。

♠ 面積が25m^2の畑の面積を12%広げて、新しい畑をつくります。新しい畑全体の面積を求めましょう。　1つ6〔12点〕

式

答え(　　　　)

●勉強した日　月　日

26 円周の長さ

得点　/100点

◆ 次の円の、円周の長さを求めましょう。　1つ7〔14点〕

❶ 直径20cmの円　（　　　）

❷ 半径0.6mの円　（　　　）

♥ 次の長さを求めましょう。　1つ7〔14点〕

❸ 円周が37.68cmの円の直径　（　　　）

❹ 円周が62.8mの円の半径　（　　　）

♠ 次の形のまわりの長さを求めましょう。　1つ9〔18点〕

❺ 直径13cmの円の半分　（　　　）

❻ 半径7.5mの円の$\frac{1}{4}$　（　　　）

♣ 色をぬった部分のまわりの長さを求めましょう。　1つ9〔54点〕

❼

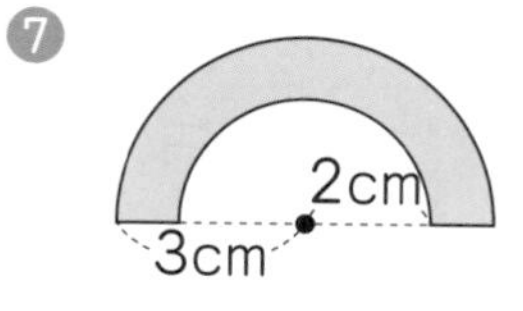

（　　　）

❽

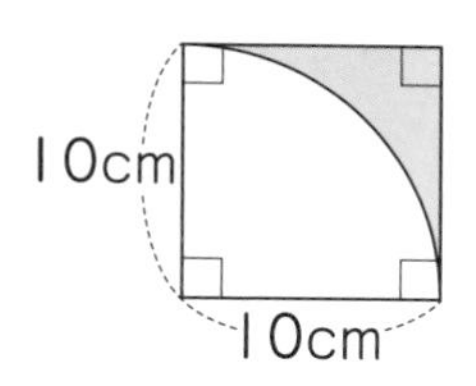

（　　　）

❾

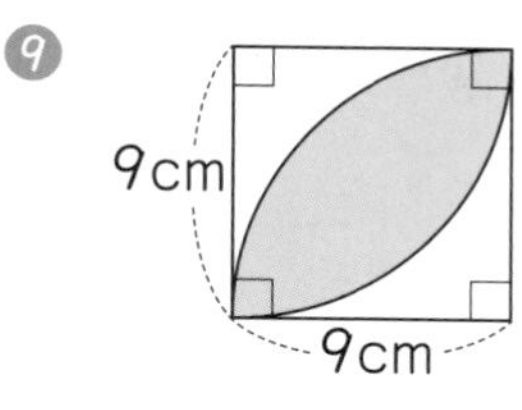

（　　　）

❿

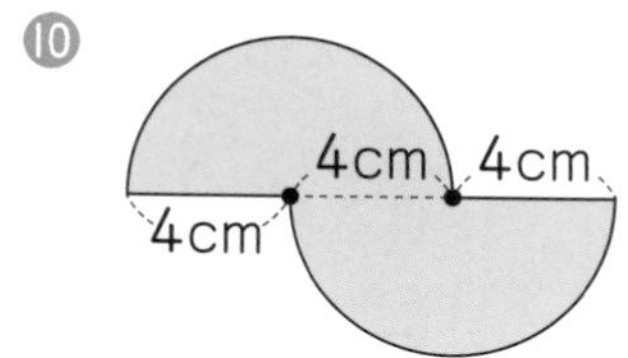

（　　　）

⓫

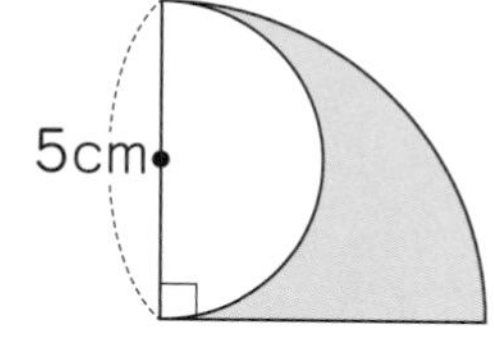

（　　　）

⓬

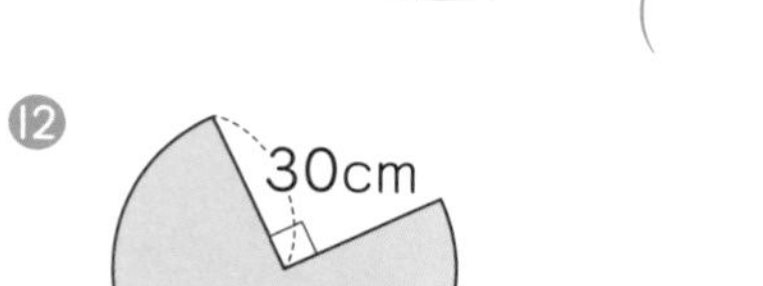

（　　　）

27 5年のまとめ(1)

得点　/100点

◆ 計算をしましょう。わり算は、わりきれるまで計算しましょう。　1つ4〔36点〕

❶ 0.6×0.4　❷ 1.5×0.6　❸ 8.65×2.4

❹ 0.9×1.35　❺ 20.8×0.05　❻ 17÷3.4

❼ 0.4÷0.8　❽ 8.4÷1.2　❾ 0.25÷0.04

♥ 商は一の位まで求めて、あまりも出しましょう。　1つ5〔15点〕

❿ 38.5÷6.5　⓫ 41.4÷2.2　⓬ 3.2÷0.28

♠ 商は四捨五入(ししゃごにゅう)して、上から2けたのがい数で求めましょう。　1つ5〔15点〕

⓭ 6.7÷1.4　⓮ 7.64÷1.1　⓯ 36.5÷6.7

♣ □にあてはまる数を書きましょう。　1つ6〔24点〕

⓰ 2.8Lは、8Lの□%です。　⓱ 1600円の135%は□円です。

⓲ □m^2の65%は182m^2です。　⓳ 63kgは□kgの75%です。

◆ ある店では、シャツが定価(ていか)の2割(わり)引きの1480円で売っていました。シャツの定価はいくらですか。　1つ5〔10点〕

式

答え(　　　　)

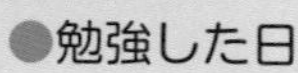

●勉強した日　　月　　日

28 5年のまとめ（2）

得点
/100点

◆ 計算をしましょう。　1つ6〔36点〕

❶ $\frac{1}{3}+\frac{1}{6}$　　❷ $\frac{7}{6}+\frac{11}{10}$　　❸ $\frac{7}{12}+1\frac{1}{4}$

❹ $\frac{3}{4}-\frac{7}{12}$　　❺ $\frac{11}{6}-\frac{17}{15}$　　❻ $1\frac{2}{3}-\frac{8}{9}$

♥ 次の道のり、時間を、〔　〕の中の単位で求めましょう。　1つ8〔16点〕

❼ 秒速72mで走る新幹線が12.5秒間に進む道のり〔m〕

（　　　　）

❽ 時速4.5kmで歩く人が5400m進むのにかかる時間〔分〕

（　　　　）

♠ 色をぬった部分の面積を求めましょう。　1つ8〔32点〕

❾
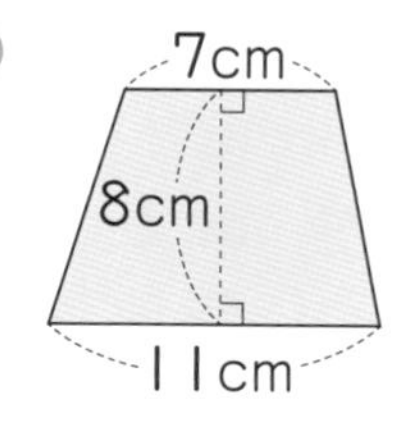

（　　　　）

❿
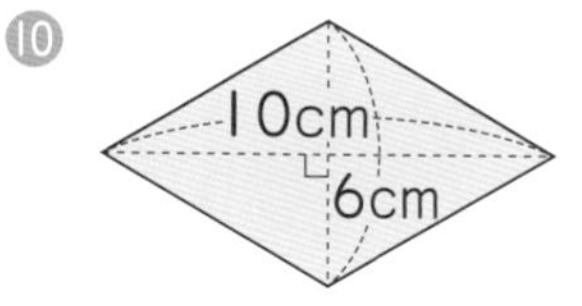

（　　　　）

⓫
6cm
2cm
4cm
8cm

（　　　　）

⓬
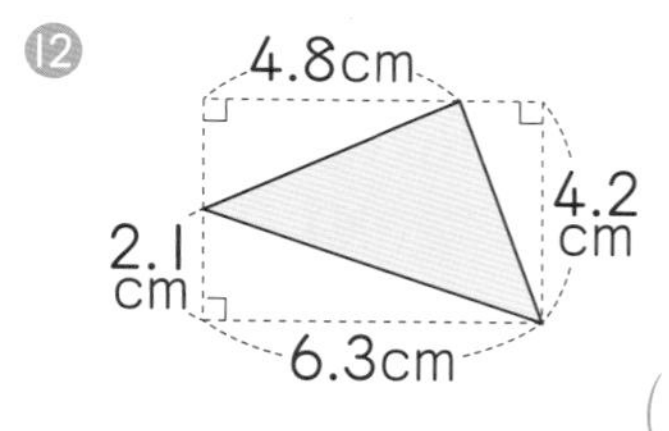

（　　　　）

♣ コーヒーを$1\frac{1}{5}$L、牛にゅうを$\frac{2}{15}$L混ぜてコーヒー牛にゅうをつくり、$\frac{3}{5}$L飲みました。コーヒー牛にゅうは何L残っていますか。　1つ8〔16点〕

式

答え（　　　　）

答え

1
❶ 364 cm^3　❷ 184.8 cm^3
❸ 8000000 cm^3　❹ 152 cm^3
❺ 200 cm^3　❻ 80 cm^3
❼ 8 cm^3、8 mL
❽ 192 cm^3、192 mL
❾ 250000 cm^3、250 L
5 cm
式 25×10×1.2＝300
答え 300 m^3、300000 L

2
❶ 120 cm^3　❷ 512 cm^3
❸ 94 cm^3　❹ 260 cm^3
❺ 270 cm^3　❻ 1350 cm^3
3840 cm^3
式 50×60×15＝45000
答え 45000 cm^3、45 L

3
❶ 17.4　❷ 14.49　❸ 26.6
❹ 1.998　❺ 3.432　❻ 162.207
❼ 2.059　❽ 9.113　❾ 1.1118
❿ 11　⓫ 202　⓬ 3
⓭ 10　⓮ 0.99　⓯ 0.218
⓰ 0.098　⓱ 0.9　⓲ 0.08
式 27.6×7.3＝201.48
答え 201.48 g

4
❶ 86　❷ 11.64　❸ 18.19
❹ 359.94　❺ 77.568　❻ 9.999
❼ 5.624　❽ 0.4356　❾ 9.7216
❿ 21.7　⓫ 1.2　⓬ 8.8
⓭ 0.78　⓮ 0.636　⓯ 0.084
⓰ 0.405　⓱ 0.2　⓲ 0.01
式 0.45×0.8＝0.36　答え 0.36 m^2

5
❶ 8.99　❷ 23.68　❸ 3.784
❹ 13.018　❺ 38.335　❻ 51.603
❼ 8.3018　❽ 273.6　❾ 2097.8
❿ 30.1　⓫ 22.95　⓬ 903
⓭ 203　⓮ 4.08　⓯ 0.416
⓰ 0.918　⓱ 0.78　⓲ 0.6
式 140×1.25＝175　答え 175 cm

6
❶ 1.6　❷ 2.9　❸ 3.4
❹ 3.5　❺ 8.2　❻ 6.5
❼ 1.4　❽ 1.8　❾ 2.5
❿ 6　⓫ 8　⓬ 7
⓭ 38　⓮ 29　⓯ 27
⓰ 60　⓱ 30　⓲ 50
式 36.75÷7.5＝4.9　答え 4.9 m

7
❶ 0.8　❷ 0.6　❸ 0.76
❹ 0.75　❺ 0.725　❻ 0.275
❼ 2.5　❽ 6.4　❾ 7.5
❿ 8.5　⓫ 4.5　⓬ 36.25
⓭ 11.5　⓮ 4.75　⓯ 6.65
⓰ 1.225　⓱ 16　⓲ 24
式 4.8÷6.4＝0.75　答え 0.75 kg

8
❶ 3あまり3.1　❷ 5あまり3
❸ 18あまり1.8　❹ 56あまり4
❺ 44あまり7.4　❻ 2あまり0.5
❼ 1あまり8.2　❽ 3あまり4.5
❾ 1あまり1.63　❿ 3.3
⓫ 5.5　⓬ 1.9　⓭ 1.4
⓮ 4.4　⓯ 2.4　⓰ 21
⓱ 2.8　⓲ 21
式 11.5÷3.6＝3.19…（2）　答え 約 3.2 m

9
❶ 8　❷ 0.4　❸ 9
❹ 505　❺ 0.075　❻ 45
❼ 0.5　❽ 9.5　❾ 0.3125
❿ 4あまり1.76　⓫ 8あまり0.51
⓬ 29あまり1.52　⓭ 1あまり0.71
⓮ 2あまり0.54　⓯ 200あまり0.2
⓰ 5.6　⓱ 45　⓲ 80
式 421÷33.3＝12あまり21.4
答え 12本できて21.4 cmあまる。

10
❶ 2、12、40、56　❷ 7、21、33、61
❸ 7、21、56　❹ 12、24、36
❺ 15、30、45　❻ 96、192、288
❼ 52、104、156
❽ 1、2、3、4、6、8、12、24
❾ 1、7、49
❿ 1、2、3、4、6、8、12、24
⓫ 1、13　⓬ 288、12　⓭ 510、17
80 cm

11

❶ 50° ❷ 140° ❸ 60°
❹ 105° ❺ 140° ❻ 135°
❼ 85° ❽ 54° ❾ 95°
❿ 135° ⓫ 80° ⓬ 25°
⓭ ㋐30° ㋑60°
⓮ ㋒72° ㋓72°

12

❶ $\frac{11}{12}$ ❷ $\frac{8}{15}$ ❸ $\frac{11}{14}$
❹ $\frac{5}{8}$ ❺ $\frac{22}{15}\left(1\frac{7}{15}\right)$ ❻ $\frac{29}{28}\left(1\frac{1}{28}\right)$
❼ $\frac{44}{15}\left(2\frac{14}{15}\right)$ ❽ $\frac{19}{18}\left(1\frac{1}{18}\right)$ ❾ $\frac{41}{24}\left(1\frac{17}{24}\right)$
❿ $\frac{3}{14}$ ⓫ $\frac{1}{20}$ ⓬ $\frac{29}{42}$
⓭ $\frac{19}{40}$ ⓮ $\frac{3}{20}$ ⓯ $\frac{13}{21}$
⓰ $\frac{3}{8}$ ⓱ $\frac{40}{21}\left(1\frac{19}{21}\right)$ ⓲ $\frac{29}{40}$
式 $\frac{8}{5}-\frac{4}{3}=\frac{4}{15}$ 答え $\frac{4}{15}$L

13

❶ $\frac{3}{4}$ ❷ $\frac{1}{2}$ ❸ $\frac{3}{10}$ ❹ $\frac{4}{5}$
❺ $\frac{3}{20}$ ❻ $\frac{6}{5}\left(1\frac{1}{5}\right)$ ❼ $\frac{25}{21}\left(1\frac{4}{21}\right)$
❽ $\frac{7}{6}\left(1\frac{1}{6}\right)$ ❾ $\frac{77}{30}\left(2\frac{17}{30}\right)$ ❿ $\frac{1}{4}$
⓫ $\frac{8}{15}$ ⓬ $\frac{1}{2}$ ⓭ $\frac{3}{10}$ ⓮ $\frac{5}{2}\left(2\frac{1}{2}\right)$
⓯ $\frac{1}{6}$ ⓰ $\frac{10}{21}$ ⓱ $\frac{3}{5}$ ⓲ $\frac{73}{15}\left(4\frac{13}{15}\right)$
式 $\frac{2}{3}+\frac{5}{6}=\frac{3}{2}$ 答え $\frac{3}{2}\left(1\frac{1}{2}\right)$kg

14

❶ $2\frac{1}{6}\left(\frac{13}{6}\right)$ ❷ $1\frac{17}{35}\left(\frac{52}{35}\right)$ ❸ $3\frac{1}{8}\left(\frac{25}{8}\right)$
❹ $2\frac{7}{12}\left(\frac{31}{12}\right)$ ❺ $4\frac{3}{40}\left(\frac{163}{40}\right)$ ❻ $3\frac{7}{30}\left(\frac{97}{30}\right)$
❼ $4\frac{23}{45}\left(\frac{203}{45}\right)$ ❽ $4\frac{5}{12}\left(\frac{53}{12}\right)$ ❾ $4\frac{13}{24}\left(\frac{109}{24}\right)$
❿ $1\frac{1}{2}\left(\frac{3}{2}\right)$ ⓫ $2\frac{3}{4}\left(\frac{11}{4}\right)$ ⓬ $3\frac{1}{2}\left(\frac{7}{2}\right)$
⓭ $4\frac{3}{20}\left(\frac{83}{20}\right)$ ⓮ $5\frac{1}{18}\left(\frac{91}{18}\right)$ ⓯ $3\frac{7}{15}\left(\frac{52}{15}\right)$
⓰ $2\frac{1}{6}\left(\frac{13}{6}\right)$ ⓱ $6\frac{1}{2}\left(\frac{13}{2}\right)$ ⓲ $8\frac{1}{6}\left(\frac{49}{6}\right)$
式 $1\frac{1}{6}+\frac{5}{14}=1\frac{11}{21}$ 答え $1\frac{11}{21}\left(\frac{32}{21}\right)$L

15

❶ $2\frac{1}{6}\left(\frac{13}{6}\right)$ ❷ $1\frac{5}{36}\left(\frac{41}{36}\right)$ ❸ $1\frac{13}{24}\left(\frac{37}{24}\right)$
❹ $2\frac{1}{6}\left(\frac{13}{6}\right)$ ❺ $1\frac{3}{20}\left(\frac{23}{20}\right)$ ❻ $2\frac{2}{7}\left(\frac{16}{7}\right)$
❼ $\frac{1}{2}$ ❽ $\frac{1}{24}$ ❾ $\frac{9}{20}$
❿ $\frac{7}{10}$ ⓫ $\frac{17}{24}$ ⓬ $\frac{19}{36}$
⓭ $2\frac{20}{21}\left(\frac{62}{21}\right)$ ⓮ $1\frac{5}{12}\left(\frac{17}{12}\right)$ ⓯ $\frac{5}{6}$
⓰ $\frac{4}{5}$ ⓱ $2\frac{25}{28}\left(\frac{81}{28}\right)$ ⓲ $\frac{11}{12}$
式 $2\frac{5}{12}-\frac{9}{20}=1\frac{29}{30}$ 答え $1\frac{29}{30}\left(\frac{59}{30}\right)$kg

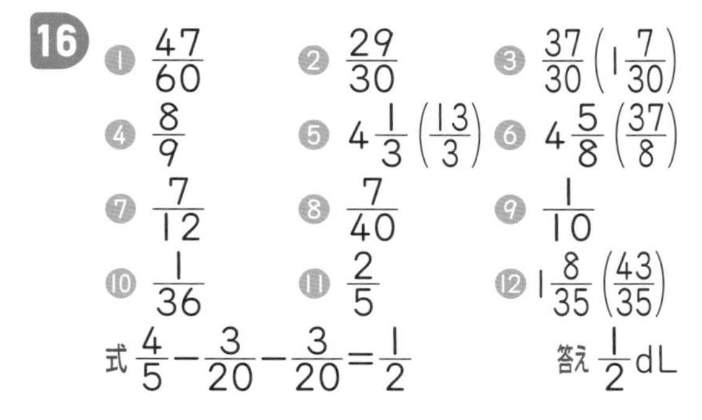

16

❶ $\frac{47}{60}$ ❷ $\frac{29}{30}$ ❸ $\frac{37}{30}\left(1\frac{7}{30}\right)$
❹ $\frac{8}{9}$ ❺ $4\frac{1}{3}\left(\frac{13}{3}\right)$ ❻ $4\frac{5}{8}\left(\frac{37}{8}\right)$
❼ $\frac{7}{12}$ ❽ $\frac{7}{40}$ ❾ $\frac{1}{10}$
❿ $\frac{1}{36}$ ⓫ $\frac{2}{5}$ ⓬ $1\frac{8}{35}\left(\frac{43}{35}\right)$
式 $\frac{4}{5}-\frac{3}{20}-\frac{3}{20}=\frac{1}{2}$ 答え $\frac{1}{2}$dL

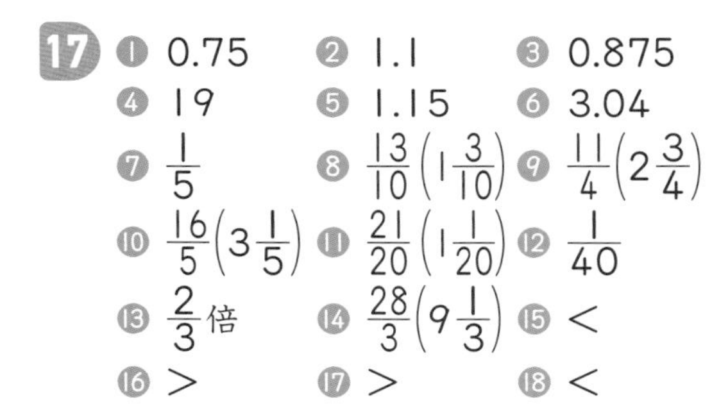

17

❶ 0.75 ❷ 1.1 ❸ 0.875
❹ 19 ❺ 1.15 ❻ 3.04
❼ $\frac{1}{5}$ ❽ $\frac{13}{10}\left(1\frac{3}{10}\right)$ ❾ $\frac{11}{4}\left(2\frac{3}{4}\right)$
❿ $\frac{16}{5}\left(3\frac{1}{5}\right)$ ⓫ $\frac{21}{20}\left(1\frac{1}{20}\right)$ ⓬ $\frac{1}{40}$
⓭ $\frac{2}{3}$倍 ⓮ $\frac{28}{3}\left(9\frac{1}{3}\right)$ ⓯ $<$
⓰ $>$ ⓱ $>$ ⓲ $<$

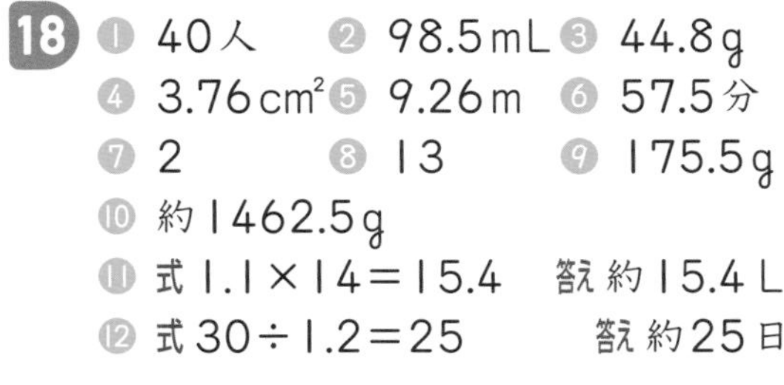

18

❶ 40人 ❷ 98.5mL ❸ 44.8g
❹ 3.76cm² ❺ 9.26m ❻ 57.5分
❼ 2 ❽ 13 ❾ 175.5g
❿ 約1462.5g
⓫ 式 1.1×14＝15.4 答え 約15.4L
⓬ 式 30÷1.2＝25 答え 約25日

19

❶ 0.5人 ❷ 2m² ❸ 12.5km
❹ 0.08L ❺ 32g ❻ 31.25m
❼ 525円 ❽ 1325円 ❾ 4m
❿ 9.6m ⓫ 約2000人
⓬ 約2600人 ⓭ 約4800人

20

❶ 秒速5m ❷ 時速90km
❸ 分速80m ❹ 40.5km
❺ 4500m ❻ 9km
❼ 2.5時間 ❽ 25分 ❾ 120分

	秒速	分速	時速
自転車	5m	0.3km	18km
電車	20m	1.2km	72km
飛行機	150m	9km	540km

式 $3000 \div 40 = 75$　$75 \times 12 = 900$

答え 900m

21
① 時速60km　② 分速180m
③ 秒速12m　④ 9km
⑤ 800m　⑥ 9000m
⑦ 2時間　⑧ 60分　⑨ $\frac{11}{360}$時間

	秒速	分速	時速
はと	20m	1.2km	72km
つばめ	65m	3.9km	234km
飛行機	300m	18km	1080km

式 $48 \div 60 = 0.8$　$0.8 \times 36 = 28.8$
$0.8 \times 1.5 = 1.2$　$28.8 \div 1.2 = 24$

答え 24分

22
① $18cm^2$　② $9.72cm^2$　③ $100cm^2$
④ $810cm^2$　⑤ $7.5cm^2$　⑥ $33.12cm^2$
⑦ $190cm^2$　⑧ $12.1cm^2$　⑨ 6cm
⑩ 6cm　⑪ 30cm　⑫ 33.6cm

23
① $37.5cm^2$　② $20.7cm^2$　③ $15.2cm^2$
④ $39.69cm^2$　⑤ $3.52cm^2$　⑥ $3cm^2$
⑦ $17.55cm^2$　⑧ $54.08cm^2$　⑨ $48cm^2$
⑩ $9cm^2$　⑪ $10.08m^2$　⑫ $162m^2$

24
① 70%　② 7割　③ 0.2
④ 2割　⑤ 45%　⑥ 4割5分
⑦ 0.8　⑧ 80%　⑨ 0.91
⑩ 9割1分　⑪ 18　⑫ 8、4
⑬ 1.444　⑭ 11.88　⑮ 210
⑯ 7500　⑰ 600　⑱ 50

式 $65000 \times 0.4 = 26000$
$65000 - 26000 = 39000$
または、$1 - 0.4 = 0.6$
$65000 \times 0.6 = 39000$

答え 39000円

25
① 14%　② 1割4分　③ 0.027
④ 2分7厘　⑤ 10.9%　⑥ 1割9厘
⑦ 0.805　⑧ 80.5%　⑨ 1
⑩ 10割　⑪ 12.5　⑫ 12
⑬ 3.765　⑭ 23.97　⑮ 505
⑯ 122400　⑰ 60　⑱ 600

式 $25 \times 0.12 = 3$　$25 + 3 = 28$
または
$1 + 0.12 = 1.12$　$25 \times 1.12 = 28$

答え $28m^2$

26
① 62.8cm　② 3.768m
③ 12cm　④ 10m
⑤ 33.41cm　⑥ 26.775m
⑦ 17.7cm　⑧ 35.7cm
⑨ 28.26cm　⑩ 33.12cm
⑪ 20.7cm　⑫ 201.3cm

27
① 0.24　② 0.9　③ 20.76
④ 1.215　⑤ 1.04　⑥ 5
⑦ 0.5　⑧ 7　⑨ 6.25
⑩ 5あまり6　⑪ 18あまり1.8
⑫ 11あまり0.12　⑬ 4.8
⑭ 6.9　⑮ 5.4　⑯ 35
⑰ 2160　⑱ 280　⑲ 84

式 $1 - 0.2 = 0.8$　$1480 \div 0.8 = 1850$

答え 1850円

28
① $\frac{1}{2}$　② $\frac{34}{15}\left(2\frac{4}{15}\right)$　③ $1\frac{5}{6}\left(\frac{11}{6}\right)$
④ $\frac{1}{6}$　⑤ $\frac{7}{10}$　⑥ $\frac{7}{9}$
⑦ 900m　⑧ 72分
⑨ $72cm^2$　⑩ $30cm^2$
⑪ $36cm^2$　⑫ $11.655cm^2$

式 $1\frac{1}{5} + \frac{2}{15} - \frac{3}{5} = \frac{11}{15}$　答え $\frac{11}{15}$L

「小学教科書ワーク・
数と計算」で、
さらに練習しよう！

わくわくシール

★学習が終わったら、ページの上に好きなふせんシールをはろう。
　がんばったページやあとで見直したいページなどにはってもいいよ。
★実力判定テストが終わったら、まんてんシールをはろう。

まんてんシール

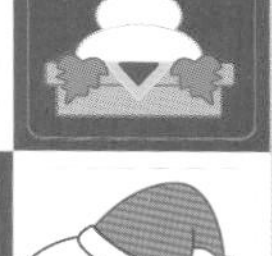

ふせんシール

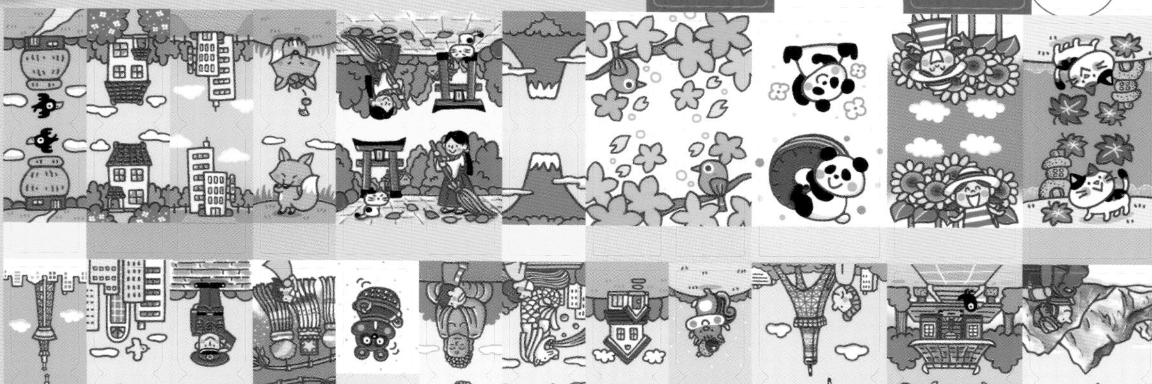

算数 5年

面積の求め方

教科書ワーク

平行四辺形の面積＝底辺×高さ

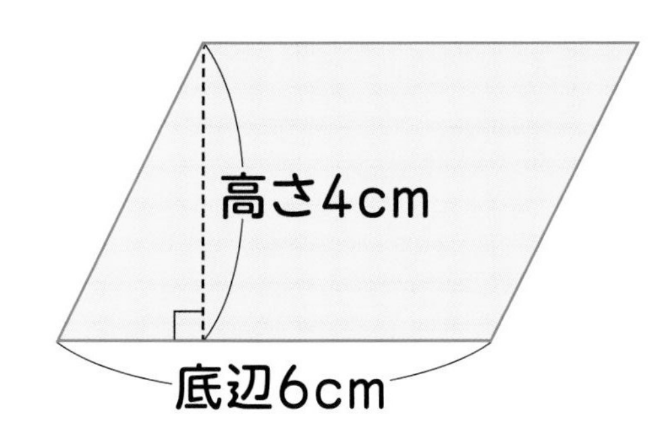

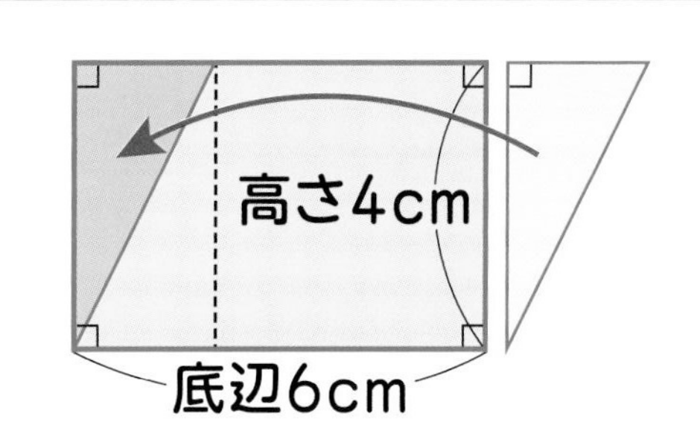

6×4＝24(cm²)

右の三角形を左に移動すると、長方形になります。

三角形の面積＝底辺×高さ÷2

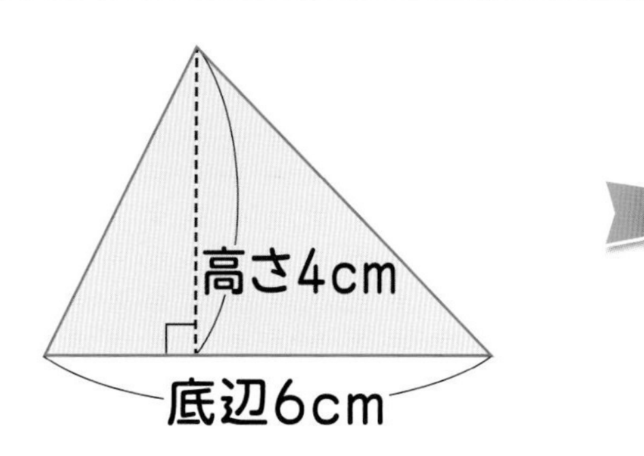

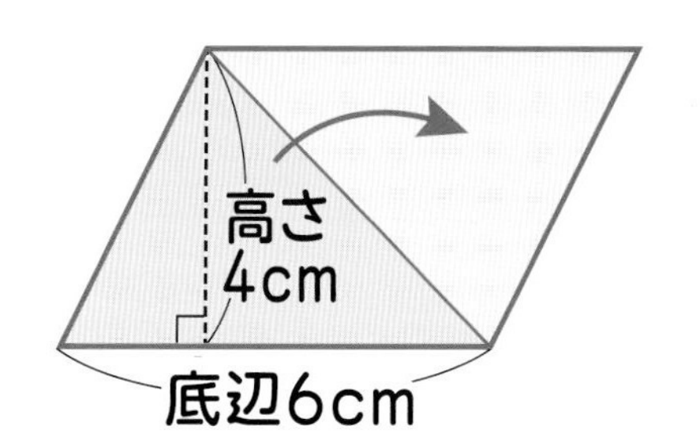

6×4÷2＝12(cm²)

三角形を2つ合わせると、平行四辺形になります。

台形の面積＝(上底＋下底)×高さ÷2

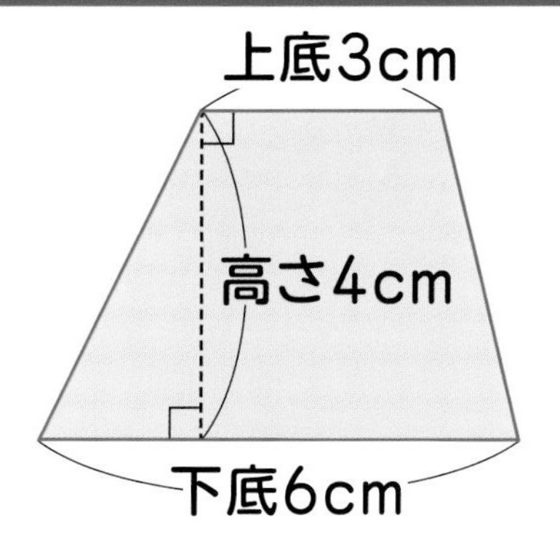

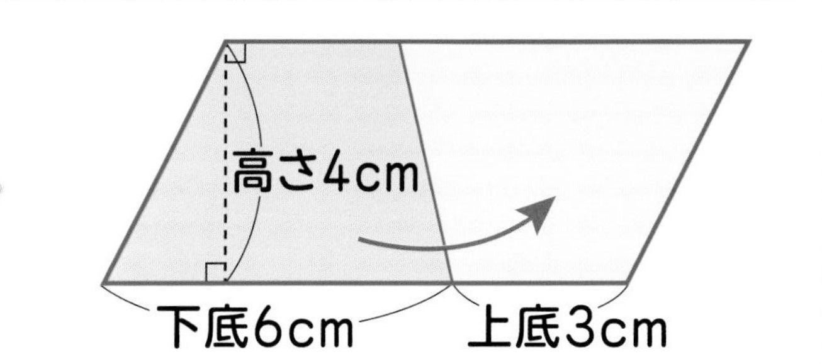

(3＋6)×4÷2＝18(cm²)

台形を2つ合わせると、平行四辺形になります。

ひし形の面積＝対角線×対角線÷2

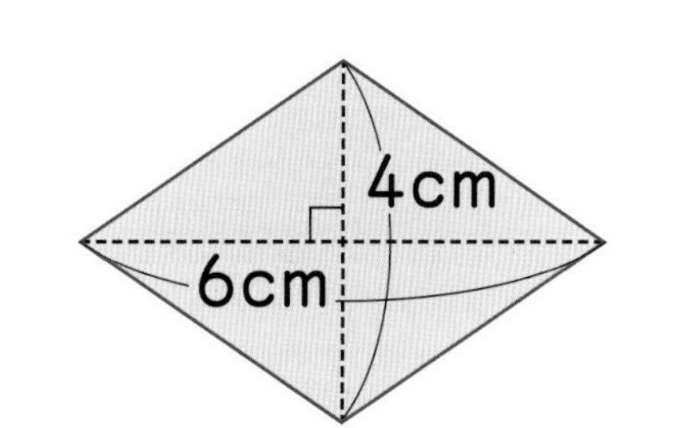

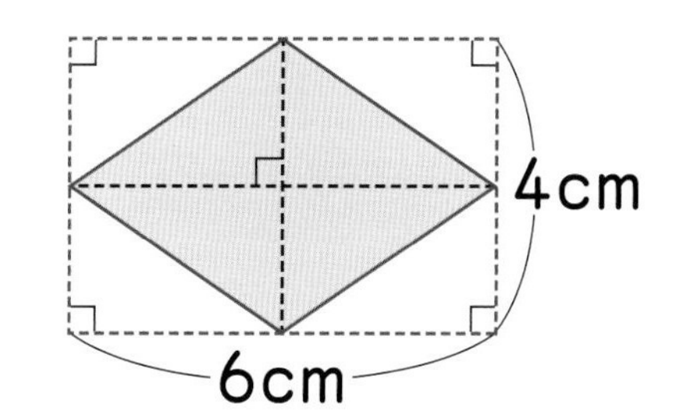

4×6÷2＝12(cm²)

ひし形をおおう長方形の面積の半分になります。

面積の求め方のくふう① (全体からひいて考える)

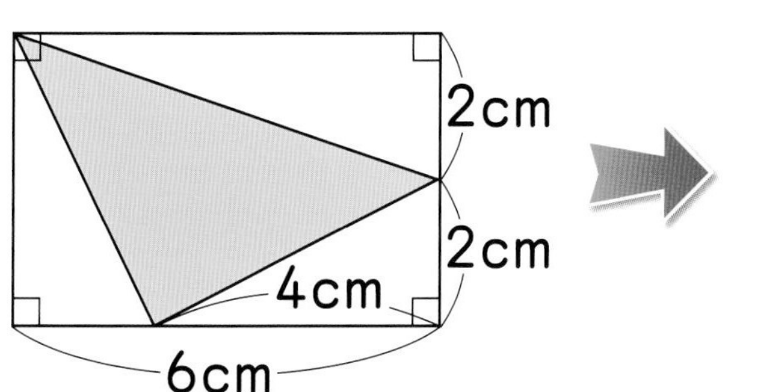

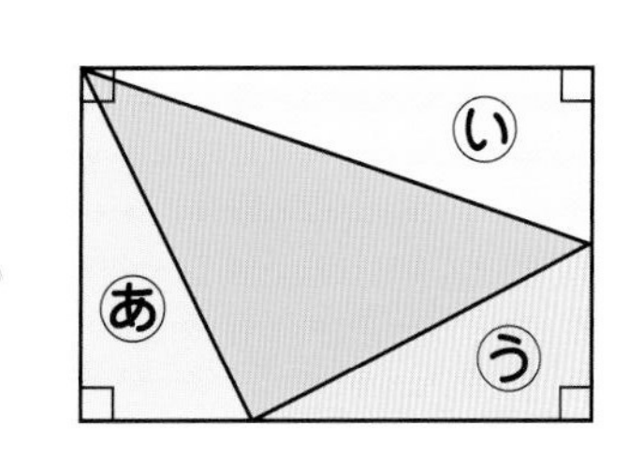

長方形全体の面積から、あ、い、うの三角形の面積をひけばいいね。

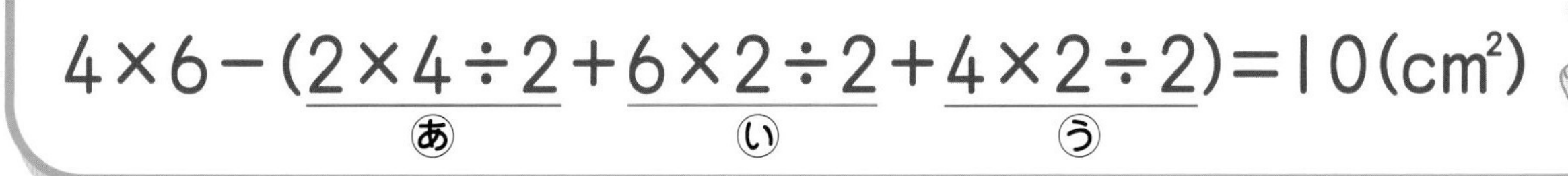

面積の求め方のくふう② (はしによせて考える)

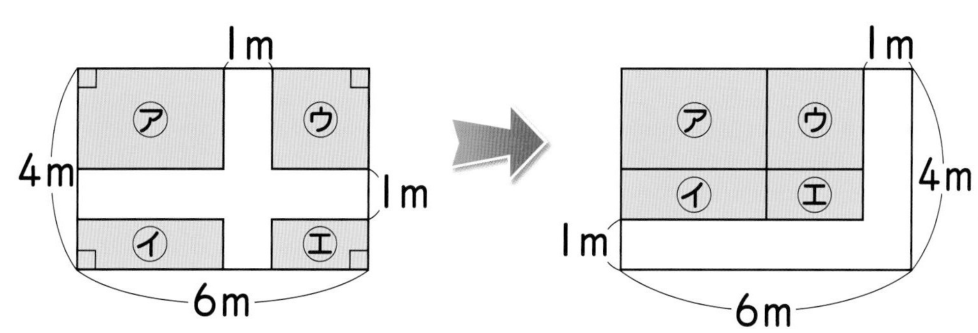

白の部分をはしによせると、1つの長方形になるよ。

(4−1)×(6−1)＝15(m²)

算数 5年

倍数と約数

教科書ワーク

倍　数…ある整数を整数倍してできる数
（3に整数をかけてできる数は3の倍数）

公倍数…いくつかの整数に共通な倍数

最小公倍数…公倍数のうち、いちばん小さい数

約　数…ある整数をわりきることができる整数
（8をわりきることのできる整数は8の約数）

公約数…いくつかの整数に共通な約数

最大公約数…公約数のうち、いちばん大きい数

4の倍数	4	8	12	16	20	24	28	32	36	…
6の倍数	6	12	18	24	30	36	42	48	54	…

4の倍数　6の倍数

4　8
16　20
28　32　…

12　24
36　…

6　18
30　42　…

4と6の公倍数

4と6の公倍数は、12、24、36、…
（4と6の公倍数は、いくらでもあります。）

4と6の最小公倍数は、12

公倍数は最小公倍数の倍数になっているね！

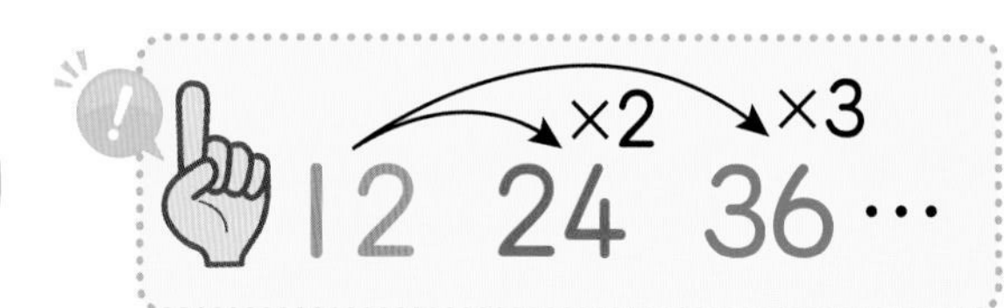

18の約数	1	2	3	6	9	18		
24の約数	1	2	3	4	6	8	12	24

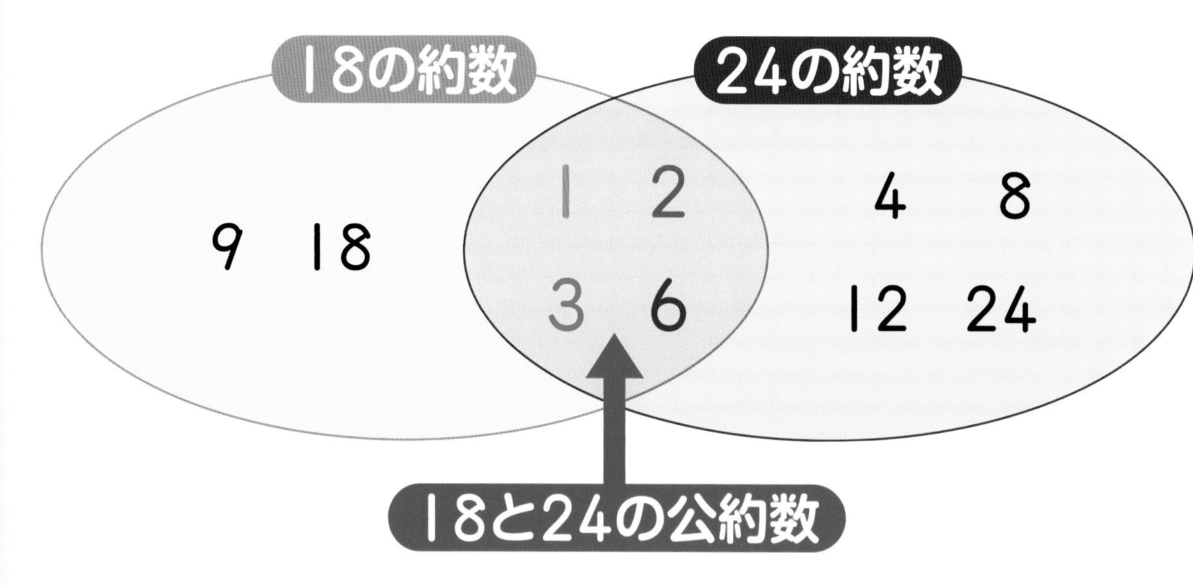

18と24の公約数

18と24の公約数は、1、2、3、6

18と24の最大公約数は、6

公約数は最大公約数の約数になっているよ！

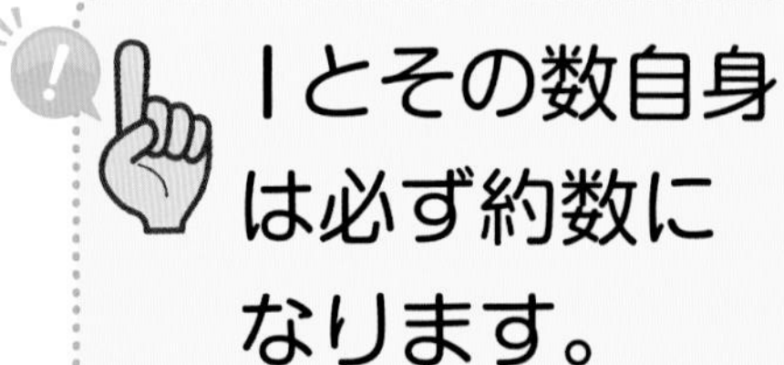

学校図書版
算数5年

勉強した日　月　日

数のしくみや大きさを調べよう

基本のワーク

学習の目標
小数と整数のしくみについて考えよう！

教科書 上12～17ページ　答え 1ページ

基本1 小数と整数のしくみがわかりますか

☆ □にあてはまる数を書きましょう。

5.134＝1×□＋0.1×□＋0.01×□＋0.001×□

とき方　それぞれの位の数がいくつあるか考えます。

5.134＝5＋0.1＋0.03＋0.004 だから、1 が 5 個、0.1 が □ 個、0.01 が 3 個、0.001 が □ 個です。

答え　5.134＝1×□＋0.1×□＋0.01×□＋0.001×□

たいせつ
整数も小数も、10 個集まると位が 1 つ上がり、10 等分 $\left(\frac{1}{10}\right)$ すると、位が 1 つ下がります。

1 □にあてはまる数を書きましょう。 教科書 13ページ1

❶ 53.26＝□×5＋□×3＋□×2＋□×6

❷ 0.8419＝□×8＋□×4＋□×1＋□×9

基本2 10 倍や 100 倍、1000 倍した数、$\frac{1}{10}$ や $\frac{1}{100}$ にした数がわかりますか

☆ 43.25 を 10 倍、100 倍、1000 倍した数、$\frac{1}{10}$、$\frac{1}{100}$ にした数を書きましょう。

とき方　43.25 を 10 倍すると、小数点は右へ □ けた移り、100 倍すると、小数点は右へ □ けた移り、1000 倍すると、小数点は右へ □ けた移ります。また、43.25 を $\frac{1}{10}$ にすると、小数点は左へ □ けた移り、$\frac{1}{100}$ にすると、小数点は左へ □ けた移ります。

答え　10 倍 □　100 倍 □　1000 倍 □

$\frac{1}{10}$ □　$\frac{1}{100}$ □

2 次の数を求めましょう。 教科書 15ページ2 16ページ3

❶ 1.824 を 10 倍、100 倍、1000 倍した数。

10 倍（　　）　100 倍（　　）
1000 倍（　　）

❷ 243 を $\frac{1}{10}$、$\frac{1}{100}$ にした数。

$\frac{1}{10}$（　　）　$\frac{1}{100}$（　　）

ポイント
0、1、2、…、9 の 10 個の数字と小数点を使うと、どんな大きさの整数や小数でも表すことができます。

まとめのテスト

時間 20分　得点 /100点

教科書 ㊤12〜19ページ　答え 1ページ

1 □にあてはまる数を書きましょう。　1つ6〔12点〕

❶ 21.83＝10×□＋1×□＋□×8＋□×3

❷ 0.706＝□×7＋0.01×□＋□×6

2 よく出る 次の数を求めましょう。　1つ5〔30点〕

❶ 3.27 を 10 倍した数。（　　）

❷ 0.03 を 100 倍した数。（　　）

❸ 29.17 を 1000 倍した数。（　　）

❹ 641 を $\frac{1}{10}$ にした数。（　　）

❺ 105.8 を $\frac{1}{100}$ にした数。（　　）

❻ 326 を $\frac{1}{1000}$ にした数。（　　）

3 次の数を求めましょう。　1つ5〔30点〕

❶ 0.32×10（　　）

❷ 41.6×100（　　）

❸ 0.83×1000（　　）

❹ 305.4÷10（　　）

❺ 72.1÷100（　　）

❻ 12.57÷100（　　）

4 次の問いに答えましょう。　1つ7〔14点〕

❶ 715 は、7.15 を何倍した数ですか。（　　）

❷ 0.429 は、4.29 の何分の一の数ですか。（　　）

5 1、2、4、9 の 4 つの数字全部を 1 回ずつと小数点を使って、次の数を作りましょう。　1つ7〔14点〕

❶ いちばん小さい数。（　　）

❷ 20 にいちばん近い数。（　　）

チェック ☐ 10倍、100倍、1000倍、$\frac{1}{10}$、$\frac{1}{100}$、$\frac{1}{1000}$ にした数がわかったかな？

勉強した日　　月　　日

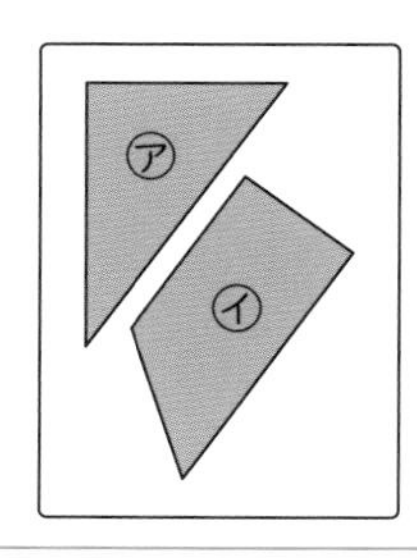

① 合同な図形

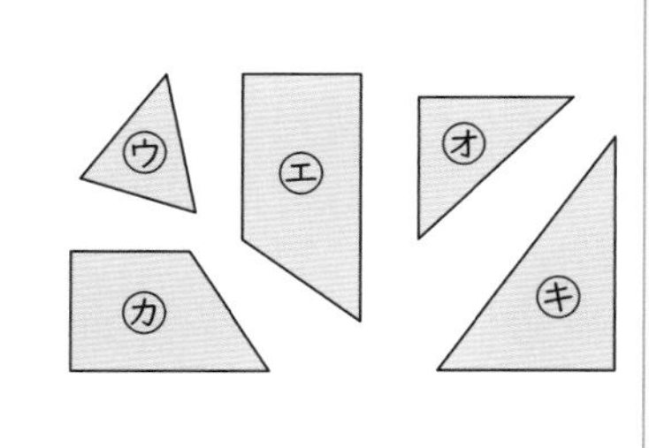

学習の目標
合同な図形の意味や性質をつかみ、それを使えるようになろう！

教科書 ㊤20～24ページ　答え 1ページ

基本 1 合同な図形を見つけることができますか

☆ ㋐、㋑の図形と合同な図形は、㋒～㋖の図形のうち、どれですか。

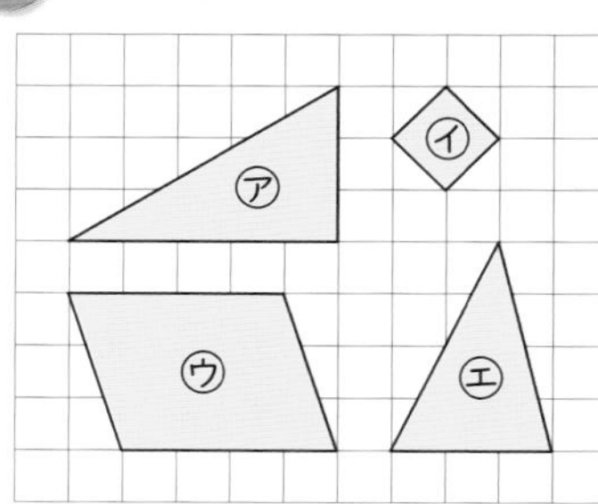

とき方 形も［　　］も同じ図形を選びます。２つの図形がぴったり重なるとき、２つの図形は［　　］であるといいます。

答え ㋐［　　］　㋑［　　］

たいせつ
回したり、うら返したりして重なる図形も合同です。

❶ ㋐～㋓の図形と合同な図形は、㋔～㋛の図形のうち、どれですか。　教科書 21ページ1

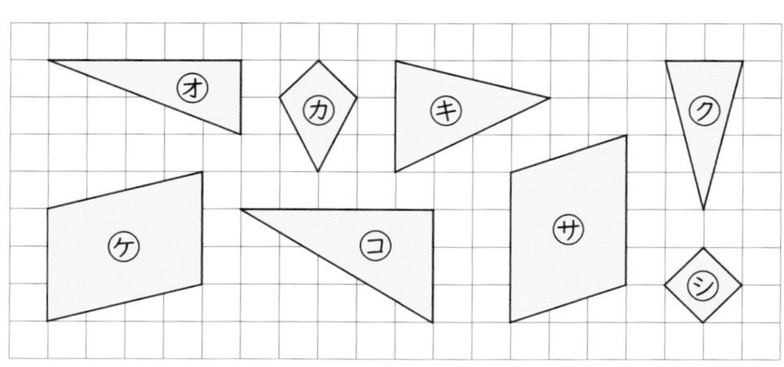

㋐（　　　　）　㋑（　　　　）　㋒（　　　　）　㋓（　　　　）

基本 2 合同な図形の対応する頂点、辺、角がわかりますか

☆ 下の㋐、㋑の三角形は合同です。

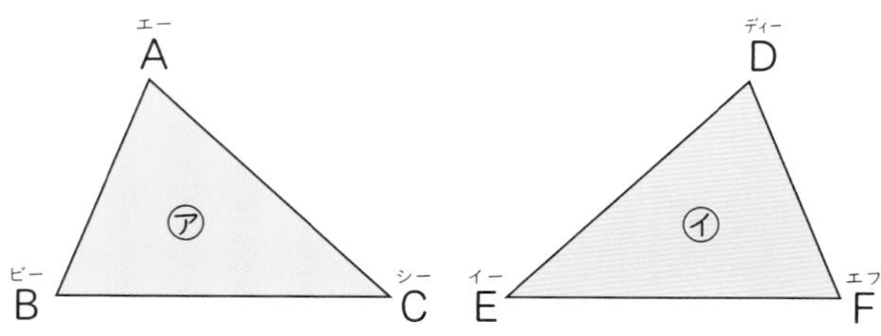

❶ 頂点（ちょうてん）Aに対応（たいおう）する頂点はどれですか。
❷ 辺DEに対応する辺はどれですか。
❸ 角Fに対応する角はどれですか。

とき方 ２つの三角形は、うら返すとぴったり重なります。合同な図形で、重なり合う頂点、重なり合う辺、重なり合う角を、それぞれ［　　］頂点、［　　］辺、［　　］角といいます。
頂点Aに重なり合う頂点は、頂点［　　］、辺DEに重なり合う辺は、辺［　　］、角Fに重なり合う角は、角［　　］です。

答え ❶ 頂点［　　］　❷ 辺［　　］　❸ 角［　　］

１辺の長さが等しい２つの正三角形や、１辺の長さや対角線の長さが等しい２つの正方形は、合同になるよ。半径や直径の長さが等しい２つの円も合同になるんだよ。

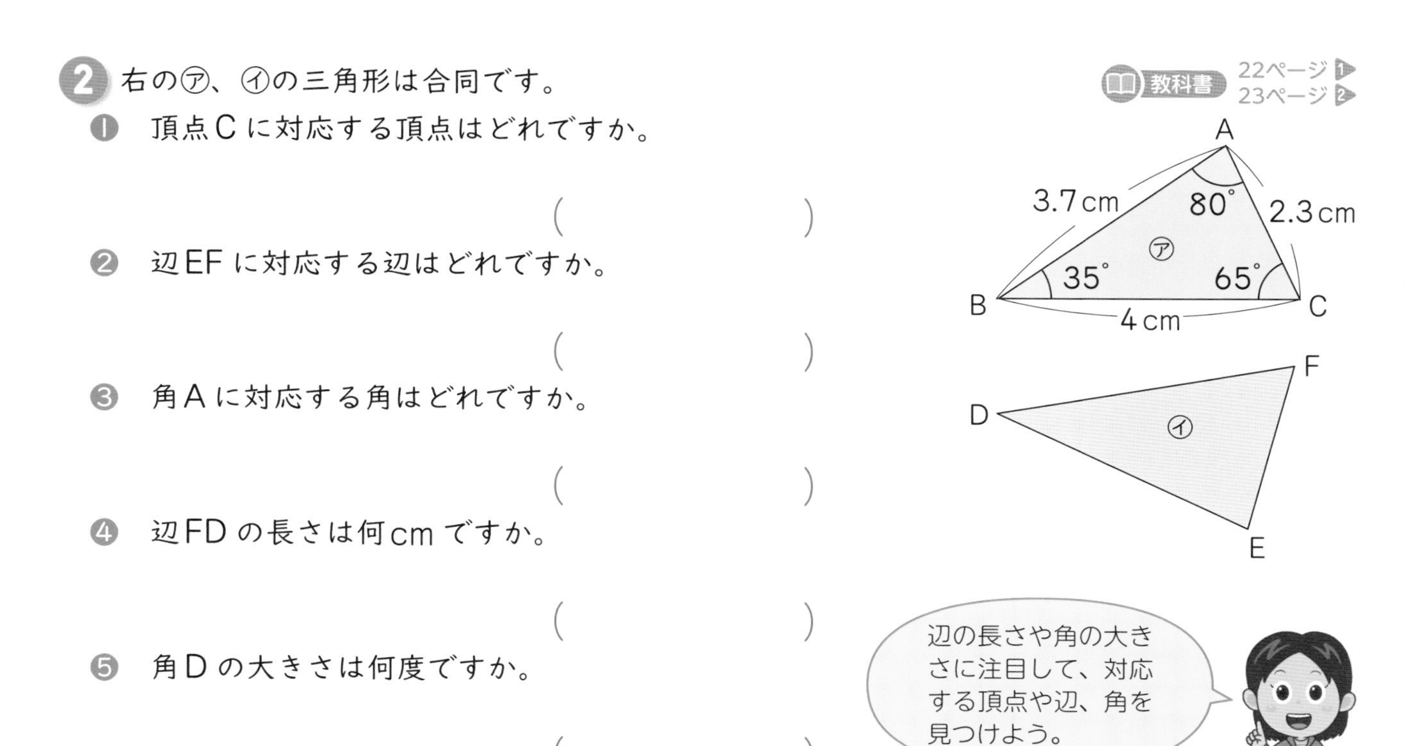

2 右のア、イの三角形は合同です。 教科書 22ページ 1 23ページ 2

❶ 頂点Cに対応する頂点はどれですか。

(　　　　　　)

❷ 辺EFに対応する辺はどれですか。

(　　　　　　)

❸ 角Aに対応する角はどれですか。

(　　　　　　)

❹ 辺FDの長さは何cmですか。

(　　　　　　)

❺ 角Dの大きさは何度ですか。

(　　　　　　)

基本3 四角形を対角線で分けてできる三角形が合同であるかどうかわかりますか

☆ 右の四角形に、それぞれ対角線を１本引いて２つの三角形に分けます。２つの三角形が合同になるものはどれですか。

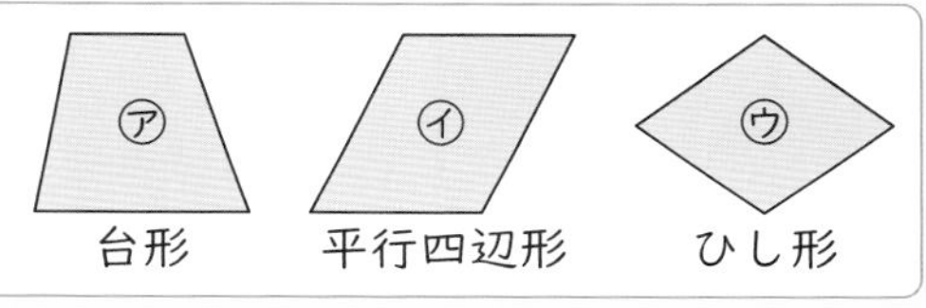

とき方 台形、平行四辺形、ひし形で、対角線は、それぞれ□本引くことができます。
台形では、どちらの対角線でも、できる２つの三角形は合同になりません。
平行四辺形とひし形では、どちらの対角線でも、できる２つの三角形は合同に□。

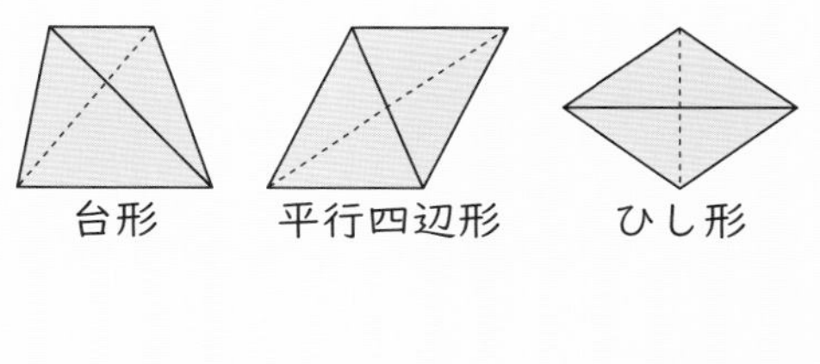

答え □、□

3 右の四角形を、それぞれ対角線で三角形に分けます。 教科書 24ページ 3

❶ 対角線を１本引いてできる２つの三角形が合同になるものはどれですか。

(　　　　　　　　　　　　)

❷ 対角線を２本引いてできる４つの三角形が合同になるものはどれですか。

(　　　　　　　　　　　　)

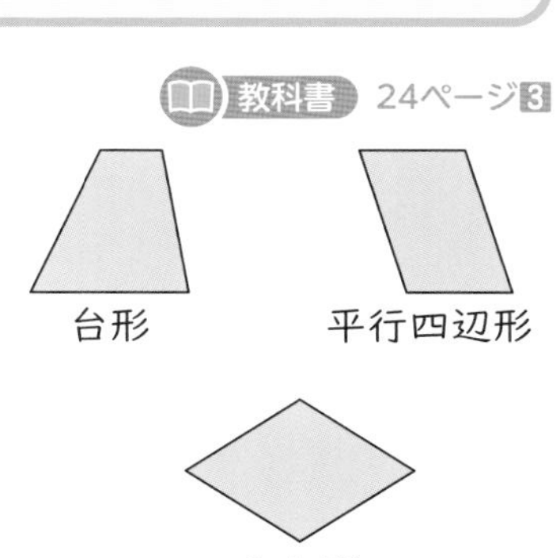

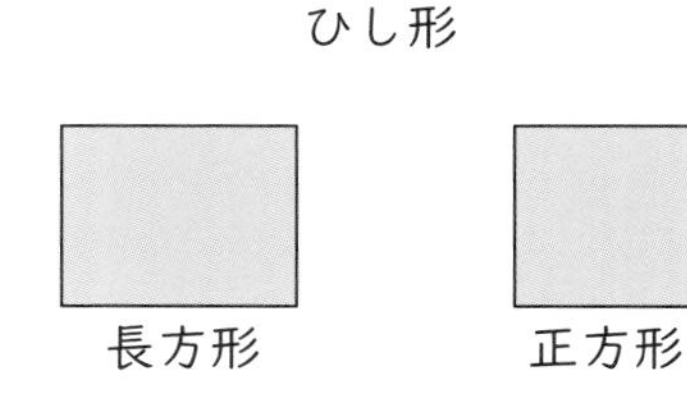

合同な図形では、対応する辺の長さは等しく、また、対応する角の大きさも等しくなっています。

② 合同な図形のかき方

基本のワーク

学習の目標
合同な三角形や合同な四角形のかき方を覚えよう！

教科書 上25～31ページ　答え 2ページ

基本 1 合同な三角形のかき方がわかりますか

☆ 次の三角形と合同な三角形をかきましょう。

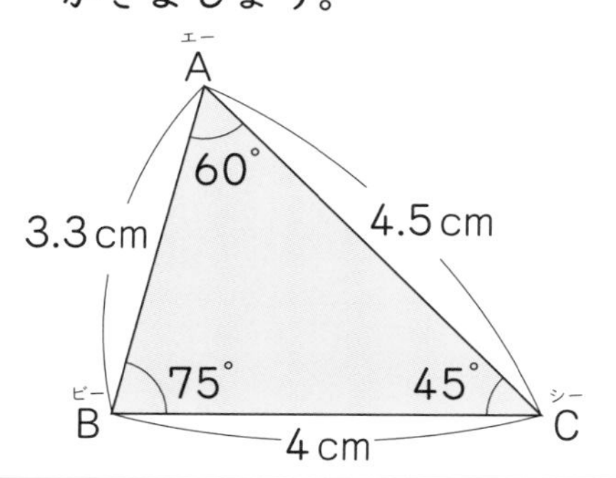

答え

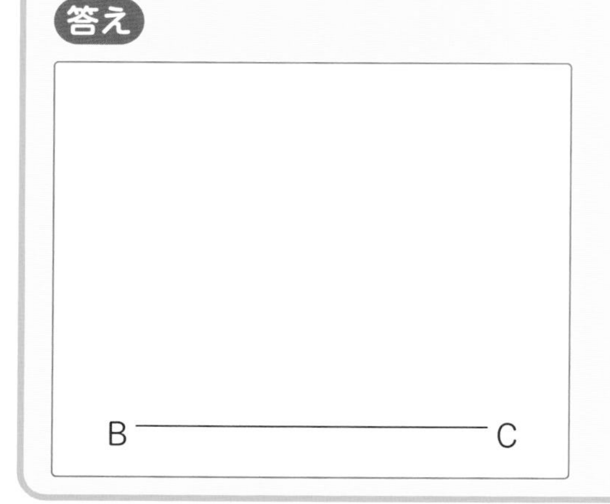

とき方　合同な三角形のかき方は３通りあります。

《1》 ３つの辺の長さが等しくなるようにかきます。

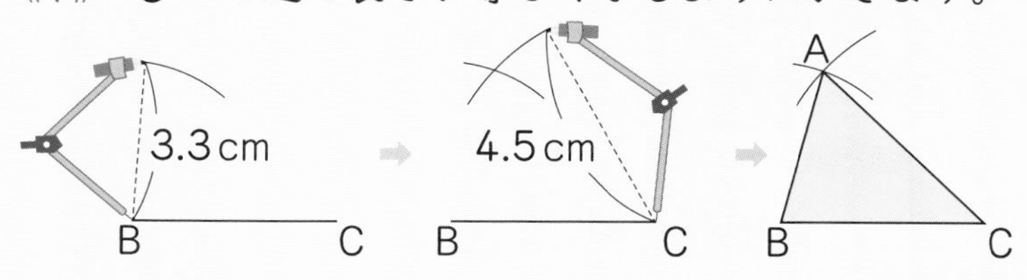

《2》 ２つの辺の長さと ＿＿＿＿ の大きさが等しくなるようにかきます。

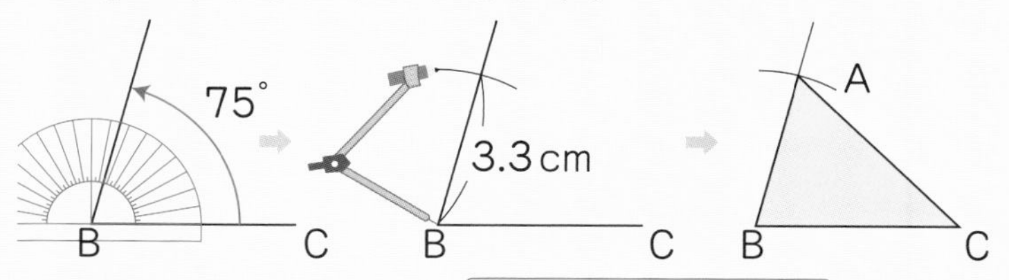

《3》 １つの辺の長さと ＿＿＿＿ の大きさが等しくなるようにかきます。

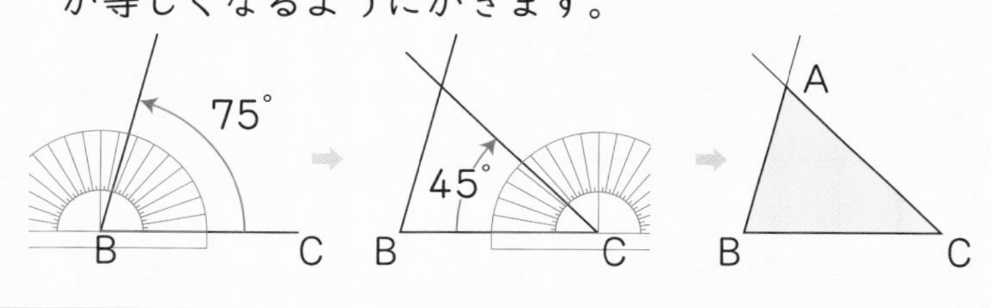

1 次の三角形と合同な三角形をかきましょう。　教科書 29ページ 1

❶ 辺ABが4cm、辺BCが5cm、辺ACが2cmの三角形。

❷ 辺ABが3cm、辺BCが3.5cm、角Bが30°の三角形。

❸

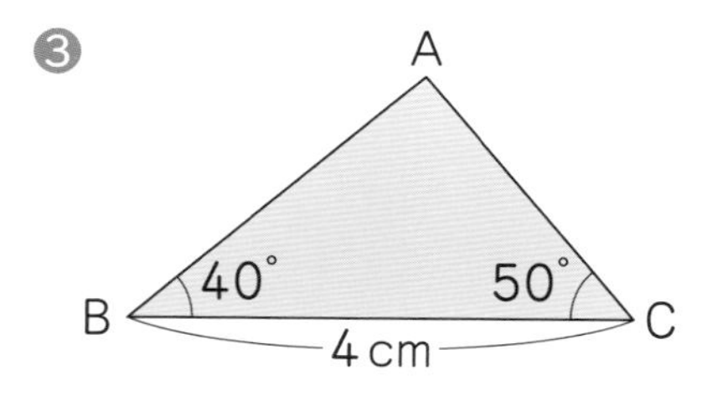

さんすうはかせ　「合同」ということばは、算数だけでなく、日常の生活でも使われているよ。その場合は、「2つ以上のものを１つにする」という意味だけどね。

基本2 合同な四角形をかくことができますか

☆ 次の四角形と合同な四角形をかきましょう。

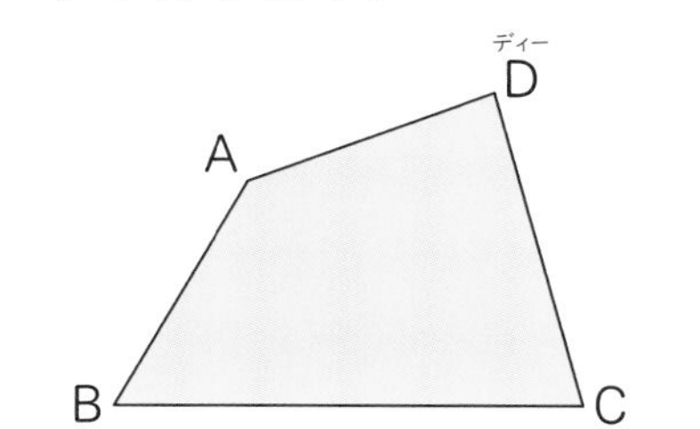

とき方 四角形を対角線で２つの［　　］に分けると、合同な三角形のかき方を使って、合同な四角形をかくことができます。例えば、四角形ABCDに対角線ACを引いて、三角形ABCと三角形ACDに分けると、次のようにかけます。

1 まず、三角形ABCをかくときの考え方で、３点A、B、Cを決めます。

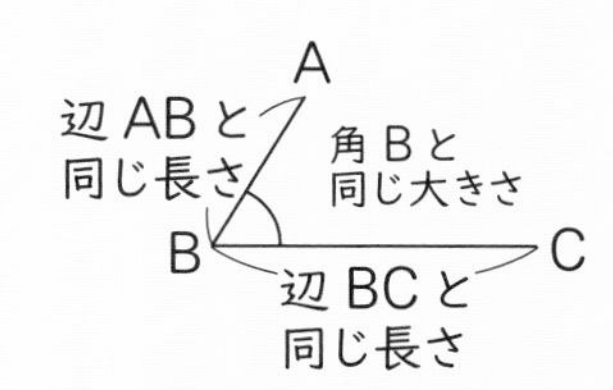

2 次に、三角形ACDをかくときの考え方で、点Dを決めます。いろいろな方法があります。

《1》 辺ADと辺［　　］の長さを測ります。

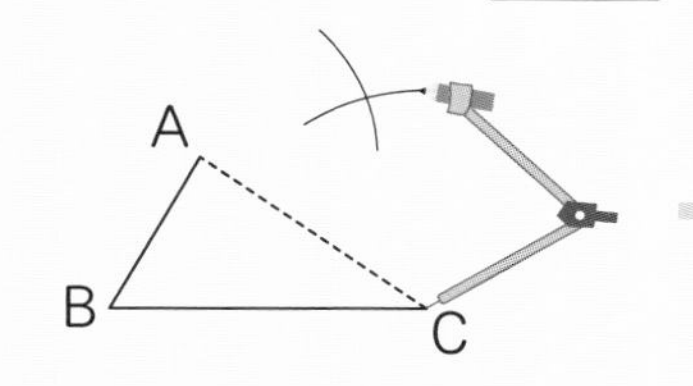

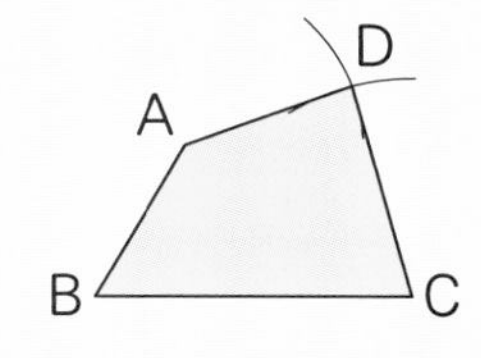

《2》 対角線ACの両はしの角の大きさを測ります。

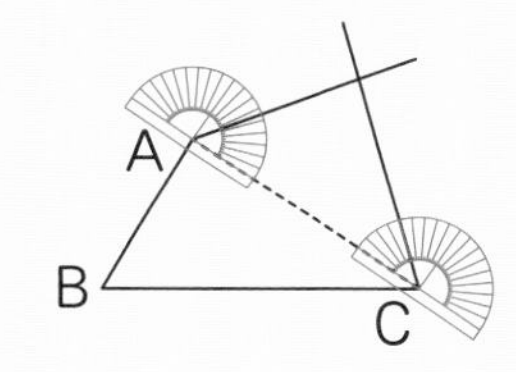

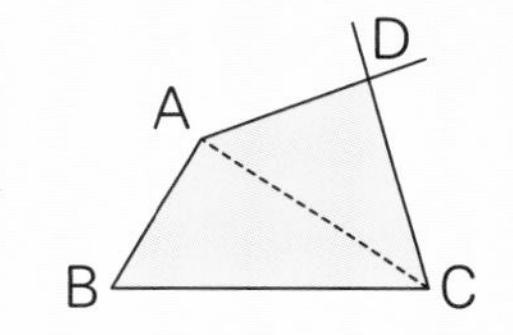

答え

ちゅうい
４つの辺の長さを測るだけでは、合同な四角形はかけません。

2 基本2の四角形と合同な四角形をかくために、右のように対角線BDを引いて、２つの三角形に分けました。そして、三角形DBCをかいたあと、辺ABの長さを測りました。あと１つ、どの辺の長さや角の大きさを測れば、頂点Aを決めることができますか。あてはまる辺と角を１つずつ答えましょう。

教科書 29ページ3

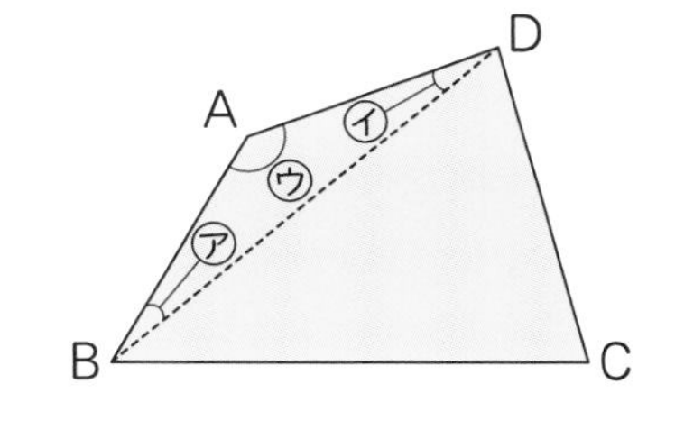

辺（　　　　　）　角（　　　　　）

3 次の四角形と合同な四角形をかきましょう。

教科書 30ページ1

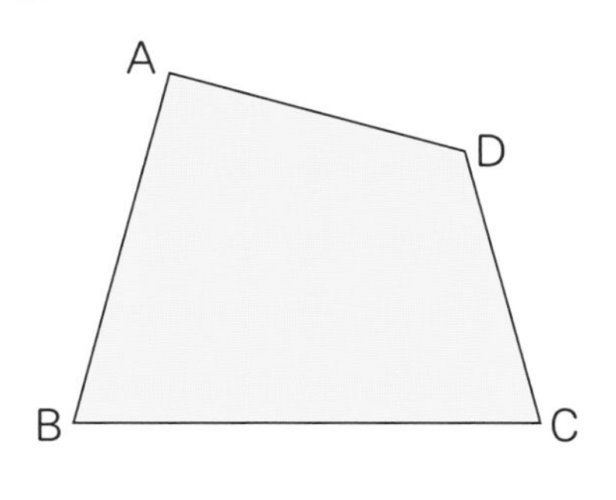

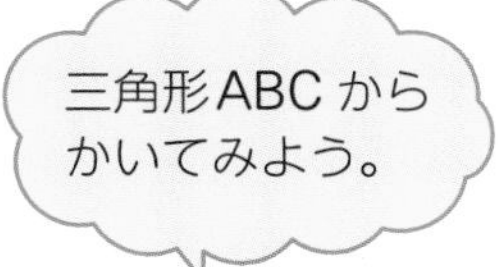

ポイント 合同な三角形をかくには、辺の長さや角の大きさなど、全部で３つ測ります。
合同な四角形をかくには、対角線で２つの三角形に分けたあと、５つ測ります。

勉強した日　月　日

練習のワーク

教科書 ㊤20〜35ページ　答え 2ページ

できた数　/7問中

1 合同な図形　左の㋐、㋑の図形と合同な図形を、右の㋒〜㋕の図形から見つけましょう。

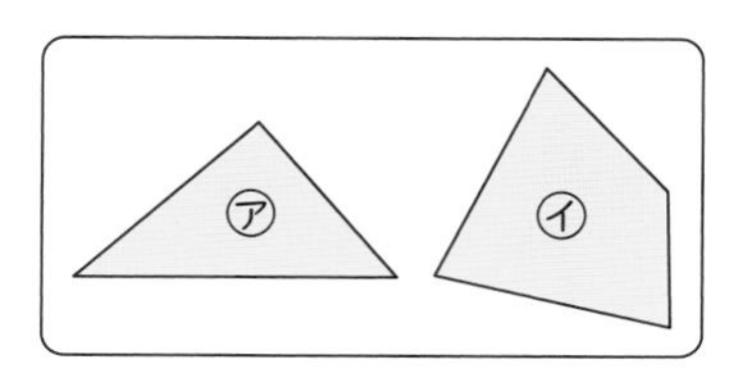

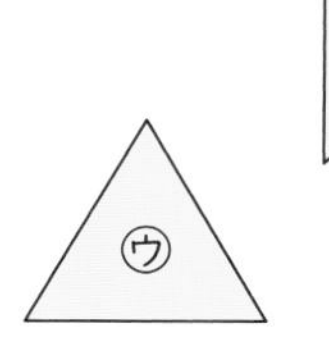

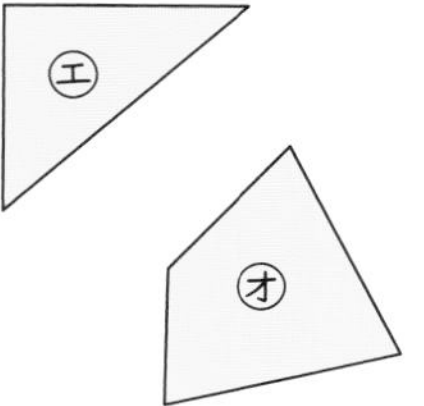

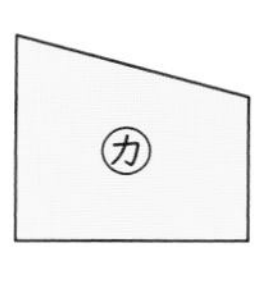

㋐（　　　　）　㋑（　　　　）

2 合同な図形の性質　次の㋐、㋑の四角形は合同です。

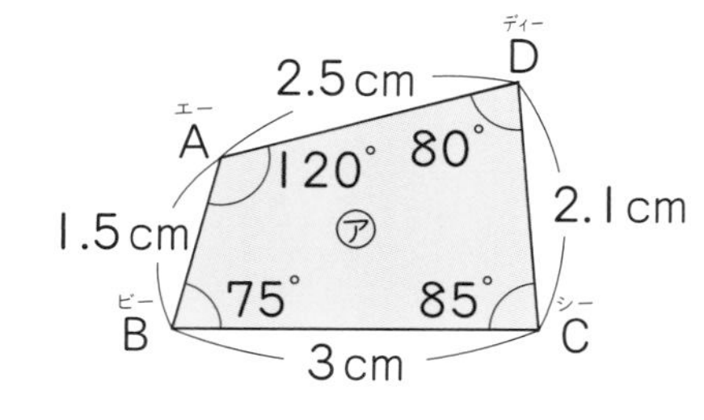

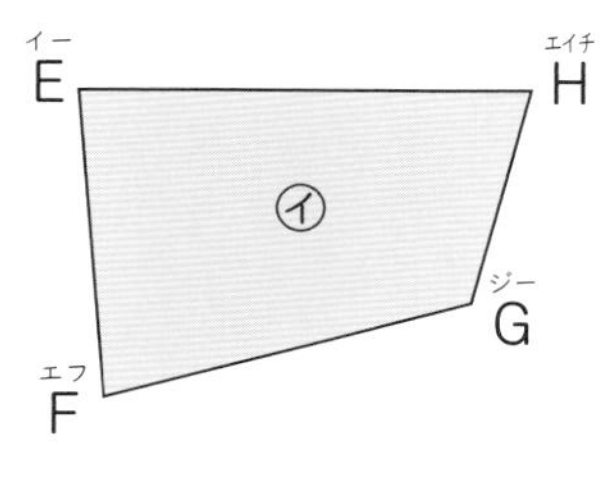

❶ 頂点Cに対応する頂点はどれですか。

（　　　　）

❷ 辺GHの長さは何cmですか。

（　　　　）

❸ 角Fの大きさは何度ですか。

（　　　　）

3 合同な三角形のかき方　次の三角形と合同な三角形をかきましょう。

❶

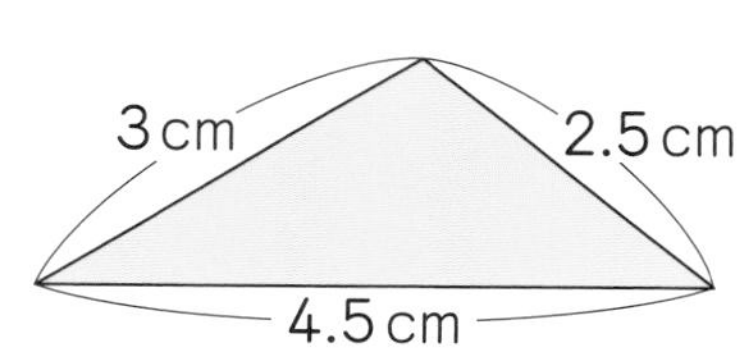

❷

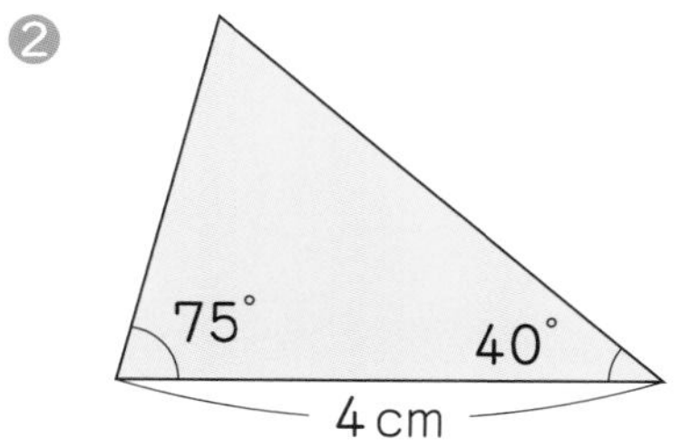

てびき

1 合同な図形

2つの図形がぴったり重なるとき、2つの図形は**合同**であるといいます。

2 合同な図形の性質

合同な図形では、対応する辺の長さや対応する角の大きさは等しくなります。

㋑は㋐を回すと重なるかな。うら返すと重なるかな。

3 合同な三角形のかき方

《1》 3つの辺の長さを測る。
《2》 2つの辺の長さとその間の角の大きさを測る。
《3》 1つの辺の長さとその両はしの角の大きさを測る。

できるナビ　合同な図形をかいたあとは、長さや角度がきちんと等しくなっているか、確かめよう。

まとめのテスト

教科書 ㊤20～35ページ　答え 2ページ

1 よく出る 右の㋐、㋑の三角形は合同です。　1つ10〔20点〕

❶ 辺 AC の長さは何 cm ですか。

(　　　　　)

❷ 角 B の大きさは何度ですか。

(　　　　　)

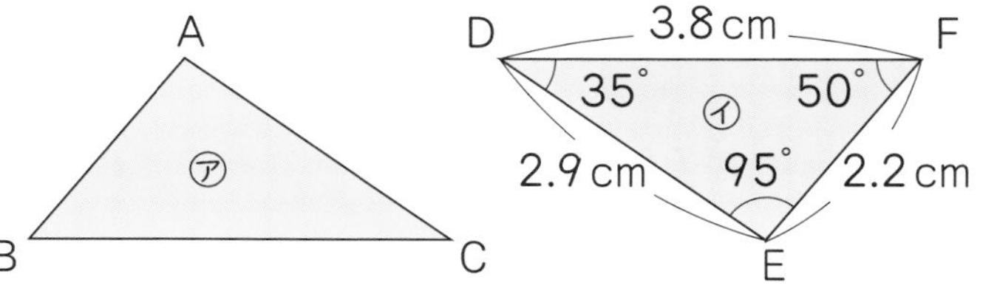

2 右の 2 つの四角形について答えましょう。　1つ10〔20点〕

❶ 2 つの四角形は合同であるといえますか。

(　　　　　)

❷ ❶のようにいえる理由を書きましょう。

(　　　　　)

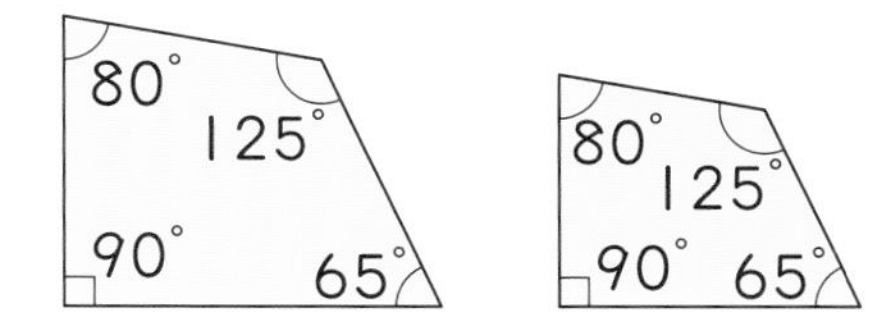

3 よく出る 次の三角形と合同な三角形をかきましょう。　1つ10〔20点〕

❶ 二等辺三角形

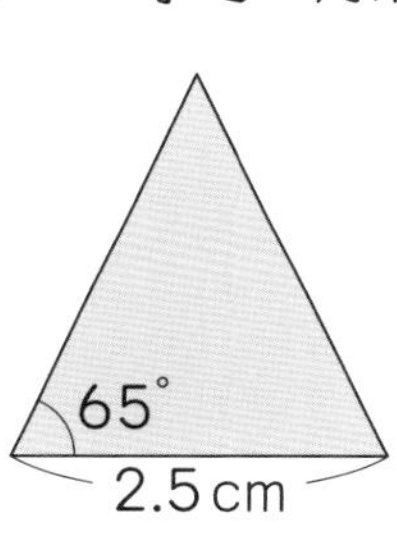

❷ 2 つの辺の長さが 2 cm と 4.5 cm で、その間の角の大きさが 75° の三角形。

4 次の四角形と合同な四角形をかきましょう。　1つ10〔20点〕

❶ ひし形

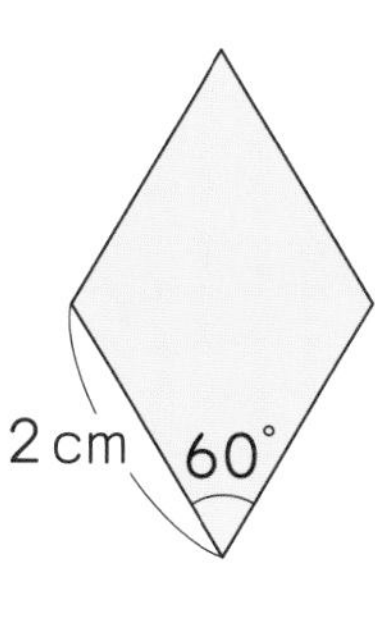

❷

5 右の図のように、合同な三角形をしきつめました。　1つ10〔20点〕

❶ 角㋐と等しい角はどれですか。

(　　　　　)

❷ 四角形 ACDB は、何という図形になっていますか。

(　　　　　)

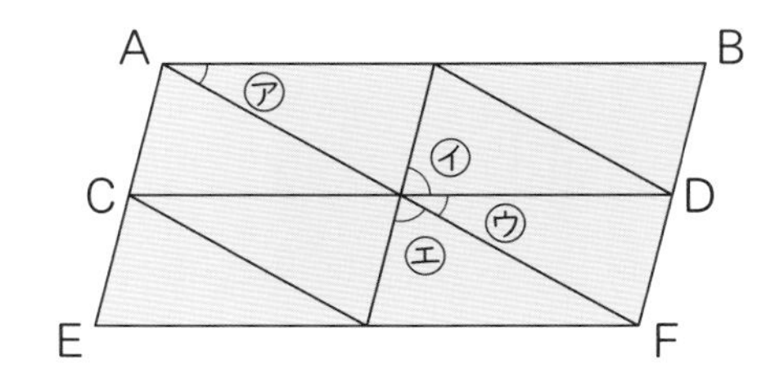

□ 合同な三角形の対応する頂点や辺の長さ、角の大きさがわかったかな？
□ 合同な三角形や四角形をかくことができたかな？

勉強した日　月　日

① ともなって変わる2つの量
② 比例
基本のワーク

学習の目標
ともなって変わる２つの量や、比例（ひれい）の関係について考えよう！

教科書 上36〜41ページ　答え 3ページ

基本1 ともなって変わる２つの量の関係がわかりますか①

☆ まわりの長さが 24 m の長方形の花だんを作ります。
花だんのたての長さと横の長さの関係を、右の表にまとめましょう。

花だんのたてと横の長さ

たて(m)	1	2	3	4	5
横(m)	11	10	㋐	8	㋑

とき方　まわりの長さが 24 m の長方形の、たての長さと横の長さの和は、□ m です。
表を見ると、たての長さが 1 m、2 m、…と 1 m ずつ大きくなると、横の長さは、1 m ずつ小さくなっていることがわかります。たての長さが 3 m のときの横の長さは、10 m よりも 1 m 小さくなるから、□ m です。たての長さが 5 m のときの横の長さは、8 m よりも 1 m 小さくなるから、□ m です。　答え ㋐ □　㋑ □

1 基本1 で、たての長さが 8 m のとき、横の長さは何 m ですか。　教科書 37ページ1

（　　　　　）

基本2 ともなって変わる２つの量の関係がわかりますか②

☆ 高さが 3 cm のクッキーの箱があります。この箱を積んでいくときの箱の数と全体の高さの関係を、右の表にまとめましょう。

積んだ箱の数と全体の高さ

箱の数（こ）(個)	1	2	3	4	5
高さ(cm)	3	6	㋐	㋑	15

とき方　表を見ると、箱の数が 1 個、2 個、…と増（ふ）えると、高さは 3 cm ずつ増えていることがわかります。箱の数が 3 個のときの高さは、6 cm よりも 3 cm 増えるから、□ cm です。箱の数が 4 個のときの高さは、箱の数 3 個のときよりも 3 cm 増えるから、
□ ＋3＝ □ (cm)　答え ㋐ □　㋑ □

2 基本2 で、箱の数が 7 個のとき、全体の高さは何 cm ですか。　教科書 37ページ1

（　　　　　）

さんすうはかせ　ともなって変わる２つの量の関係で、変わる量のことを「変数（へんすう）」、変わらない量のことを「定数（ていすう）」というよ。

基本3 ともなって変わる２つの量が比例する関係がわかりますか

☆ １本 80 円のジュース□本の代金を○円とします。

❶ ジュースの本数□本と代金○円の関係を、右の表にまとめましょう。

ジュースの本数と代金

ジュースの本数□(本)	1	2	3	4	5
ジュースの代金○(円)	80	160	240	㋐	㋑

❷ ジュースの代金は、何に比例するといえますか。

とき方 ❶ 代金＝ジュース１本のねだん×本数です。

❷ ともなって変わる２つの量□と○があって、□が２倍、３倍、…になると、○も［　］倍、［　］倍、…になるとき、○は□に［　　］するといいます。

答え ❶ ㋐［　　］ ㋑［　　］ ❷［　　　　］

3 基本3 で、ジュースの本数が９本のとき、代金はいくらになりますか。 教科書 38ページ1

ジュース９本は、ジュース１本の９倍の本数になっているね。

（　　　　　　）

4 基本3 で、ジュースの代金が 1200 円になるのは、何本のときですか。 教科書 38ページ1

（　　　　　　）

基本4 いろいろな比例の関係がわかりますか

☆ 右の図のように、正三角形の１辺の長さを１cm ずつ長くしていきます。

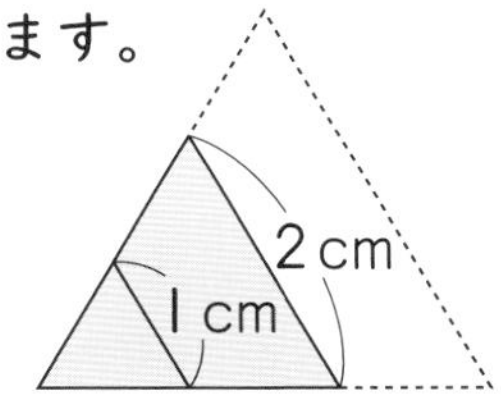

❶ １辺の長さを□cm、まわりの長さを○cm として、まわりの長さを求める式を書きましょう。

❷ 正三角形の１辺の長さとまわりの長さの関係を、下の表にまとめましょう。

❸ 正三角形のまわりの長さは、１辺の長さに比例するといえますか。

2 cm
1 cm

正三角形の１辺の長さとまわりの長さ

１辺の長さ□(cm)	1	2	3	4
まわりの長さ○(cm)	3	㋐	㋑	㋒

とき方 ❶ 正三角形のまわりの長さ＝１辺の長さ×［　　］です。

❷ ❶で書いた式の□に、１辺の長さをあてはめて、対応(たいおう)する○の値(あたい)を求めます。

❸ １辺の長さが２倍、３倍、…になると、まわりの長さも［　］倍、［　］倍、…になっています。

答え ❶［　　　　］ ❷ ㋐［　　］ ㋑［　　］ ㋒［　　］ ❸［　　］

5 基本4 で、正三角形のまわりの長さが 54 cm になるのは、１辺の長さが何 cm のときですか。

教科書 40ページ2

（　　　　　　）

ポイント ともなって変わる２つの量□と○があって、□が２倍、３倍、…になると、○も２倍、３倍、…になるとき、○は□に比例するといいます。

勉強した日　　月　　日

練習のワーク

教科書 上36～43ページ　答え 3ページ

できた数　／10問中

1 比例　1m11円のテープの長さ□mと、代金○円の関係を調べます。

❶ テープの長さ□mと代金○円の関係を、表にまとめましょう。

テープの長さと代金

テープの長さ□(m)	1	2	3	4	5	6
テープの代金○(円)	11	22				

❷ テープの代金は、何に比例するといえますか。

（　　　　　）

❸ □が1増えると、○はいくつ増えますか。

（　　　　　）

❹ □と○の関係を式に表しましょう。

（　　　　　）

❺ テープの長さが9mのとき、代金はいくらになりますか。

（　　　　　）

2 いろいろな比例　次の図のように、たて6cm、横2cmの長方形をつなげていきます。

❶ 横の長さ□cmと面積○cm²の関係を、表にまとめましょう。

長方形の横の長さと面積

横の長さ□(cm)	2	4	6	8	10
面積○(cm²)	12	24			

6cm
2cm

❷ □が2倍、3倍、…になると、○はどのように変わっていますか。

（　　　　　）

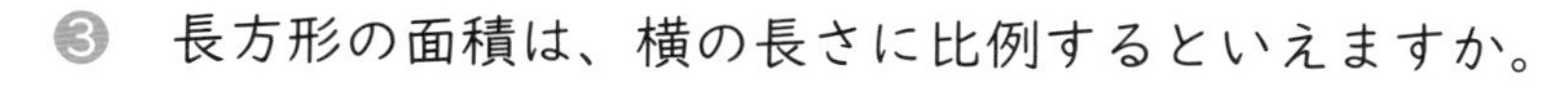

❸ 長方形の面積は、横の長さに比例するといえますか。

（　　　　　）

❹ □と○の関係を式に表しましょう。

（　　　　　）

❺ 面積が84cm²のときの横の長さを求めましょう。

（　　　　　）

1 比例

比例とは
ともなって変わる2つの量□と○があって、□が2倍、3倍、…になると、○も2倍、3倍、…になるとき、○は**□に比例する**といいます。

❶、❹ 代金＝1mのねだん×テープの長さです。

❺ 表を書くと、次のようになります。

9倍

長さ(m)	1	9
代金(円)	11	?

9倍

2 いろいろな比例

❶、❹ 長方形の面積＝たて×横です。

❺ 表や式を使って考えます。表は、次のようになります。

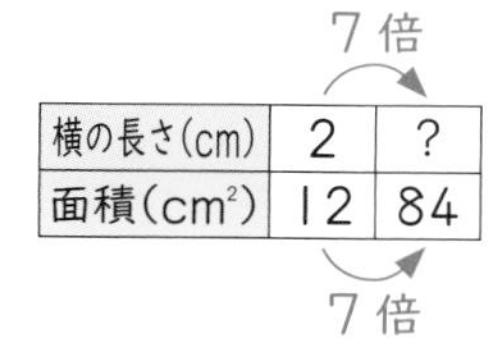
7倍

横の長さ(cm)	2	?
面積(cm²)	12	84

7倍

または、❹で表した式の○に、84をあてはめて、対応する□の値を求めます。

できるナビ　□が2倍、3倍、…になるとき、○が2倍、3倍、…になるかどうかは、表の数を使って調べよう。

時間 20分

得点 /100点

教科書 上36～43ページ 答え 3ページ

1 よく出る 次のそれぞれの2つの量で、○が□に比例しているものは□と○の関係を式に表し、比例していないものは×を書きましょう。 1つ10〔20点〕

❶ 1m60円のリボンを買うときの、買う長さ□mと代金○円。

リボンの長さ□(m)	1	2	3	4	5
リボンの代金○(円)	60	120	180	240	300

( )

❷ まわりの長さが30cmの長方形の、たての長さ□cmと横の長さ○cm。

たての長さ□(cm)	1	2	3	4	5
横の長さ○(cm)	14	13	12	11	10

( )

2 1mの重さが15gのはり金の長さ□mと、重さ○gの関係を調べます。 1つ8〔40点〕

❶ はり金の長さ□mと重さ○gの関係を、右の表にまとめましょう。

はり金の長さと重さ

長さ□(m)	1	2	3	4	5
重さ○(g)	15	30			

❷ □が1増えると、○はいくつ増えますか。

( )

❸ はり金の重さは、何に比例するといえますか。

( )

❹ □と○の関係を式に表しましょう。

( )

❺ 重さが105gのときの、はり金の長さを求めましょう。

( )

3 右の図のように、たて2cm、横9cmの長方形をたてに積んでいきます。 1つ10〔40点〕

❶ たての長さ□cmと面積○cm²の関係を、表にまとめましょう。

長方形のたての長さと面積

たての長さ□(cm)	2	4	6	8	10
面積○(cm²)	18	36			

2cm
9cm

❷ □と○の関係を式に表しましょう。

( )

❸ たての長さが16cmのときの、面積を求めましょう。

( )

❹ 面積が108cm²のときの、たての長さを求めましょう。

( )

チェック✓
□比例の関係がわかったかな？
□比例している量を、式に表すことができたかな？

同じ大きさにならして考えよう

基本のワーク

学習の目標
平均の意味を理解して、求め方や使い方を身につけよう！

教科書 上44～52ページ　答え 4ページ

基本1 平均の意味や求め方がわかりますか

☆ 右の図のように、4個のコップに水が入っています。
コップ1個の水の量は、平均何mLですか。

180mL　50mL　120mL　90mL

とき方 何個かの大きさの数や量を、同じ大きさになるようにならしたものを、もとの数や量の□といいます。
4個のコップの水の量を合計して、それを4等分します。
(180＋50＋120＋90)÷□＝□　答え □mL

たいせつ
平均＝合計÷個数

1 5個のレモンをしぼったら、右の図のようになりました。　教科書 45ページ1

55mL　45mL　40mL　50mL　35mL

❶ レモン1個からしぼれるジュースの量は平均何mLですか。
式

答え（　　　　）

❷ レモンが12個あるとき、全部で何mLのジュースがしぼれると考えられますか。
式

答え（　　　　）

基本2 0があるときの平均の求め方がわかりますか

☆ 次の表は、あきらさんたち6人が、夏休みに読んだ本のさっ数です。1人平均何さつ読んだことになりますか。

読んだ本の数

名　前	あきら	ゆか	たかし	よう子	けんじ	ひろみ
読んだ本の数(さつ)	4	2	1	5	0	3

とき方 求めるのは6人についての平均なので、読んだ本が0さつのけんじさんもふくめて計算します。
(4＋2＋1＋5＋0＋3)÷□＝□
答え □さつ

ちゅうい
本のさっ数のように、小数で表せないものでも、平均は小数で表すことがあります。

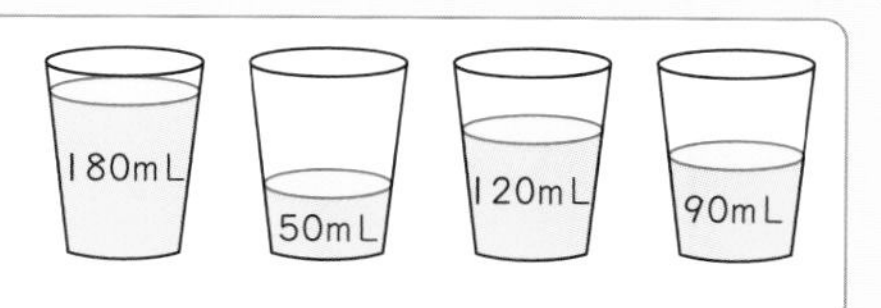

平均気温、平均視聴率、平均株価、平均寿命など、平均の考え方は身のまわりのいろいろなところで使われているよ。

2 次の表は、まさよさんの組で、先週欠席した人数を表しています。１日平均何人欠席したことになりますか。

教科書 46ページ 1

先週欠席した人数

曜　日	月	火	水	木	金
欠席した人数(人)	3	2	0	3	4

式

答え（　　　　　）

基本 3　歩はばのおよその長さを求めることができますか

☆ 右の表は、みくさんが10歩歩いた長さです。歩はばは何mですか。小数第三位を四捨五入(ししゃごにゅう)して求めましょう。

みくさんが10歩歩いた長さ

回数	1回目	2回目	3回目
10歩歩いた長さ(m)	6.32	6.33	6.37

とき方 歩はばはいつも同じではないので、10歩歩いた長さを何回か測(はか)って平均を求めます。3回の平均は、(6.32＋6.33＋6.37)÷3＝[　　] だから、歩はばは、
[　　]÷10＝[　　]　　**答え** 約[　　]m

3 基本3で、みくさんが教室のはしからはしまでまっすぐ歩いて歩数を数えたところ、15歩でした。教室のはしからはしまでは約何mですか。小数第一位を四捨五入して求めましょう。

教科書 49ページ 3

式

答え（　　　　　）

基本 4　くふうして平均を求めることができますか

☆ 右の6個のたまごの重さの平均を求めましょう。

Ⓐ(エー)	Ⓑ(ビー)	Ⓒ(シー)	Ⓓ(ディー)	Ⓔ(イー)	Ⓕ(エフ)
60g	61g	56g	63g	58g	62g

とき方 いちばん軽いCのたまご56gを基準(きじゅん)にして、ほかのたまごがどれだけ重いのか考えます。

Ⓐ	Ⓑ	Ⓒ	Ⓓ	Ⓔ	Ⓕ	
4	5	0	7	2	[　　]	(g)

これらの平均を求めると、
(4＋5＋0＋7＋2＋[　　])÷6＝[　　]
この平均を、基準にしたたまごの重さにたすと、
56＋[　　]＝[　　]　　**答え** [　　]g

4 みかん5個の重さを量ったら、91g、93g、94g、90g、97gでした。いちばん軽いみかんの重さを基準にして、みかんの重さの平均を求めましょう。

教科書 51ページ 5

式

答え（　　　　　）

ポイント 平均は、平均＝合計÷個数で求められますが、個数にあたるのは、問題によって、人数や日数、回数などであることに注意しましょう。

勉強した日　月　日

練習のワーク

教科書 上44～55ページ　答え 4ページ

できた数　/5問中

1 平均　さきさんのはん4人の算数のテストの点数は、79点、70点、72点、83点でした。4人の算数のテストの平均点を求めましょう。

式

答え（　　　）

2 0をふくむ平均　次の表は、月曜日から金曜日までに、はちでさいたアサガオの花の数です。1日に平均何個の花がさいたことになりますか。

さいたアサガオの花の数

曜日	月	火	水	木	金
さいた花の数(個)	6	0	2	5	3

式

答え（　　　）

3 平均の利用　5年生と6年生で、みかんがりに行きました。右の表は、それぞれの学年の人数と全体の個数を表したものです。どちらの学年がより多く採れたといえるか、1人平均何個採れたかで比べましょう。

採れたみかんの数

	人数(人)	全体の個数(個)
5年生	14	224
6年生	16	240

式

答え（　　　）

4 はなれた値　下の表は、さくらさんがソフトボール投げをしたときの記録です。平均を使うと、さくらさんはソフトボールをだいたい何m投げられるといえますか。

さくらさんのソフトボール投げの記録

回数	1回目	2回目	3回目	4回目	5回目
記録(m)	21	9	23	24	20

式

答え（　　　）

5 平均と個数　箱の中にじゃがいもが入っています。そのうちの6個の重さを調べたら、1個平均90gでした。箱をのぞいた全体の重さが2700gのとき、じゃがいもは全部で何個入っていると考えられますか。

式

答え（　　　）

1 平均
1人平均何点とったかを、平均点といいます。

たいせつ
平均＝合計÷個数

2 0をふくむ平均
値が0個の日もふくめて考えます。

3 平均の利用
5年生と6年生は人数がちがいますが、それぞれの平均を求めて比べることができます。

4 はなれた値
2回目の記録は、ほかの記録と大きくはなれていて、失敗と考えられます。測定したときの平均を求めるとき、大きくはなれた値は、のぞいて計算した方がよい場合があります。

5 平均と個数
平均＝合計÷個数
だから、
合計＝平均×個数
個数＝合計÷平均
です。

できるナビ　個数が多いときや、合計が大きくなるときは、仮の平均を使うと計算がかんたんになってミスをふせげるよ。

まとめのテスト

時間20分

得点　/100点

教科書 ㊤44～55ページ　答え 4ページ

1  次の表は、かおりさんが先週ごみ拾いで拾ったごみの数を表しています。 1つ8〔32点〕

拾ったごみの数

曜日	月	火	水	木	金
ごみの数(個)	7	5	3	0	4

❶ かおりさんは、ごみを1日平均何個拾ったことになりますか。

式

答え（　　　　　）

❷ 同じようにごみを20日間拾うと、全部で何個拾うと考えられますか。

式

答え（　　　　　）

2 ひろきさんが10歩歩いた長さを4回測(はか)ったところ、5m87cm、5m80cm、5m81cm、5m84cmでした。歩はばは、約何mですか。小数第三位を四捨五入(ししゃごにゅう)して求めましょう。 1つ8〔16点〕

式

答え（　　　　　）

3 次の表は、たけるさんのはんの5人の身長を表したものです。 1つ8〔32点〕

たけるさんのはんの身長

名前	たける	みなと	りな	あかり	はやと
身長(cm)	146	133	142	151	137

❶ いちばん小さい133cmを基準(きじゅん)にして、それぞれが基準よりどれだけ高いのか考えて、その平均を求めましょう。

式

答え（　　　　　）

❷ たけるさんのはんの5人の身長の平均を求めましょう。

式

答え（　　　　　）

4 なつきさんの組で、先週、図書室から本を借りた人数は、月曜日から木曜日までの4日間では1日平均6人でした。月曜日から金曜日までの5日間では1日平均7人でした。金曜日に本を借りた人数は何人ですか。 1つ10〔20点〕

式

答え（　　　　　）

ふろくの「計算練習ノート」19ページをやろう！

□ 平均の求め方がわかったかな？
□ くふうして平均を求めることができたかな？

① 偶数と奇数 ② 倍数と公倍数 [その1]

基本のワーク

学習の目標
偶数(ぐうすう)や奇数(きすう)、倍数や公倍数がどんな数か理解しよう！

教科書 上56～63ページ　答え 4ページ

基本1 整数を偶数と奇数に分けられますか

☆ 0から20までの整数で、偶数と奇数は何個ずつありますか。

とき方 整数のうち、2でわりきれる数を ［　］、2でわりきれない数を ［　］ といいます。0は偶数とします。

数直線では、下のように偶数と奇数がこうごにならびます。0から20までの整数で、偶数は、0、2、4、6、8、10、12、14、16、18、20で、全部で ［　］ 個です。奇数は、1、3、5、7、9、11、13、15、17、19で、全部で ［　］ 個です。

⓪ ［1］ ② ［3］ ④ ［5］ ⑥ ［7］ ⑧ ［9］ ⑩ ［11］ ⑫ ［13］ ⑭ ［15］ ⑯ ［17］ ⑱ ［19］ ⑳

偶数…○、奇数…□

たいせつ
どんな整数も、偶数か奇数のどちらかになります。

答え 偶数 ［　］ 個　奇数 ［　］ 個

1 次の整数を、偶数と奇数に分けましょう。 教科書 58ページ 2

2、5、19、40、87、136、221、286

偶数（　　　　　　）　奇数（　　　　　　）

基本2 偶数と奇数の和がどんな数になるかわかりますか

☆ 偶数と奇数の和は、偶数になりますか。奇数になりますか。

とき方 偶数と奇数は、次のように表すことがあります。

偶数…2にある整数をかけた数。　2×□

奇数…2にある整数をかけた数に1をたした数。　2×□+1

例えば、6は偶数で、6=2×［　］、9は奇数で、9=2×［　］+1と表されます。

2のまとまりを ●● 、1のまとまりを ● で表すと、6は ●●●●●●、9は ●●●●●●●●●

だから、6+9は、●●●●●● + ●●●●●●●●● = ●●●●●●●●●●●●●●●

このように、偶数と奇数の和は、2のまとまりがいくつかと、1のまとまりが1つになるので、偶数と奇数の和はいつでも ［　］ になります。

答え ［　］ になる。

2 偶数と偶数の和は、偶数になりますか。奇数になりますか。 教科書 59ページ 2

（　　　　）

さんすうはかせ
むかしの中国では、奇数を陽数(ようすう)、偶数を陰数(いんすう)といって、奇数はおめでたい数と考えられていたんだって。3月3日や、5月5日にお祝いするのもこのためだね。

基本 3 倍数とはどんな数かわかりますか

☆ 1から順に数が書かれたカードを、右のようにならべていきます。

❶ ㋐の列には、どんな数がならんでいますか。

❷ ㋐の列の数を小さい方から順に5つ求めましょう。

			㋐
1	2	3	4
5	6	7	8
9	10	11	12
	⋮		

とき方 4×□=4、4×□=8、4×□=12、…
のように4を整数倍してできる数がならんでいます。
このような数を4の□といいます。

ちゅうい
0は、倍数からのぞいて考えます。

答え ❶ □
❷ □、□、□、□、□

3 次の倍数を、小さい順に5つ求めましょう。 教科書 61ページ3

❶ 6の倍数　(　　　)

❷ 11の倍数　(　　　)

基本 4 公倍数とはどんな数かわかりますか

☆ 1から30までの整数で、次の数を求めましょう。

❶ 3の倍数を全部。

❷ 5の倍数を全部。

❸ 3と5の公倍数を全部。

❹ 3と5の最小公倍数。

1	2	3	4	5	6	7	8	9	10
11	12	13	14	15	16	17	18	19	20
21	22	23	24	25	26	27	28	29	30

とき方 3の倍数と5の倍数に共通な数を、3と5の□といいます。公倍数の中で、いちばん小さい数を□といいます。

答え ❶ □、□、□、□、□、□、□、□、□、□
❷ □、□、□、□、□、□　❸ □、□　❹ □

4 1から80までの整数で、次の数を求めましょう。 教科書 62ページ2

❶ 9の倍数を全部。　(　　　)

❷ 12の倍数を全部。　(　　　)

❸ 9と12の公倍数を全部。　(　　　)

❹ 9と12の最小公倍数。　(　　　)

ポイント ある整数が偶数か奇数かは、一の位の数を見ればわかります。
一の位が0、2、4、6、8…偶数　一の位が1、3、5、7、9…奇数

勉強した日 月 日

② 倍数と公倍数 [その2]

基本のワーク

学習の目標
公倍数の求め方や使い方を理解して、問題を解こう！

教科書 上64～66ページ 答え 4ページ

基本1 公倍数の求め方がわかりますか

☆ 6と9の公倍数を小さい方から順に3つ求めましょう。

とき方 《1》 6の倍数と9の倍数で共通の数をさがします。

6の倍数 6、12、18、24、30、36、42、48、54、…

9の倍数 9、18、27、36、45、54、63、…

6と9の公倍数 □、□、□、…

6の倍数: 6 12 24 30 42 48 …
共通: 18 36 54 …
9の倍数: 9 27 45 63 …

《2》 9の倍数の中から、6の倍数をさがします。

9の倍数 9、18、27、36、45、54、63、…

× ○ □ □ □ □ ×

《3》 6と9の最小公倍数を求めて、それを整数倍します。

6の倍数 6、12、18　　$18\times2=$□、$18\times3=$□

9の倍数 9、18

答え □、□、□

1 次の組の数の公倍数を、小さい方から順に3つ求めましょう。また、最小公倍数を求めましょう。

教科書 64ページ3

❶ (2、7)
公倍数（　　　）
最小公倍数（　　　）

❷ (4、8)
公倍数（　　　）
最小公倍数（　　　）

基本2 3つの数の公倍数を求めることができますか

☆ 3と4と6の公倍数を、小さい方から順に3つ求めましょう。

とき方 1 3の倍数と4の倍数と6の倍数に印をつけます。

3の倍数 0 1 2 3 4 5 6 7 8 9 10 11 12 13 14 15 16 17 18

4の倍数 0 1 2 3 4 5 6 7 8 9 10 11 12 13 14 15 16 17 18

6の倍数 0 1 2 3 4 5 6 7 8 9 10 11 12 13 14 15 16 17 18

2 3つとも印がついた数の中でいちばん小さい数が、3と4と6の最小公倍数で、□です。

3 最小公倍数を整数倍して、公倍数を求めます。

□$\times2=$□、□$\times3=$□

答え □、□、□

2 次の組の数の公倍数を、小さい方から順に3つ求めましょう。また、最小公倍数を求めましょう。

教科書 65ページ4

❶ (2、5、8)
公倍数（　　　）
最小公倍数（　　　）

❷ (4、8、12)
公倍数（　　　）
最小公倍数（　　　）

さんすうはかせ
それぞれの位の数の和が3の倍数のとき、その整数は3の倍数になるよ。たとえば、123は$1+2+3=6$で、6は3の倍数だから、123も3の倍数とわかるね。

基本3 公倍数の考えを使って問題を解くことができますか

☆ たて4cm、横5cmの長方形の紙を、右のように同じ向きにならべて正方形を作ります。

❶ いちばん小さい正方形の1辺の長さは何cmですか。

❷ できる正方形の1辺の長さを、小さい方から順に3つ求めましょう。

4cm
5cm

とき方 ❶ 長方形の紙をならべたときのたての長さは、□の倍数になります。
長方形の紙をならべたときの横の長さは、□の倍数になります。
いちばん小さい正方形ができるのは、1辺の長さが4と5の最小公倍数のときだから、□cmのときです。

❷ 1辺の長さが4と5の公倍数のときに、正方形ができます。最小公倍数を整数倍して、公倍数を求めると、□×2=□、□×3=□

最小公倍数を整数倍すると…
20 ×2 ×3

答え ❶ □cm ❷ □cm、□cm、□cm

3 6秒ごとに光るランプと、15秒ごとに光るランプがあります。今、同時に光りました。この後、2回目、3回目、4回目に同時に光るのは何秒後ですか。

教科書 66ページ 2▶4▶

2回目（　　　　）3回目（　　　　）4回目（　　　　）

基本4 最小公倍数の考えを使って問題を解くことができますか

☆ 高さ4cmのプリンの箱と、高さ3cmのクッキーの箱を積んでいきます。2つの箱の高さが初めて等しくなるのは、高さが何cmのときですか。

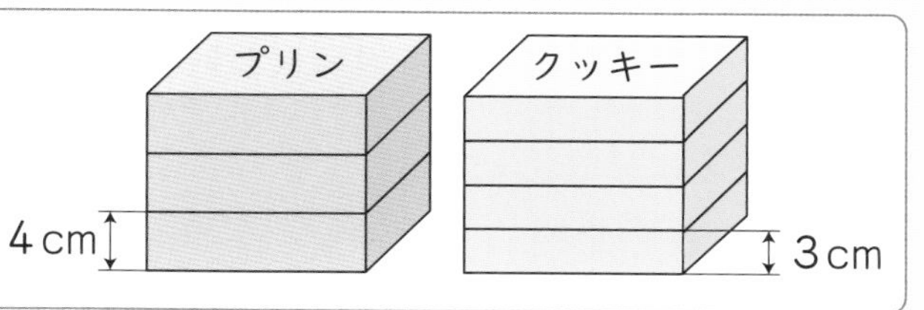

とき方 プリンの箱を積んだときの高さは、□の倍数になります。クッキーの箱を積んだときの高さは、□の倍数になります。
プリンとクッキーの箱の高さが初めて等しくなるのは、高さが4と3の最小公倍数のときだから、□cmのときです。

4の倍数　4、8、12、16、20、…
3の倍数　3、6、9、12、15、…

答え □cmのとき

4 高さ8cmの積み木と、高さ9cmの積み木をそれぞれ積んでいきます。2つの積み木の高さが初めて等しくなるのは、高さが何cmのときですか。

教科書 66ページ 3▶

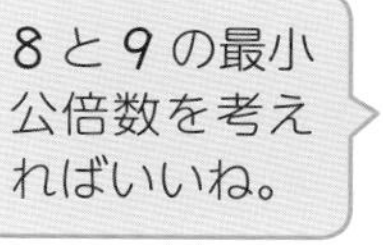

（　　　　）

最小公倍数がわかれば、その数の2倍、3倍、4倍、…で公倍数が求められます。公倍数は、最小公倍数の倍数になっています。

③ 約数と公約数

基本のワーク

学習の目標
約数や公約数の求め方や使い方を理解して、問題を解こう！

教科書 上67～70ページ　答え 5ページ

基本1 約数、公約数とはどんな数かわかりますか

☆ たて 8cm、横 10cm の長方形の中に、すき間がないように、同じ大きさの正方形をしきつめます。

10cm
8cm

❶ たてだけにしきつめてちょうど 8cm になるのは、1 辺の長さが何 cm の正方形ですか。

❷ 横だけにしきつめてちょうど 10cm になるのは、1 辺の長さが何 cm の正方形ですか。

❸ たても横もきちんとしきつめられる正方形の 1 辺の長さは、何 cm ですか。

とき方 ❶ たてにしきつめて 8cm になる正方形の 1 辺の長さは、1cm、□cm、□cm、□cm です。

8 をわり切ることができる整数を、8 の□といいます。どんな整数でも、1 とその数自身は約数になっています。

❷ 横にしきつめて 10cm になる正方形の 1 辺の長さは、1cm、□cm、□cm、10cm です。

❸ たても横もきちんとしきつめられる正方形の 1 辺の長さは、1cm と□cm のときです。

8 の約数と 10 の約数に共通な数を、8 と 10 の□といいます。公約数の中で、いちばん大きい数を□といいます。

さんこう
8 の約数を次のように組にすると、その積は 8 になります。
1×8=8
1　2　4　8
2×4=8

答え ❶ □cm、□cm、□cm、□cm
❷ □cm、□cm、□cm、□cm　❸ □cm、□cm

1 次の数を求めましょう。　教科書 67ページ1

❶ 9 の約数を全部。
(　　　　　)

❷ 21 の約数を全部。
(　　　　　)

❸ 9 と 21 の公約数を全部。
(　　　　　)

❹ 9 と 21 の最大公約数。
(　　　　　)

基本2 公約数の求め方がわかりますか

☆ 8 と 20 の公約数を求めましょう。

とき方 《1》 8 の約数と 20 の約数で共通の数をさがします。

8 の約数　1、2、4、8
20 の約数　1、2、4、5、10、20
8 と 20 の公約数　□、□、□

《2》 小さい方の 8 の約数の中から、20 の約数をさがします。

8 の約数　1、2、4、8
○ □ □ ×

答え □、□、□

さんすうはかせ
6 の約数のうち、6 以外の 1、2、3 をたした和は 6 になるね。このような数を完全数（かんぜんすう）というよ。28 や 496 も完全数だよ。

2 次の組の数の公約数を全部求めましょう。また、最大公約数を求めましょう。

教科書 69ページ 2

❶ (9、18)
　公約数 (　　　　　　　　　　)
　最大公約数 (　　　　　　　　　　)

❷ (15、10)
　公約数 (　　　　　　　　　　)
　最大公約数 (　　　　　　　　　　)

❸ (56、72)
　公約数 (　　　　　　　　　　)
　最大公約数 (　　　　　　　　　　)

❹ (7、13)
　公約数 (　　　　　　　　　　)
　最大公約数 (　　　　　　　　　　)

基本 3　3つの数の公約数を求めることができますか

☆ 6、12、18 の公約数を全部求めましょう。

とき方 [1] 6 の約数と 12 の約数と 18 の約数に印をつけます。
[2] 3つとも印がついた数が、6 と 12 と 18 の公約数で、□、□、□、□ です。

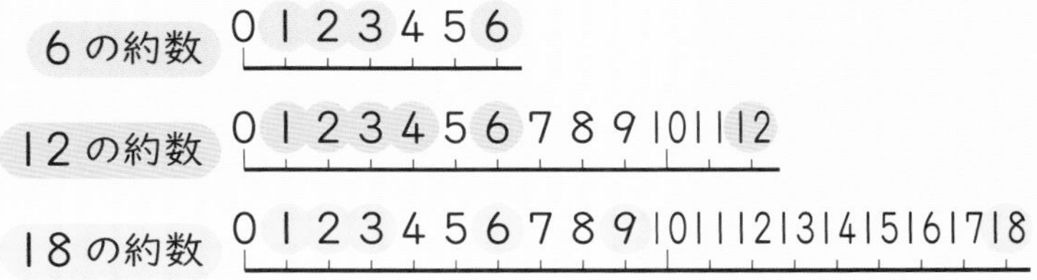
6 の約数
0 1 2 3 4 5 6
12 の約数
0 1 2 3 4 5 6 7 8 9 10 11 12
18 の約数
0 1 2 3 4 5 6 7 8 9 10 11 12 13 14 15 16 17 18

答え □、□、□、□

3 次の組の数の公約数を全部求めましょう。また、最大公約数を求めましょう。

教科書 70ページ 1

❶ (12、16、20)
　公約数 (　　　　　　　　　　)
　最大公約数 (　　　　　　　　　　)

❷ (14、28、35)
　公約数 (　　　　　　　　　　)
　最大公約数 (　　　　　　　　　　)

基本 4　倍数と約数の関係がわかりますか

☆ 12 まいの正方形のカードを長方形の形にならべました。図を見て、□にあてはまる数を書きましょう。

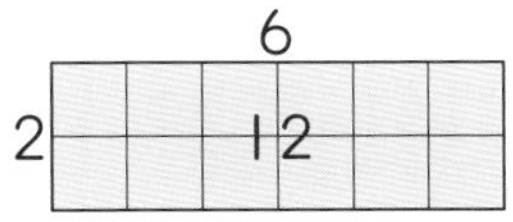
6
2
12

❶ 2、□ は、12 の約数です。
❷ 12 は □、6 の倍数です。

12 は 6 の倍数で、6 は 12 の約数になっているよ。
6 ─倍数→ 12
6 ←約数─ 12

とき方 たて、横にならんでいる正方形のカードの数は、それぞれ 12 の □ になっています。また、全部のカードの数は、たて、横にならんでいるカードの数の □ になっています。

答え ❶ □　❷ □

4 20 まいの正方形のカードを長方形の形にならべました。図を見て、□にあてはまる数を書きましょう。

教科書 70ページ 2

❶
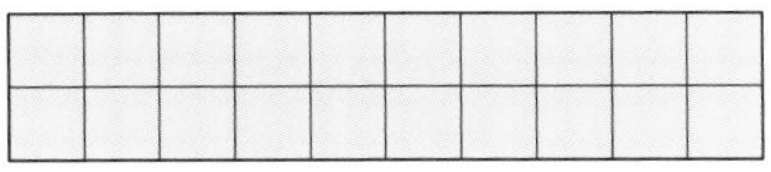

・2、□ は、20 の約数です。
・20 は、□、10 の倍数です。

❷
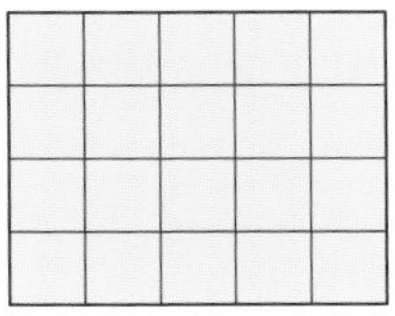

・□、5 は、20 の約数です。
・20 は、4、□ の倍数です。

ポイント 倍数は、その数以上の数で、かぎりなくあります。約数は、その数までのかぎられた数しかありません。しっかり区別して覚えましょう。

勉強した日 月 日

練習のワーク

教科書 ㊤56〜73ページ 答え 5ページ

できた数 /17問中

1 偶数・奇数 次の数を、偶数と奇数に分けましょう。

0、28、55、99、134、301、87431

偶数（ ） 奇数（ ）

2 倍数・約数 次の数の倍数を、小さい方から順に3つ求めましょう。また、約数を全部求めましょう。

❶ 14 ❷ 23

倍数（ ） 倍数（ ）
約数（ ） 約数（ ）

3 公倍数・最小公倍数 次の組の数の公倍数を、小さい方から順に3つ求めましょう。また、最小公倍数を求めましょう。

❶ (6、15) ❷ (12、18)

公倍数（ ） 公倍数（ ）
最小公倍数（ ） 最小公倍数（ ）

4 公約数・最大公約数 次の組の数の公約数を全部求めましょう。また、最大公約数を求めましょう。

❶ (25、40) ❷ (36、54)

公約数（ ） 公約数（ ）
最大公約数（ ） 最大公約数（ ）

5 最小公倍数の利用 バスは7分おき、電車は5分おきに発車します。午前6時に同時に出発したとき、次に同時に出発するのは、何時何分ですか。

（ ）

6 最大公約数の利用 たて16cm、横20cmの長方形の中に、すき間がないように同じ大きさの正方形の紙をしきつめます。

❶ いちばん大きい正方形の1辺の長さは何cmですか。

（ ）

❷ ❶のとき、正方形の紙を何まい使いますか。

（ ）

てびき

1 偶数・奇数
2でわって調べるか、一の位を見て考えます。

2 倍数・約数
倍数は、それぞれの数を整数倍します。約数は、その数をわり切ることができる整数をさがします。

3 公倍数・最小公倍数
公倍数の中で、いちばん小さい数を**最小公倍数**といいます。公倍数は、最小公倍数の倍数になっています。

4 公約数・最大公約数
公約数の中で、いちばん大きい数を**最大公約数**といいます。公約数は、最大公約数の約数になっています。

5 最小公倍数の利用
7と5の最小公倍数を求めます。

6 最大公約数の利用
❶ 16と20の最大公約数を求めます。

ヒント
❷ たてと横でそれぞれ何まい使うか考えます。

倍数を求めたら、もとの数でわり切れるか確かめよう。また、約数を求めたら、約数の中の数を2つかけたらもとの数になることを利用して、書きわすれがないようにしよう。

まとめのテスト

時間 20分

得点　/100点

教科書 ㊤56～73ページ　答え 5ページ

1 次の数を、偶数と奇数に分けましょう。　1つ5〔10点〕

17、36、45、82、100、261、22138

偶数（　　　）　奇数（　　　）

2 次の数を求めましょう。　1つ4〔16点〕

❶ 8の倍数を小さい方から順に3つ（　　　）

❷ 17の倍数を小さい方から順に3つ（　　　）

❸ 45の約数を全部（　　　）

❹ 56の約数を全部（　　　）

3 よく出る 次の組の数の公倍数を、小さい方から順に3つ求めましょう。また、最小公倍数を求めましょう。　1つ5〔20点〕

❶ （10、12）

公倍数（　　　）
最小公倍数（　　　）

❷ （5、9、15）

公倍数（　　　）
最小公倍数（　　　）

4 よく出る 次の組の数の公約数を全部求めましょう。また、最大公約数を求めましょう。　1つ5〔20点〕

❶ （15、21）

公約数（　　　）
最大公約数（　　　）

❷ （18、30、42）

公約数（　　　）
最大公約数（　　　）

5 たて10cm、横4cmの長方形の紙を、同じ向きにすき間なくならべます。　1つ8〔16点〕

❶ いちばん小さい正方形を作るとき、正方形の1辺の長さは何cmになりますか。

（　　　）

❷ このとき、長方形の紙を何まい使いますか。

（　　　）

6 えん筆28本とノート35さつを、どちらも同じ数ずつ、何人かの子どもに、あまりなく配ります。　1つ6〔18点〕

❶ できるだけ多くの子どもに配ることができるのは、何人のときですか。

（　　　）

❷ このとき、1人に配るえん筆は何本ですか。また、ノートは何さつですか。

えん筆（　　　）　ノート（　　　）

ふろくの「計算練習ノート」11ページをやろう！

□偶数と奇数についてわかったかな？
□公倍数や公約数を使って、問題を解くことができたかな？

勉強した日　月　日

|つ分に表して比べる方法を考えよう [その1]

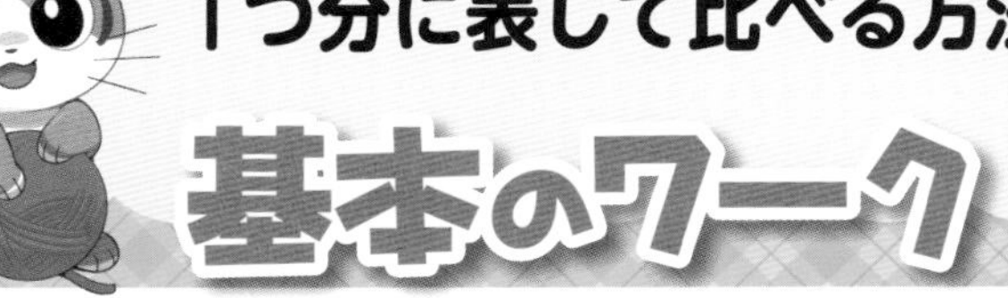

学習の目標

こみぐあいの比べ方や単位量あたりの大きさについて考えよう！

教科書 ㊤76～83ページ　答え 6ページ

基本1 こみぐあいの比べ方がわかりますか

☆ 公民館には2つの和室㋐、㋑があります。右の表は、それぞれの和室のたたみの数と、部屋にいる人数を表したものです。
㋐、㋑のうち、こんでいるのはどちらですか。

たたみの数と部屋の人数

	たたみの数(まい)	人数(人)
㋐	12	15
㋑	10	14

とき方 《1》 たたみ1まい分にどれだけ人数がいるかで比べます。

㋐ 15÷12=1.25　㋑ 14÷10=□

1まいのたたみにたくさん人数がいるので、□の方がこんでいるといえます。

《2》 1人がどのくらいたたみを使えるかで比べます。

㋐ 12÷15=□　㋑ 10÷14=0.71…

1人が使えるたたみの数が少ないので、□の方がこんでいるといえます。

答え □

1 160m² の東公園で、子どもが24人遊んでいます。150m² の西公園では、子どもが21人遊んでいます。どちらの公園の方がこんでいますか。1m² あたりの人数で比べましょう。

教科書 80ページ 1

式

答え (　　　　　)

2 8両に1280人乗っている電車と、10両に1540人乗っている電車があります。どちらの電車の方がこんでいますか。

教科書 80ページ 2

式

答え (　　　　　)

基本2 人口密度の意味がわかりますか

☆ 右の表は、中町と北町の人口と面積を表したものです。
1km² あたりの人数を求めて、どちらの方がこんでいるか答えましょう。

人口と面積

	人口(人)	面積(km²)
中町	26640	18
北町	30500	20

とき方 1km² あたりの人数のことを、□といいます。

中町 26640÷□=□　北町 30500÷□=□

答え 中町□人、北町□人、□の方がこんでいる。

2020年の国勢調査によると、都道府県の中で人口密度がいちばん高いのは東京都、いちばん低いのは北海道なんだって。

3 ゆみさんの市の人口は65723人で、面積は$42km^2$です。この市の人口密度を、小数第一位を四捨五入して、整数で求めましょう。

教科書 81ページ 1

式

答え（　　　　）

基本3 単位量あたりの大きさの意味がわかりますか

☆ 長さが6mで重さが420gのはり金があります。
❶ このはり金の、1mあたりの重さは何gですか。
❷ このはり金10mの重さは何gですか。
❸ このはり金を切って重さを量ったら、560gありました。切った長さは何mですか。

たいせつ
人口密度、1mあたりの重さなどを、**単位量あたりの大きさ**といいます。

とき方 図や表、比例などの考えを使って求めます。求めるものを□で表して、(1つ分の大きさ)×(いくつ分)＝(全部の大きさ) の式にあてはめるとよいでしょう。

❶ 1mあたりの重さ　全部の重さ
重さ 0 □ 420(g)
長さ 0 1 6 (m)
いくつ分

□g	420g
1m	6m

×6

□×6＝420
420÷6＝□

答え □g

❷ 1mあたりの重さ　全部の重さ
重さ 0 70 □(g)
長さ 0 1 10(m)
いくつ分

70g	□g
1m	10m

×10

❶の答えを利用します。
□＝70×□＝□

答え □g

❸ 1mあたりの重さ　全部の重さ
重さ 0 70 560(g)
長さ 0 1 □(m)
いくつ分

70g	560g
1m	□m

×□

❶の答えを利用します。
70×□＝560
□＝560÷□＝□

答え □m

4 長さが9cmで重さが270gのぼうがあります。

教科書 82ページ 4

❶ このぼうの、1cmあたりの重さは何gですか。

式

答え（　　　　）

❷ このぼう15cmの重さは何gですか。

式

答え（　　　　）

❸ このぼう1080gの長さは何cmですか。

式

答え（　　　　）

ポイント こみぐあいは、ふつうは$1m^2$や$1km^2$など、面積をそろえて比べます。こんでいるほど数が大きくなって、わかりやすいからです。

勉強した日 月 日

|つ分に表して比べる方法を考えよう [その2]

学習の目標

単位量あたりの大きさを使って、いろいろな問題を解こう！

教科書 上84～85ページ　答え 6ページ

ふくしゅう できるかな？

例 24まいの画用紙を、4人に同じ数ずつ分けると、|人分は何まいになりますか。

考え方 全部の数÷いくつ分＝|つ分の数 にあてはめて、24÷4＝6　**答え** 6まい

今までも、単位量あたりの大きさを利用してきたんだね。

問題 2|個のビー玉を、3人に同じ数ずつ分けると、|人分は何個になりますか。

式

答え ＿＿ 個

基本1 いろいろな数や量を比べることができますか

☆ |2本で540円のえん筆と、9本で450円の赤えん筆では、どちらが高いといえますか。|本あたりのねだんで比べましょう。

とき方 単位量あたりの大きさで比べます。

えん筆

540÷|2＝＿＿

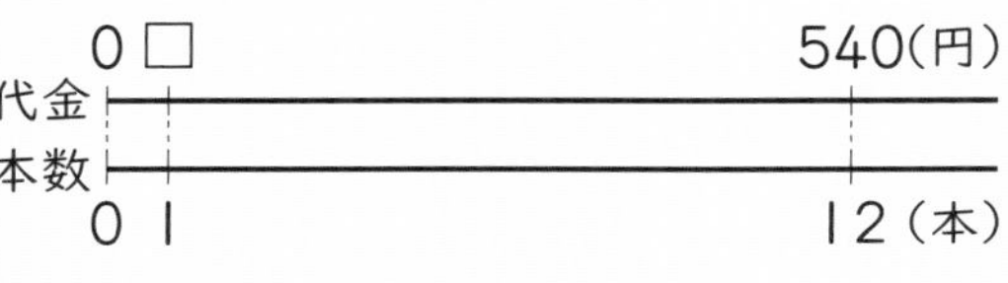

□円	540円
|本	|2本

赤えん筆

450÷9＝＿＿

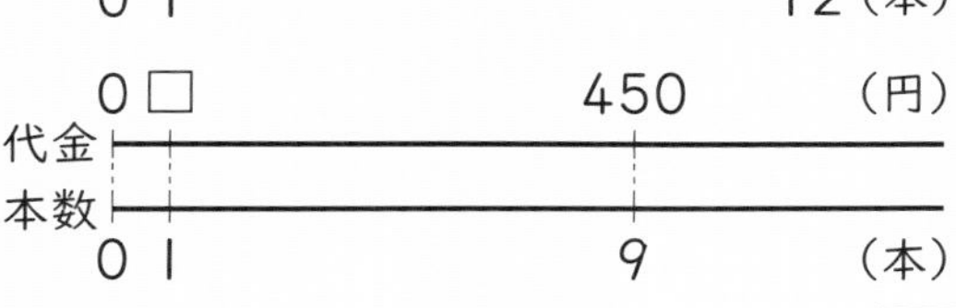

□円	450円
|本	9本

答え ＿＿＿＿ の方が高い。

1 5m² の畑からは|8.5kgのなすが採れ、8m² の畑からは28.8kgのなすが採れました。どちらの畑がよく採れたといえますか。|m² あたりの重さで比べましょう。

教科書 84ページ5

式

答え（　　　　　　　　）

2 Aのプリンターは、4分間に|40まい印刷できます。Bのプリンターは、6分間に204まい印刷できます。どちらのプリンターの方が|分間あたりに多く印刷できますか。

教科書 85ページ2

式

答え（　　　　　　　　）

おかしなどの箱やふくろに書いてある栄養成分表にも、単位量あたりの大きさが使われているよ。

基本 2 単位量あたりの大きさを使って、問題を解くことができますか

☆ ガソリン 40 L で 560km 走る自動車があります。
❶ ガソリン 1 L あたりで走る道のりを求めましょう。
❷ ガソリン 28 L では、何km 走りますか。
❸ 364km 走るには、何 L のガソリンが必要ですか。

とき方 ❶ 1 L あたりで走る道のりを□km とします。

道のり 0 □ ㋐ (km)
ガソリンの量 0 1 ㋑ (L)

□km	㋒
1 L	㋓

560÷40=㋔

❷ 28 L で走る道のりを□km とします。

道のり 0 ㋐ □ (km)
ガソリンの量 0 1 ㋑ (L)

㋒	□km
1 L	㋓

㋔×28=㋕

❸ 364km 走るのに必要なガソリンを□ L とします。

道のり 0 ㋐ ㋑ (km)
ガソリンの量 0 1 □ (L)

㋒	㋓
1 L	□ L

364÷㋔=㋕

答え ❶ ＿＿km ❷ ＿＿km ❸ ＿＿L

3 ガソリン 25 L で 400km 走る自動車があります。 教科書 85ページ 3

❶ ガソリン 1 L あたりで走る道のりを求めましょう。

式

答え（　　　　）

❷ ガソリン 12 L では、何km 走りますか。

式

答え（　　　　）

❸ 1040km 走るには、何 L のガソリンが必要ですか。

式

答え（　　　　）

ポイント 単位量あたりの大きさを使うと、いろいろな数や量を比べたり、求めたりすることができます。図や表をかくと、式を考えやすくなります。

勉強した日 月 日

練習のワーク

教科書 上76～89ページ　答え 6ページ

できた数 /7問中

1 こみぐあい　700 m^2 のプールに、人が 210 人入っています。1000 m^2 のプールには、人が 250 人入っています。どちらのプールの方がこんでいますか。

式

答え（　　　　）

2 人口密度　右の表は、北市と南市の人口と面積を表したものです。

人口と面積

	人口（人）	面積（km^2）
北市	47500	38
南市	61650	45

❶ 北市と南市の人口密度をそれぞれ求めましょう。

式

答え 北市（　　　　）
南市（　　　　）

❷ どちらの市の人口密度が高いですか。

（　　　　）

3 単位量あたりの大きさ　2 L で 6 m^2 の板をぬれるペンキがあります。

❶ このペンキ 1 L あたり何 m^2 の板がぬれますか。

式

答え（　　　　）

❷ このペンキ 9 L では、何 m^2 の板がぬれますか。

式

答え（　　　　）

❸ 15 m^2 の板をぬるには、このペンキを何 L 使いますか。

式

答え（　　　　）

4 単位量あたりの大きさ　3 さつで 420 円のノートと、5 さつで 650 円のノートでは、どちらのノートが高いといえますか。1 さつあたりのねだんで比べましょう。

式

答え（　　　　）

1 こみぐあい
1 m^2 あたりに入っている人数で比べます。

2 人口密度
1 km^2 あたりの人数のことを、人口密度といいます。

人口密度＝人口÷面積で求められるよ。

3 **4** 単位量あたりの大きさ
1 L あたりのぬれる面積や、1 さつあたりのねだんなどを、**単位量あたりの大きさ**といいます。

図や表をかくとわかりやすいよ。

できるナビ　こみぐあいは、1 m^2 あたりの人数や 1 人あたりの面積で比べることができるね。1 m^2 あたりの人数は、こんでいるほど多くなるよ。

まとめのテスト

時間 20分

得点 /100点

教科書 上76〜89ページ　答え 7ページ

1 うさぎが、5 m² のうさぎ小屋に 8 わ、4 m² のうさぎ小屋に 6 わいます。どちらのうさぎ小屋の方がこんでいますか。　1つ5〔10点〕

式

答え（　　　）

2 ゆいさんの市の人口は約 45000 人で、面積は約 60 km² です。この市の人口密度を求めましょう。　1つ10〔20点〕

式

答え（　　　）

3 よく出る　450 m² の畑からは 990 kg のりんごが採(と)れ、400 m² の畑からは 920 kg のりんごが採れました。どちらの畑がよく採れたといえますか。1 m² あたりに採れたりんごの重さで比べましょう。　1つ10〔20点〕

式

答え（　　　）

4 ある印刷機は、4 分間で 240 まい印刷します。　1つ5〔30点〕

❶ 1 分間あたり何まい印刷できますか。

式

答え（　　　）

❷ 7 分間では、何まい印刷できますか。

式

答え（　　　）

❸ 1800 まい印刷するには、何分かかりますか。

式

答え（　　　）

5 ガソリン 25 L で 450 km 走る自動車があります。　1つ5〔20点〕

❶ 54 L のガソリンを使うと、何 km 走ることができますか。

式

答え（　　　）

❷ 792 km 走るには、何 L のガソリンを使いますか。

式

答え（　　　）

ふろくの「計算練習ノート」20ページをやろう！

□ 人口密度の求め方がわかったかな？
□ 単位量あたりの大きさを使って考えることができたかな？

① 整数×小数の計算
② 小数×小数の計算 [その1]

基本のワーク

学習の目標
小数のかけ算の計算の意味や、筆算のしかたを考えよう！

教科書 上94～100ページ　答え 7ページ

基本1 整数×小数の計算のしかたがわかりますか

☆ 1mあたりのねだんが70円のテープがあります。3.6mでは何円ですか。

とき方 いくつ分にあたる数が小数のときでも、かけ算で全体の大きさを求めます。

《1》 0.1mの代金を考えて求めます。

0.1mの代金　70÷10＝7(円)

3.6mは0.1mが36個分だから、

3.6mの代金　7×□＝□(円)

《2》 かけ算のきまりを使って求めます。

3.6mを10倍すると、36mだから、

3.6mの代金　70×3.6＝□(円)

10倍↓　↑$\frac{1}{10}$

36mの代金　70×36＝2520(円)

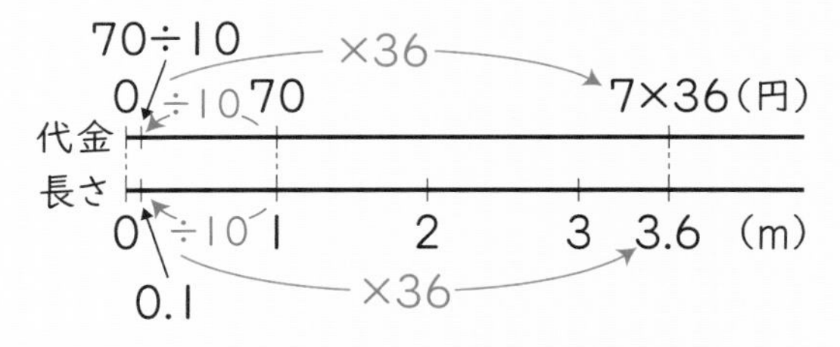

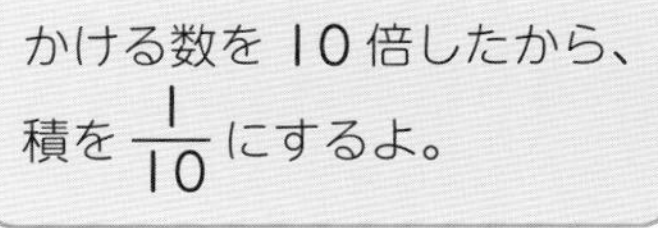

答え □円

1 1mあたりのねだんが60円のリボンがあります。2.1mでは何円ですか。

教科書 97ページ2

式

答え（　　　）

基本2 整数×小数の筆算のしかたがわかりますか

☆ 40×7.3の計算を筆算でしましょう。

とき方

$$\begin{array}{r} 40 \\ \times\ 7.3 \\ \hline 120 \\ 280\ \ \\ \hline 292.0 \end{array} \qquad \begin{array}{r} 40 \\ \times\ 73 \\ \hline 120 \\ 280\ \ \\ \hline 2920 \end{array}$$

（7.3 は ●が1個 → 10倍 → 73）　（2920 → $\frac{1}{\square}$ → ●が1個 → 292.0）

小数点がないものとして、整数の計算と同じように計算します。
積の小数点は、小数点より下のけた数が同じになるようにつけます。

答え □

2 次の計算をしましょう。

教科書 98ページ3

❶ $\begin{array}{r} 50 \\ \times\ 6.9 \\ \hline \end{array}$　❷ $\begin{array}{r} 8 \\ \times\ 4.2 \\ \hline \end{array}$　❸ $\begin{array}{r} 26 \\ \times\ 3.4 \\ \hline \end{array}$

さんすうはかせ　小数の歴史(れきし)は、中国やインドの方がヨーロッパよりも古いんだって。

基本 3 小数×小数の計算のしかたがわかりますか

☆ 1 m^2 あたりの重さが 3.2 kg の板があります。この板 1.4 m^2 の重さは何 kg ですか。

とき方 右の図や表で考えると、

式は 3.2×[　　] です。

3.2 × 1.4 = [　　]

↓10 倍　↓10 倍　↑$\frac{1}{100}$

32 × 14 = [　　]

×1.4

3.2 kg	□kg
1 m^2	1.4 m^2

×1.4

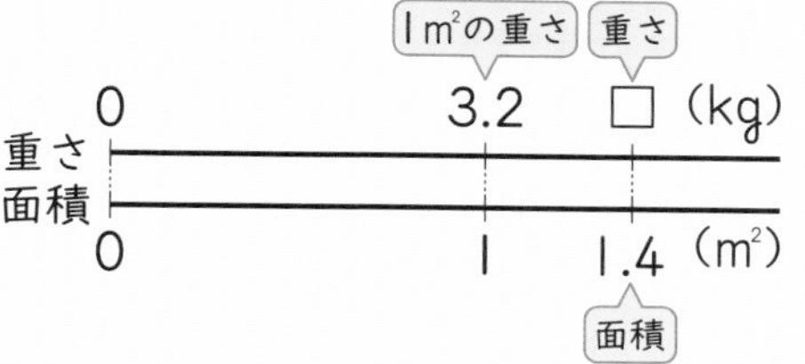

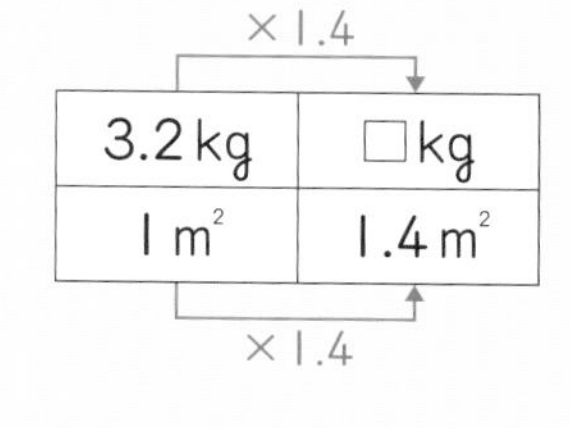

整数×整数の計算になおして計算し、その積を $\frac{1}{100}$ にします。

答え [　　] kg

3 1 m あたりの重さが 1.3 kg のぼうがあります。このぼう 3.1 m の重さは何 kg ですか。

教科書 99ページ 1

式

答え（　　　　）

基本 4 小数×小数の筆算のしかたがわかりますか

☆ 2.67×2.9 の計算を筆算でしましょう。

とき方 積の小数点の位置に気をつけます。

```
   2.6 7   ◯が 2 個   100 倍→    2 6 7
×    2.9   ◯が 1 個    10 倍→  ×   2 9
 2 4 0 3                        2 4 0 3
 5 3 4                          5 3 4
 7.7 4 3 ←◯が 3 個   1/[  ]  ― 7 7 4 3
```

小数×小数の筆算のしかた

1 小数点がないものとして、整数の計算と同じように計算します。

2 積の小数点は、かけられる数とかける数の小数点より下のけた数の数の和だけ、右から数えてつけます。

答え [　　]

4 次の計算をしましょう。

教科書 100ページ 1

❶ 1.5 × 2.1

❷ 4.0 8 × 2.4

❸ 1.6 × 5.7 3

❹ 6.8×3.7

❺ 7.92×5.8

❻ 9.4×9.37

ポイント 小数のかけ算は、整数のかけ算と同じように計算して、あとから積の小数点をつけます。
積の小数点をつける位置をまちがえないように注意しましょう。

② 小数×小数の計算 [その2]

基本のワーク

学習の目標
小数のかけ算の筆算のしかたやかける数と積の大きさを考えよう！

教科書 ㊤101～104ページ 答え 7ページ

基本 1 0 のあつかいに気をつけて、計算することができますか

☆ 次の計算を筆算でしましょう。

❶ 2.36×2.5 ❷ 0.3×1.8

とき方 小数点の位置と 0 のあつかいに注意します。

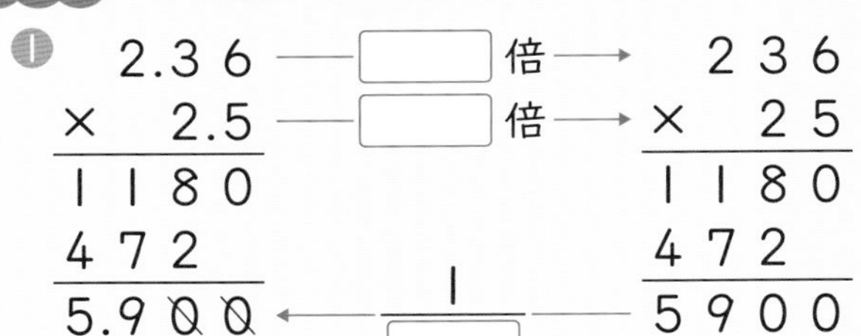

❶ 2.36 ―□倍→ 236
× 2.5 ―□倍→ × 25
1180 / 472 / 5.900 ←$\frac{1}{\square}$← 5900

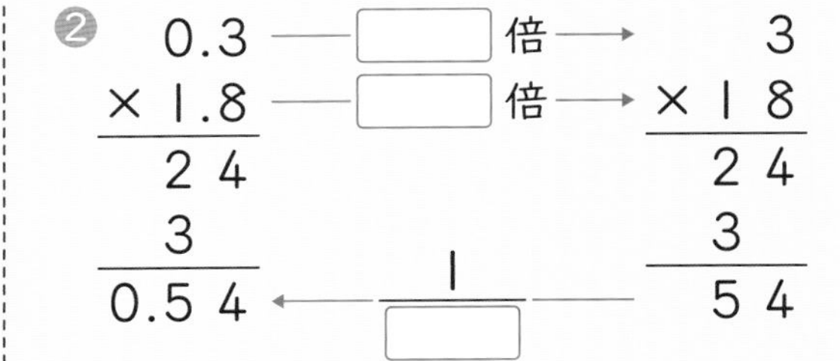

❷ 0.3 ―□倍→ 3
× 1.8 ―□倍→ × 18
24 / 3 / 0.54 ←$\frac{1}{\square}$← 54

たいせつ
積の小数点より下のけたの最後が、0 にならないように、0 を消します。

答え □

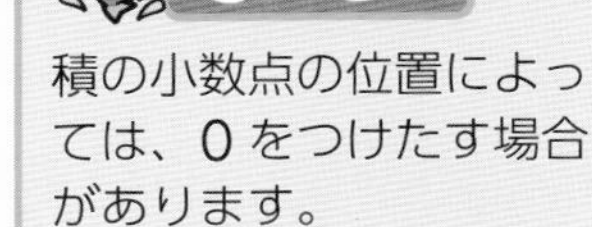

たいせつ
積の小数点の位置によっては、0 をつけたす場合があります。

答え □

1 次の計算をしましょう。

教科書 101ページ 2

❶ 9.4 × 3.5

❷ 8.25 × 2.8

❸ 0.41 × 2.3

❹ 3.16×9.5

❺ 6.5×7.62

❻ 1.23×0.7

❼ 1.4×0.49

❽ 0.08×7.5

❾ 0.2×0.45

さんすうはかせ
現在使われている小数は、16～17 世紀ごろ、シモン・ステヴィンやジョン・ネイピアといった人たちが完成させたといわれているよ。

基本 2 かける数と積の大きさの関係がわかりますか

☆ 1mの重さが5.8kgの鉄のぼうがあります。
❶ この鉄のぼう1.3mの重さは何kgですか。
❷ この鉄のぼう0.7mの重さは何kgですか。
❸ ❶と❷の積と、かけられる数の大きさをそれぞれ比べましょう。

とき方 ❶、❷ 鉄のぼう1.3mの重さは5.8×□、0.7mの重さは5.8×□で求められます。

❶
```
   5.8
 × 1.3
 -----
   174
  58
 -----
  [  ]
```

❷
```
   5.8
 × 0.7
 -----
  [  ]
```

重さ 0 □ 5.8 □(kg)
長さ 0 0.7 1 1.3(m)

たいせつ
かける数が1より大きい小数のとき、積は、かけられる数より大きくなります。
かける数が1より小さい小数のとき、積は、かけられる数より小さくなります。
かける数が1のとき、積は、かけられる数と同じになります。

❸ かけられる数の5.8と、❶と❷の積をそれぞれ比べます。

答え ❶ □kg ❷ □kg ❸ ❶の積は、かけられる数より□。
❷の積は、かけられる数より□。

2 1Lの重さが0.8kgの灯油があります。 教科書 102ページ3
❶ この灯油0.6Lの重さは何kgですか。
式

答え（　　　　）

❷ ❶の積と、かけられる数の大きさを比べましょう。

❶の積は、かけられる数より（　　　　）。

基本 3 小数のかけ算で面積を求めることができますか

☆ たて2.2m、横3.1mの長方形の花だんの面積は何m²ですか。

とき方 面積は、辺の長さが小数で表されているときも、公式にあてはめて求めることができます。
2.2×□=□ **答え** □m²

3.1m
2.2m

3 たて0.5m、横6.2mの長方形の横断まくの面積は何m²ですか。 教科書 104ページ4
式

答え（　　　　）

ポイント 実際に計算しなくても、かける数が1より大きい小数か小さい小数かで、かけられる数と積の大きさの関係がわかります。

③ 計算のきまり

学習の目標
計算のきまりを使って、くふうして計算しよう。

教科書 上105〜106ページ　答え 8ページ

ふくしゅう　できるかな？

例　くふうして計算しましょう。
29×25×4

考え方　計算のきまりを使います。
(■×▲)×●＝■×(▲×●)
29×25×4＝29×(25×4)
＝29×100
＝2900

問題　くふうして計算しましょう。
43×125×8

基本1　交かんのきまりや結合のきまりが成り立つことを説明できますか

☆ 下の図を使って、小数でも、右の計算のきまりが成り立つことを説明しましょう。

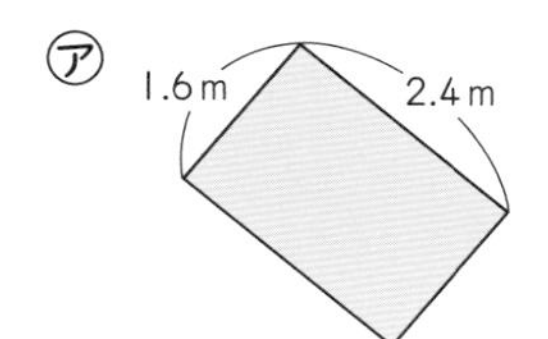

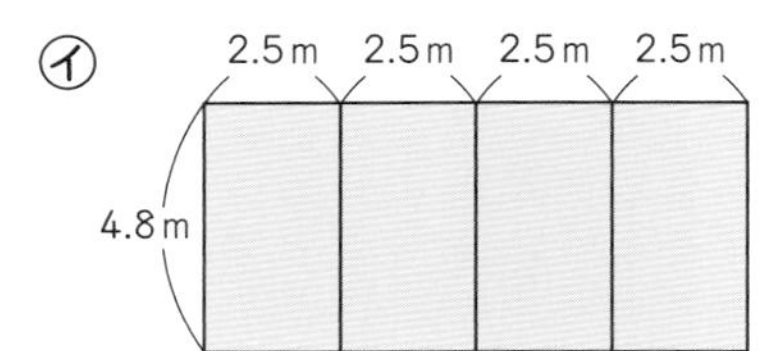

計算のきまり
(交かんのきまり)
㋐ ■×▲＝▲×■
(結合のきまり)
㋑ (■×▲)×●＝■×(▲×●)

とき方　色のついた長方形の面積を求めます。

㋐ たて1.6m、横2.4mと見ると、
1.6×2.4＝□(m²)
たて2.4m、横1.6mと見ると、
2.4×1.6＝□(m²)
だから、1.6×2.4＝2.4×□
が成り立ちます。
答え (上の説明のとおり)

㋑ 小さい長方形が4つと見ると、
(4.8×2.5)×4＝12×4＝□(m²)
大きい長方形が1つと見ると、
4.8×(2.5×4)＝4.8×10＝□(m²)
だから、(4.8×2.5)×4＝4.8×(□×4)
が成り立ちます。
答え (上の説明のとおり)

1 次の□にあてはまる数を書きましょう。　教科書 105ページ1

❶ 5.6×4.5＝□×5.6

❷ 7.3×2×0.5＝7.3×(□×0.5)

2 くふうして計算しましょう。　教科書 106ページ▶

❶ 6.8×2.5×4

❷ 1.25×3.3×8

交かんのきまり、結合のきまり、分配のきまりは、分数でも成り立つことを6年生で学習するよ。そのあとの中学校の数学でも出てくるから、しっかり覚えておこう。

基本 2 分配のきまりが成り立つことを説明できますか

☆ 下の図を使って、小数でも、右の計算のきまりが成り立つことを説明しましょう。

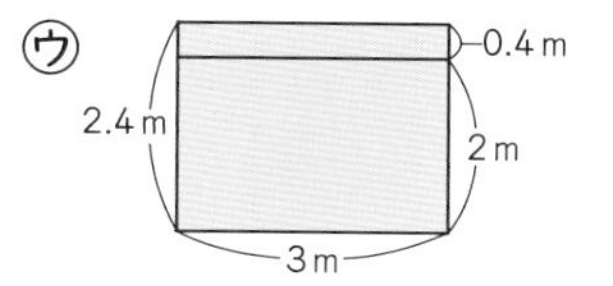

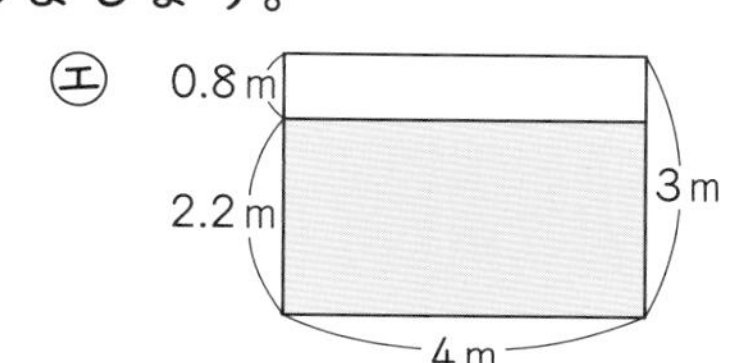

計算のきまり

(分配のきまり)

㋒ (■＋▲)×●＝■×●＋▲×●

㋓ (■－▲)×●＝■×●－▲×●

とき方 色のついた長方形の面積を求めます。

㋒ 1つの長方形と見ると、

(2＋0.4)×3＝□(m²)

2.4

2つの長方形と見ると、

2×3＋0.4×3＝□(m²)

だから、

(2＋0.4)×3＝2×3＋0.4×□

が成り立ちます。

答え (上の説明のとおり)

㋓ 1つの長方形と見ると、

(3－0.8)×4＝□(m²)

2.2

2つの長方形の面積の差と見ると、

3×4－0.8×4＝□(m²)

だから、

(3－0.8)×4＝3×4－0.8×□

答え (上の説明のとおり)

3 次の□にあてはまる数を書きましょう。 教科書 105ページ1

❶ (6＋0.1)×9＝6×9＋□×□

❷ (8－0.2)×3＝8×□－0.2×□

4 次の□にあてはまる数を書きましょう。 教科書 106ページ1▶

❶ 3.3×9.2＋3.3×0.8＝3.3×(□＋□)

❷ 1.4×7.6－1.4×2.6＝1.4×(□－□)

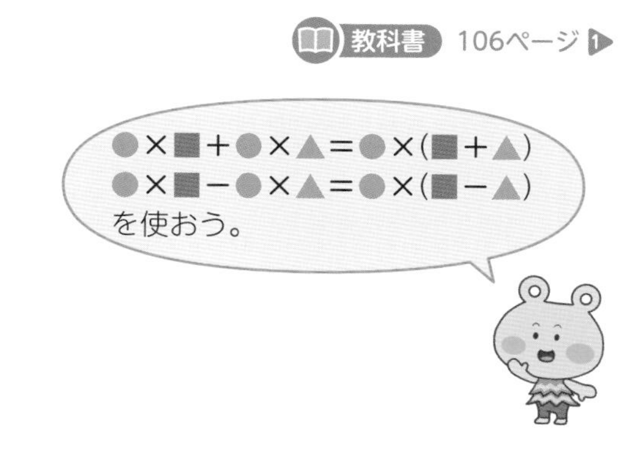

5 くふうして計算しましょう。 教科書 106ページ1▶

❶ 1.6×7.5＋1.6×2.5

❷ 4.2×6.9－4.2×2.9

ポイント 0.25×4＝1、2.5×4＝10、1.25×8＝10など、積が1や10になるかけ算を覚えておくと、計算のきまりが使いやすくなります。

勉強した日　月　日

練習のワーク

教科書 ㊤94〜109ページ　答え 8ページ

できた数　/14問中

1 小数のかけ算　次の計算をしましょう。

❶ 8×1.6　❷ 2.8×3.7

❸ 6.5×0.4　❹ 0.3×0.9

❺ 3.16×4.2　❻ 7.5×1.48

2 積の大きさ　次の計算で、□にあてはまる等号か不等号を書きましょう。

❶ 2.7×0.8□2.7　❷ 2.7×2.7□2.7

❸ 2.7×1□2.7　❹ 2.7×1.1□2.7

3 小数のかけ算の文章題　1mが80円のひもがあります。このひも4.3mの代金は何円ですか。

式

答え（　　　）

4 面積を求める問題　たて1.32m、横0.8mの長方形の板の面積は何m^2ですか。

式

答え（　　　）

5 計算のきまり　くふうして計算しましょう。

❶ 4×5.6×0.25　❷ 6.7×1.9＋6.7×8.1

てびき

1 小数のかけ算

ちゅうい
小数点をつける位置に注意しましょう。積の小数点より下の位の最後の0は消します。

2 積の大きさ

かける数が1より大きいとき、
かけられる数＜積

かける数が1より小さいとき、
かけられる数＞積

かける数が1のとき、
かけられる数＝積

3 **4** 文章題
いくつ分にあたる数や辺の長さが小数でも、整数のときと同じようにかけ算で求められます。

5 計算のきまり
計算しやすいように、かける順序をかえたり、（　）を使って先に計算したりします。

ヒント
❷ 6.7が2つあることに注目します。

積の小数点の位置は正しくついているか、小数点より下のけたの最後が0になっていないかなど、もういちどかくにんをしよう。

勉強した日　月　日

まとめのテスト

教科書 ㊤94～109ページ　答え 8ページ

時間 20分　得点 /100点

1 次の□にあてはまる数を書きましょう。　1つ2〔10点〕

4.3×2.1 の計算は、4.3 を □ 倍、2.1 を □ 倍して、□ ×21 の計算をし、答えの 903 を □ にします。4.3×2.1＝□ です。

2 よく出る 次の計算をしましょう。　1つ7〔42点〕

❶ 23×3.6　❷ 8.3×6.9　❸ 4.5×0.8

❹ 2.06×4.3　❺ 1.76×2.5　❻ 0.09×0.4

3 1 L で 3.4 m^2 のかべがぬれるペンキがあります。　1つ6〔24点〕

❶ このペンキ 5.5 L では、何 m^2 のかべがぬれますか。

式

答え（　　　）

❷ このペンキ 0.6 L では、何 m^2 のかべがぬれますか。

式

答え（　　　）

4 くふうして計算しましょう。　1つ7〔14点〕

❶ 20×9.6×0.5　❷ 14.8×0.7−9.8×0.7

5 ある数に 3.2 をかけるところを、まちがえて 3.2 をひいたので、答えが 15.2 になりました。この計算の正しい答えを求めましょう。　〔10点〕

（　　　）

ふろくの「計算練習ノート」4～6ページをやろう！

□小数をかけるかけ算の筆算ができたかな？
□計算のきまりを使って、くふうして計算できたかな？

① 整数÷小数の計算
② 小数÷小数の計算 [その1]
基本のワーク

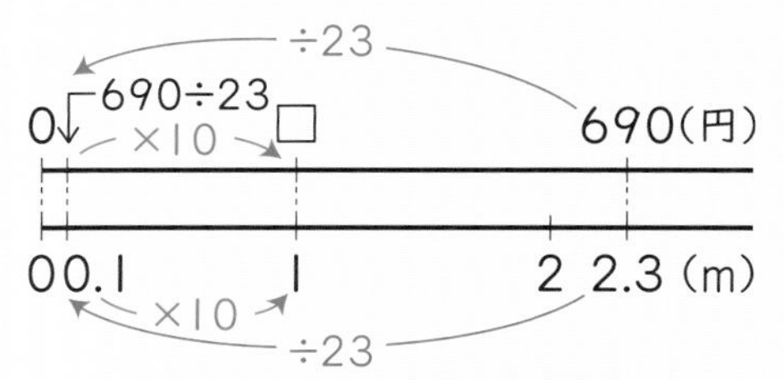

教科書 上110～116ページ　答え 9ページ

基本 1 整数÷小数の計算のしかたがわかりますか

☆ 2.3m で 690 円のリボンがあります。1m あたりのねだんは何円ですか。

とき方 いくつ分にあたる数が小数のときでも、わり算で 1 つ分の大きさを求めます。

《1》 0.1m の代金を考えて求めます。

2.3m は 0.1m が 23 個(こ)分だから、

0.1m のねだん　690÷23＝30(円)

0.1m のねだんの 10 倍が 1m のねだんだから、

1m のねだん　30×□＝□(円)

(図：÷23、690÷23、□、×10、0、690(円)、0 0.1、1、2 2.3 (m)、×10、÷23)

《2》 わり算のきまりを使って、整数÷整数にして求めます。

2.3m 買ったときの 1m のねだん　690 ÷ 2.3＝□(円)

↓10 倍 ↓10 倍

23m 買ったときの 1m のねだん　6900 ÷ 23＝ 300 (円)

わり算のきまり
わり算では、わられる数とわる数に同じ数をかけても商は変わりません。

答え □ 円

1 1.5L で 270 円のジュースがあります。1L あたりのねだんは何円ですか。

教科書 113ページ2

式

答え (　　　)

基本 2 整数÷小数の筆算のしかたがわかりますか

☆ 960÷3.2 の計算を筆算でしましょう。

とき方 わる数とわられる数をそれぞれ 10 倍して、整数のわり算にして計算します。

3.2)9600 (10倍 10倍) ➡ 32)9600, 96, 0 (商 □)

答え □

2 次の計算をしましょう。

教科書 114ページ3

❶ 2.5)5

❷ 1.8)45

❸ 4.2)63

さんすうはかせ
日本やアメリカでは、小数点として「.」が使われているけれど、「,」が使われている国も多いんだって。

基本3 小数÷小数の筆算のしかたがわかりますか

☆ 3.5 m^2 のへいをぬるのに、4.55 dL のペンキを使いました。1 m^2 のへいをぬるのに、ペンキを何dL 使いますか。

とき方 右の図や表で考えます。
1 m^2 に使う量□dL を求める式は、

□×3.5＝4.55
　□＝4.55÷[　　]

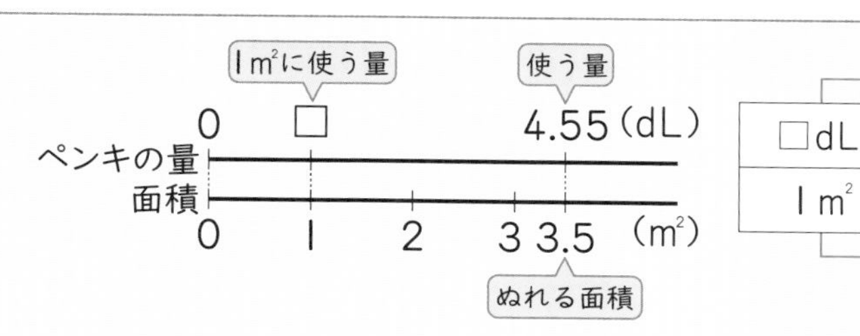

×3.5

□dL	4.55 dL
1 m^2	3.5 m^2

×3.5

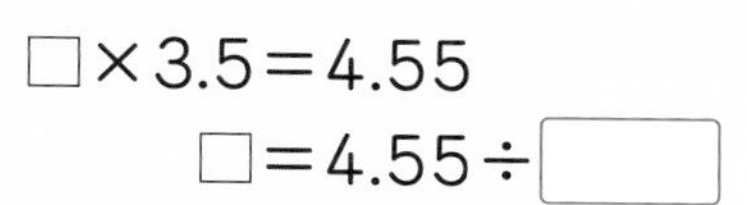

筆算は、商の小数点の位置に気をつけて、次のようにします。

3.5）4.5.5 →
```
       1.□
3.5）4.5.5
     3 5
     1 0 5
     1 0 5
         0
```
10倍　10倍

小数÷小数の筆算のしかた

1 わる数が整数になるように、10倍、100倍、…して、小数点を右に移（うつ）します。
2 わられる数も、わる数と同じだけ10倍、100倍、…して、小数点を右に移します。
3 商の小数点は、わられる数の移した小数点にそろえてつけます。
4 あとは、整数のわり算と同じように計算します。

答え [　　]

3 次の計算をしましょう。　教科書 115ページ1

❶ 1.5）6.4 5

❷ 3.7）9.6 2

❸ 1.8）7.2

❹ 7.98÷4.2

❺ 7.56÷2.8

❻ 8.7÷2.9

4 面積が 6.8 m^2 で、たての長さが 1.7 m の長方形の土地があります。横の長さは何 m ですか。
教科書 116ページ1

式

小数のときも、面積の公式が使えるんだったね。

答え（　　　　　）

小数のわり算は、わる数やわられる数のけた数が増（ふ）えても、わる数を整数にすれば、整数のわり算と同じように計算できます。

学習の目標
わる数と商の大きさや、小数のわり算の筆算のしかたを考えよう！

② 小数÷小数の計算 [その2]

教科書 上117〜119ページ　答え 9ページ

基本1 わる数と商の大きさの関係がわかりますか

☆ 1.4mで2.8kgのパイプと、0.7mで2.8kgの鉄のぼうがあります。1mの重さは、それぞれ何kgですか。

とき方 パイプは2.8÷□で、鉄のぼうは2.8÷□で求められます。

```
         □                 □
 1.4 ) 2.8        0.7 ) 2.8
       2 8              2 8
         0                0
```

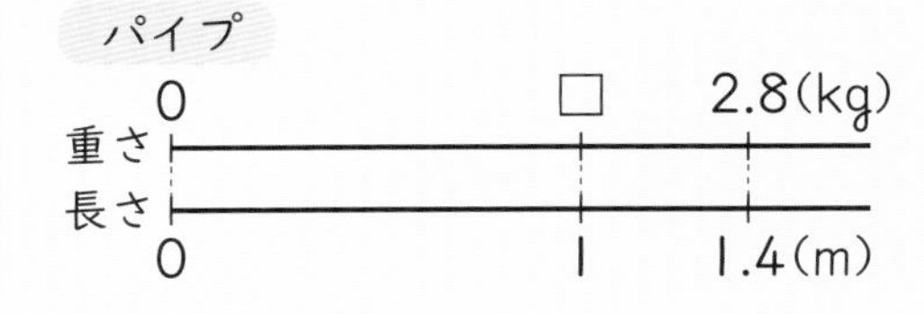

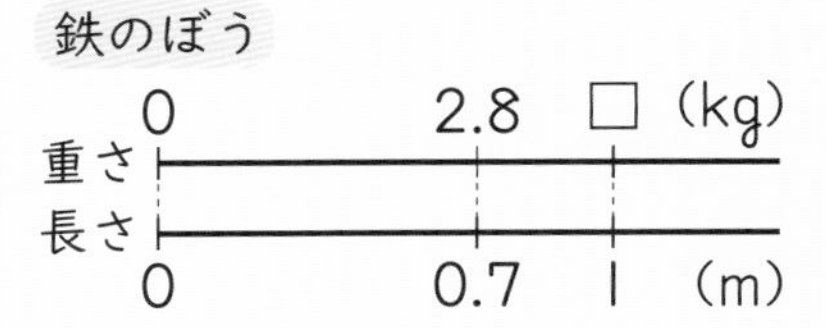

わる数が1より大きい小数のとき、商は、わられる数より小さくなります。
わる数が1より小さい小数のとき、商は、わられる数より大きくなります。
わる数が1のとき、商は、わられる数と同じになります。

答え パイプ □kg
鉄のぼう □kg

1 0.6Lで10.2m²のかべをぬれるペンキがあります。このペンキ1Lでは、何m²のかべをぬることができますか。

教科書 117ページ2

式

答え（　　　　　）

答えは、10.2より大きくなるね。

基本2 わり進む筆算のしかたがわかりますか

☆ 次の計算を筆算でしましょう。

❶ 8.4÷2.4　　❷ 4.62÷5.5

とき方 小数でわる筆算でも、下の位に0があると考えて、わり進めることができます。

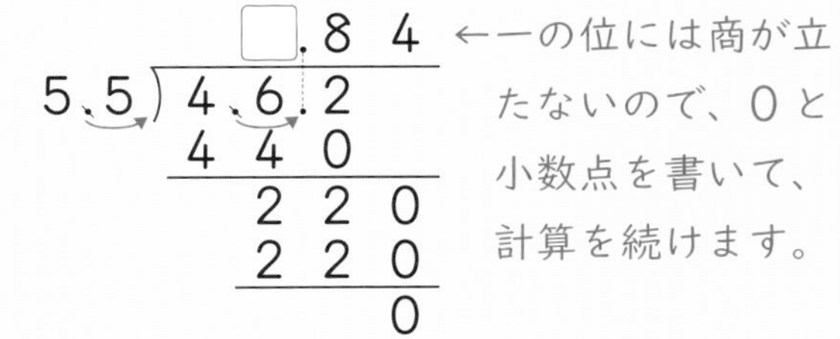

❶
```
          3.□
 2.4 ) 8.4.0   ←84を84.0と
       7 2 ↓     考えて、わり進
       1 2 0     めます。
       1 2 0
           0
```
答え □

❷
```
        □.8 4   ←一の位には商が立
 5.5 ) 4.6.2      たないので、0と
       4 4 0      小数点を書いて、
         2 2 0    計算を続けます。
         2 2 0
             0
```
答え □

「点」は英語でポイントというけれど、これは小数点の場合も同じだよ。たとえば、1.36を英語で読むと、「ワン　ポイント　スリー　シックス」となるんだ。

2 次の計算をしましょう。

❶ $1.5\overline{)6.3}$

❷ $0.8\overline{)6}$

❸ $2.8\overline{)1.82}$

❹ 18.9÷4.5

❺ 64.8÷1.6

❻ 3.36÷3.5

基本 3 わる数が小数第二位までのわり算の筆算のしかたがわかりますか

☆ 8.37÷4.65 を筆算でしましょう。

$4.65\overline{)8.37}$ (100倍、100倍) ➡ $4.65\overline{)8.37}$ 商 1.□
465
3720
3720
0

答え □

3 次の計算をしましょう。

教科書 119ページ4

❶ $1.32\overline{)4.62}$

❷ $4.05\overline{)6.48}$

❸ $3.25\overline{)6.63}$

❹ 8.89÷1.75

❺ 0.72÷0.96

❻ 0.71÷2.84

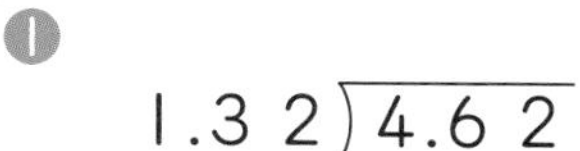

わられる数がわる数より小さいとき、一の位に商はたたないので 0 と小数点を書いて、わり算を続けます。

勉強した日　月　日

② 小数÷小数の計算 [その3]
③ 図にかいて考えよう
基本のワーク

教科書 上120〜123ページ　答え 10ページ

基本1 商をがい数で求める計算のしかたがわかりますか

☆ 1.8mの重さが3.84kgの鉄のぼうがあります。この鉄のぼう1mの重さは約何kgですか。小数第三位を四捨五入して、小数第二位までのがい数で求めましょう。

とき方 式は、3.84÷□です。
答えは、小数第三位を四捨五入して、小数第二位までのがい数で求めるので、□です。

```
        2.1 3 3
1.8 ) 3.8.4
      3 6
        2 4
        1 8
          6 0
          5 4
            6 0
            5 4
              6
```

たいせつ
商は、わり切れなかったり、けた数が多くなったりしたとき、がい数で求めることがあります。

答え 約□kg

1 商は、小数第三位を四捨五入して、小数第二位までのがい数で求めましょう。

教科書 120ページ 2

❶ 7.8÷5.5　❷ 5÷2.3　❸ 0.61÷3.6

基本2 あまりのあるわり算で、あまりの小数点のつけ方がわかりますか

☆ 5.4mのひもを1人に1.2mずつ分けます。ひもは何人に分けられて、何mあまりますか。

とき方 式は、5.4÷□です。

```
        4.
1.2 ) 5.4.
      4 8
      0.6
```

あまりの小数点は、わられる数のもとの小数点にそろえてつける。

ちゅうい
あまりの小数点を、商の小数点にそろえてつけてはいけません。

5.4m
1.2m　1.2m　1.2m　1.2m　あまり

答えの確かめ
わられる数＝わる数×商＋あまり
5.4 ＝ 1.2 ×4＋□

答え □人に分けられて、□mあまる。

さんすうはかせ
0.3や0.74のように1より小さい小数を純小数、1.6や3.08のように1より大きい小数を帯小数というよ。

2 2 L のジュースを 0.3 L ずつコップに入れます。ジュースが 0.3 L 入ったコップは何個(なんこ)できて、ジュースは何 L あまりますか。

教科書 121ページ6

式

答え（　　　　　　）

わられる数＝わる数×商＋あまりの式を使って、答えを確かめよう。

基本 3　全部の大きさや単位量あたりの大きさを、求めることができますか

☆ 次の問いに答えましょう。

❶ 1 L のペンキで 3.2 m^2 のかべをぬります。1.4 L では、何 m^2 のかべをぬれますか。

❷ 2.5 L のペンキで 4.8 m^2 のかべをぬります。1 L では何 m^2 のかべをぬれますか。

❶ 1 L あたりにぬる面積　全部の面積
面積 0　3.2　□ (m^2)
ペンキの量 0　1　1.4 (L)
ペンキの量

❷ 1 L あたりにぬる面積　全部の面積
面積 0　□　4.8 (m^2)
ペンキの量 0　1　2.5 (L)
ペンキの量

とき方 図をかくと、右のようになります。

❶ 全部の大きさは、3.2 □ 1.4＝□

❷ 単位量あたりの大きさは、4.8 □ 2.5＝□

答え ❶ □ m^2　❷ □ m^2

3 1.8 m の重さが 6.3 kg の鉄のぼうがあります。この鉄のぼう 1 m の重さは何 kg ですか。

教科書 122ページ1

式

答え（　　　　　　）

基本 4　単位量あたりの大きさをもとにして、いくつ分かを求めることができますか

☆ 1 m^2 に 9.4 g の肥料(ひりょう)をまきます。14.1 g の肥料では、何 m^2 にまくことができますか。

とき方 図をかくと、右のようになります。

まく面積は、□÷□＝□

1 m^2 あたりの肥料の量　全部の量
肥料の量 0　9.4　14.1 (g)
面積 0　1　□ (m^2)
まく面積

答え □ m^2

4 1 m^2 の花だんに 2.2 L の水をまきます。5.5 L の水では、何 m^2 にまくことができますか。

教科書 122ページ1

式

答え（　　　　　　）

ポイント 小数のわり算では、商の小数点のつけ方と、あまりの小数点のつけ方がちがいます。あまりは、かならずわる数より小さくなるので、まちがえないようにしましょう。

勉強した日　　月　　日

練習のワーク

教科書 上110～127ページ　答え 11ページ

できた数　／12問中

1 小数のわり算　次の計算をしましょう。わり切れるまでわり進めましょう。

❶ $99 \div 1.8$　　❷ $5.75 \div 2.3$

❸ $3.5 \div 1.4$　　❹ $1.61 \div 3.5$

❺ $5.2 \div 0.8$　　❻ $0.12 \div 0.16$

2 商の大きさ　次の計算で、□にあてはまる等号か不等号を書きましょう。

❶ $138 \div 0.3$ □ 138　　❷ $138 \div 1$ □ 138

❸ $138 \div 1.7$ □ 138　　❹ $138 \div 0.91$ □ 138

3 商をがい数で求める文章題　1.8mの重さが17.5kgの鉄のぼうがあります。この鉄のぼう1mの重さは約何kgですか。小数第二位を四捨五入して、小数第一位までのがい数で求めましょう。

式

答え（　　　　　）

4 あまりのあるわり算　4.85Lのジュースを、0.5Lずつペットボトルに入れます。0.5L入ったペットボトルは何本できて、ジュースは何Lあまりますか。

式

答え（　　　　　）

てびき

1 小数のわり算の筆算

1 わる数が整数になるように、10倍、100倍、…して小数点を右に移します。
2 わられる数も、わる数と同じだけ10倍、100倍、…して、小数点を右に移します。
3 商の小数点は、わられる数の移した小数点にそろえてつけます。

2 商の大きさ

わる数が1より大きいとき
わられる数＞商

わる数が1より小さいとき
わられる数＜商

わる数が1のとき
わられる数＝商

3 商をがい数で求める文章題

まず、商を小数第二位まで求めます。

4 あまりのあるわり算

本数は整数だから、商は整数で求めます。

できるナビ　商をがい数で求める問題以外は、計算したら、わられる数＝わる数×商＋あまりの式にあてはめて、確かめをしよう。

まとめのテスト

教科書 上110～127ページ　答え 11ページ

時間20分　得点　/100点

1 よく出る 次の計算をしましょう。わり切れるまでわり進めましょう。　1つ6〔36点〕

❶ $40 \div 1.6$　❷ $8.28 \div 2.3$　❸ $23.7 \div 0.3$

❹ $6.57 \div 4.5$　❺ $2.66 \div 9.5$　❻ $0.19 \div 0.04$

2 商は、小数第三位を四捨五入して、小数第二位までのがい数で求めましょう。　1つ8〔16点〕

❶ $1.25 \div 1.8$　❷ $6.74 \div 0.49$

3 商は整数で求め、あまりも出しましょう。　1つ8〔16点〕

❶ $9.97 \div 0.62$　❷ $5.38 \div 1.3$

4 面積が $15.3\,m^2$ の長方形の花だんがあります。横の長さは $3.4\,m$ です。たての長さは何 m ですか。　1つ8〔16点〕

式

答え（　　　　）

5 $1\,m^2$ のかべをぬるのに、2.5 L のペンキを使います。9.4 L のペンキでは、何 m^2 のかべをぬれますか。　1つ8〔16点〕

式

答え（　　　　）

ふろくの「計算練習ノート」7～10ページをやろう！

□小数でわるわり算の筆算ができたかな？
□あまりを求める小数のわり算や、がい数で求める小数のわり算ができたかな？

① 三角形の角の大きさの和 ② 四角形の角の大きさの和
③ 多角形の角の大きさの和

基本のワーク

学習の目標
図形の角の大きさの和について考えよう！

教科書 上132～141ページ　答え 11ページ

基本1 三角形の3つの角の大きさの和が、何度になるかわかりますか

☆ 下の三角形の㋐の角の大きさを求めましょう。

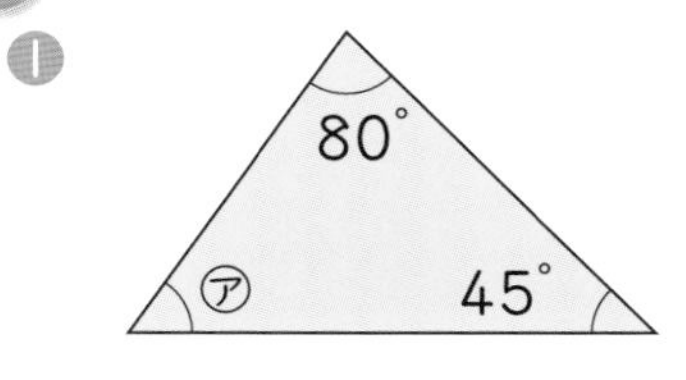

とき方 三角形を折って3つの角をくっつけると、3つの角が集まって直線になります。

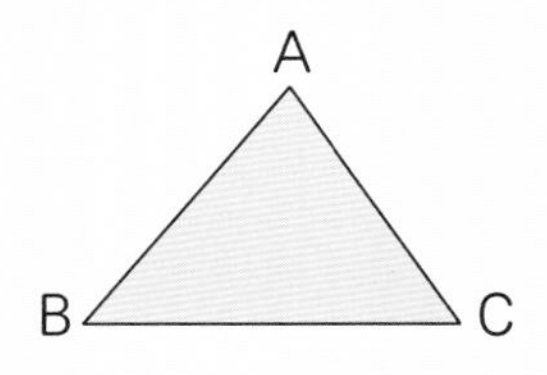

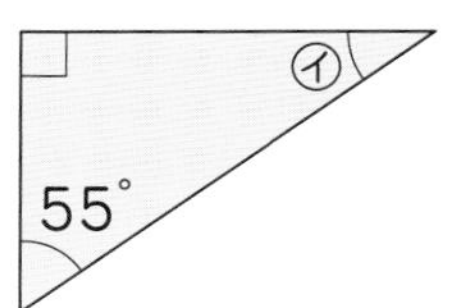

どんな三角形でも、3つの角の大きさの和は □° です。

180°－(□°＋□°)＝□°　答え □°

1 次の㋐～㋒の角の大きさを、計算で求めましょう。　教科書 135ページ2

❶

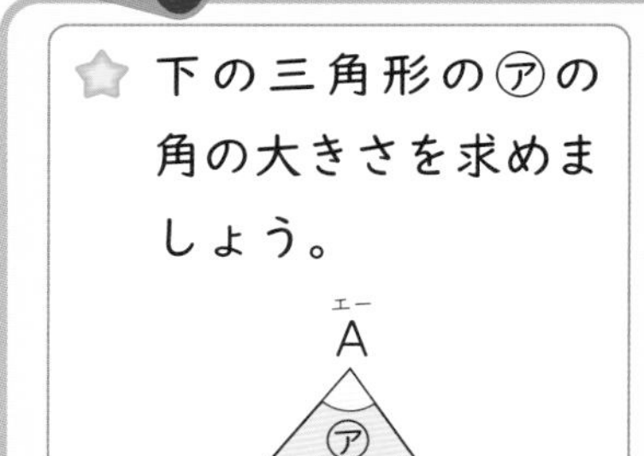

(　　　)

❷ 直角三角形

(　　　)

❸ 二等辺三角形

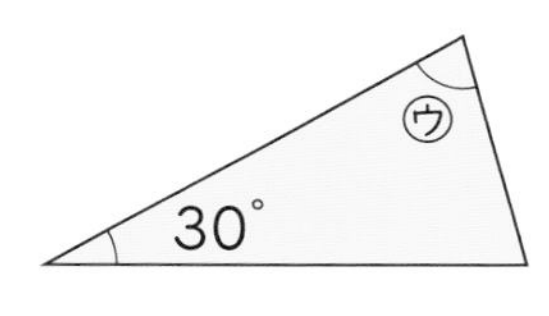

(　　　)

基本2 三角形の外側の角の大きさが、何度になるかわかりますか

☆ 下のような三角形で、㋐の角の大きさを求めましょう。

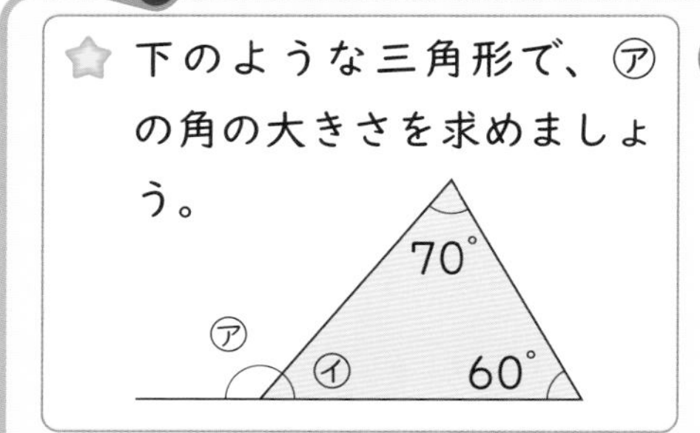

とき方 三角形の3つの角の大きさの和は □° だから、㋑の角の大きさは、□°－(70°＋60°)＝□°

㋐＋㋑は180°になっているので、㋐の角の大きさは、

180°－□°＝□°

㋐の角の大きさは、70°＋60°と等しくなっています。

答え □°

2 次の㋐、㋑の角の大きさを、計算で求めましょう。　教科書 135ページ2

❶

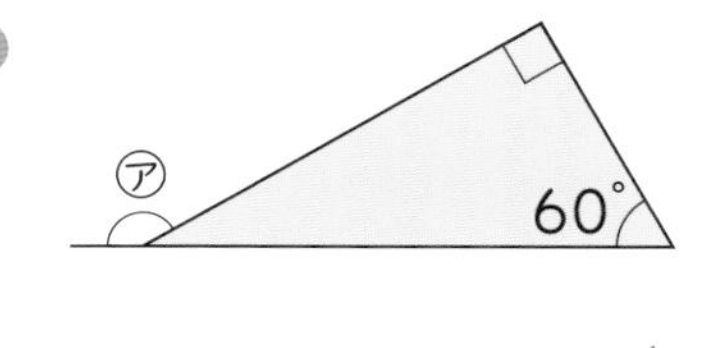

(　　　)

❷

(　　　)

三角形の内側の角を内角（ないかく）、基本2の㋐の角のような外側の角を外角（がいかく）というよ。三角形の外角は、となり合っていないほかの2つの内角の和と等しくなっているんだね。

基本3 四角形の4つの角の大きさの和が、何度になるかわかりますか

☆ 下の四角形の㋐の角の大きさを求めましょう。

100°、㋐、80°、65°

とき方 対角線で2つの三角形に分けると、四角形の角の大きさの和は、三角形2つ分だから、$180° \times 2 =$ □°

□° −(80°+65°+100°)= □°

たいせつ
どんな四角形でも、4つの角の大きさの和は360°です。

答え □°

3 次の㋐、㋑の角の大きさを、計算で求めましょう。 教科書 138ページ 2

❶ 130°、60°、㋐

❷ 60°、60°、㋑

(　　　　) (　　　　)

基本4 多角形の角の大きさの和が、何度になるかわかりますか

☆ 下のような五角形の角の大きさの和は何度ですか。

とき方 三角形、四角形、五角形、六角形のように、直線だけで囲まれた図形を、□といいます。多角形では、となり合わない頂点(ちょうてん)を結んだ直線を、□といいます。

《1》 1つの頂点から対角線を引くと、□つの三角形に分けられるので、

$180° \times$ □ = □°

《2》 五角形の中に点をとって、□つの三角形に分けると、$180° \times$ □ = □°

中の点に集まった角の360°をひいて、

□° −360° = □°

360°

たいせつ
どんな五角形でも、5つの角の大きさの和は540°になります。

答え □°

4 六角形について答えましょう。 教科書 140ページ 2

❶ 1つの頂点から対角線を引くと、いくつの三角形に分けられますか。

(　　　　)

❷ 六角形の角の大きさの和は、何度ですか。

(　　　　)

5 次の多角形の角の大きさの和は、何度ですか。 教科書 141ページ 1

❶ 八角形

❷ 九角形

(　　　　) (　　　　)

ポイント 三角形や四角形の角の大きさの和は、いつも同じなので、角の大きさの和からわかっている角の大きさをひけば、残りの角の大きさを求めることができます。

練習のワーク

できた数　　/11問中

教科書 上132～144ページ　答え 12ページ

1 三角形の角の大きさ

次の㋐～㋓の角の大きさを、計算で求めましょう。

❶

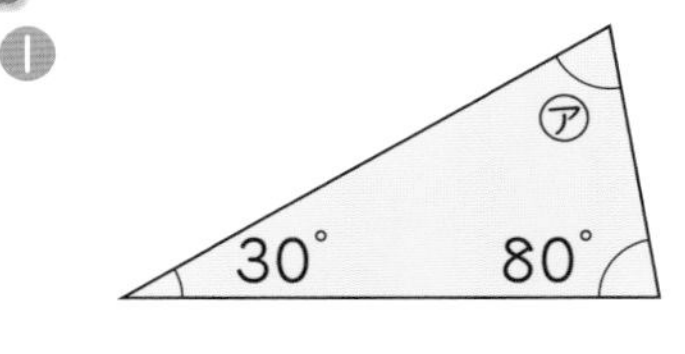

（　　　　　）

❷

㋑
45°
60°

（　　　　　）

❸

㋒
115°

（　　　　　）

❹ 二等辺三角形

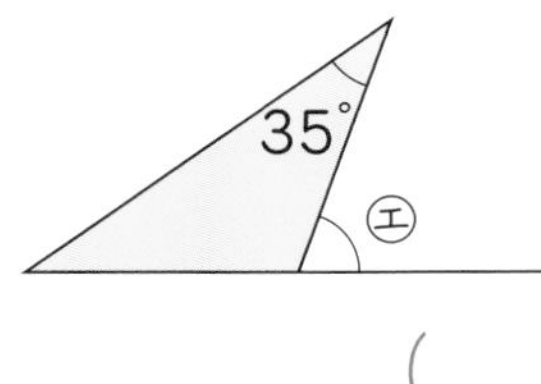

（　　　　　）

2 四角形の角の大きさ

次の㋐、㋑の角の大きさを、計算で求めましょう。

❶

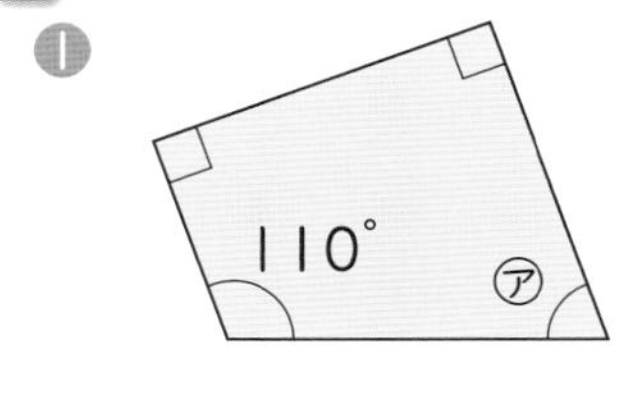

（　　　　　）

❷

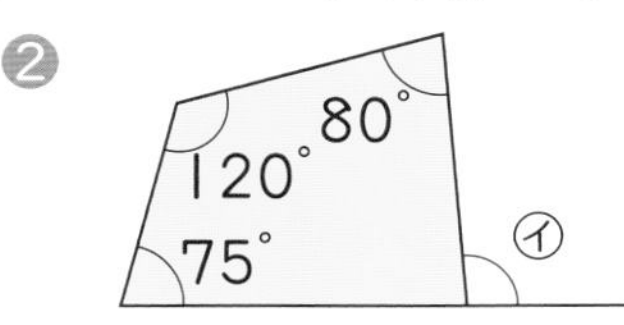

（　　　　　）

3 多角形の角の大きさの和

次の式は、六角形の6つの角の大きさの和の求め方を表しています。❶～❸の式に合う図を、㋐～㋒から選びましょう。

❶ 180°×2＋360°　（　　　　）

❷ 180°×5－180°　（　　　　）

❸ 180°×6－360°　（　　　　）

㋐

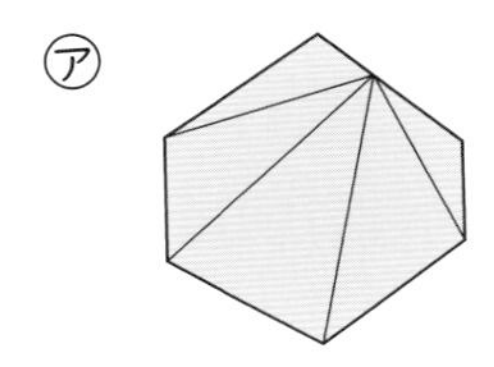

㋑

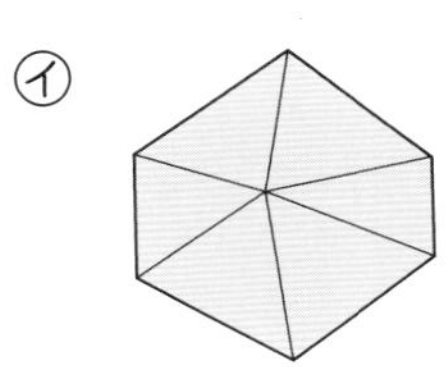

㋒

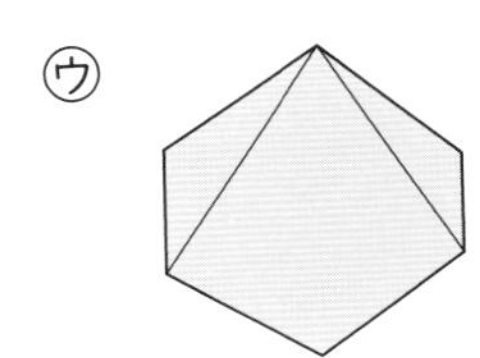

4 多角形の角の大きさ

次の㋐、㋑の角の大きさを、計算で求めましょう。

❶

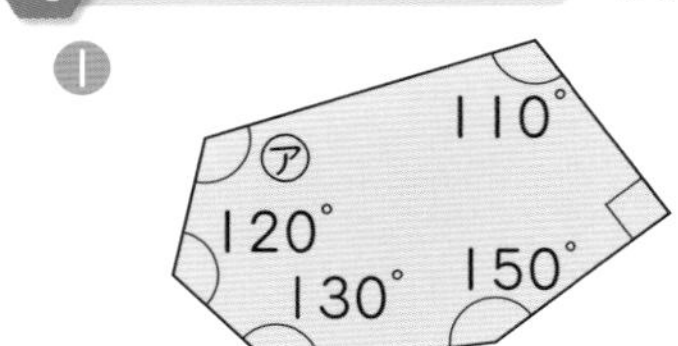

（　　　　　）

❷ 合同な二等辺三角形を、5個ならべて作った五角形

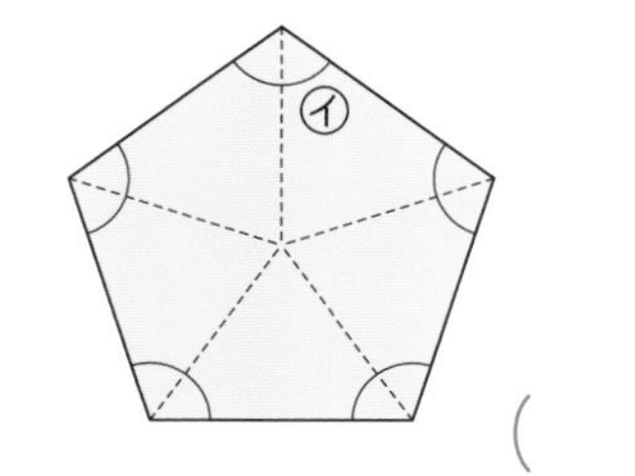

（　　　　　）

1 三角形の角の大きさ

三角形の3つの角の大きさの和は180°になります。

ヒント

❸と❹は、㋔＋㋕＝㋖を利用します。

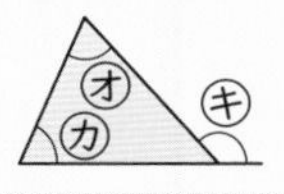

2 四角形の角の大きさ

四角形の4つの角の大きさの和は360°になります。

3 多角形の角の大きさの和

㋐～㋒の図で、分けられた三角形や四角形の数を数えます。

4 多角形の角の大きさ

❶ 六角形の6つの角の大きさの和は、720°です。

❷ 印のついた5つの角の大きさは、すべて等しくなっています。

できるナビ　角の大きさは、90°より大きいか小さいかなど見当をつけてから計算しよう。

まとめのテスト

時間 20分　得点 /100点

教科書 上132〜144ページ　答え 12ページ

1 よく出る 次の㋐〜㋒の角の大きさを、計算で求めましょう。　1つ8〔24点〕

❶ 正三角形

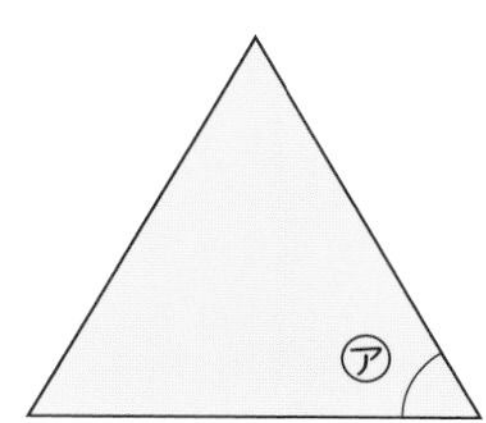

❷

30°　50°　㋑

❸ 平行四辺形

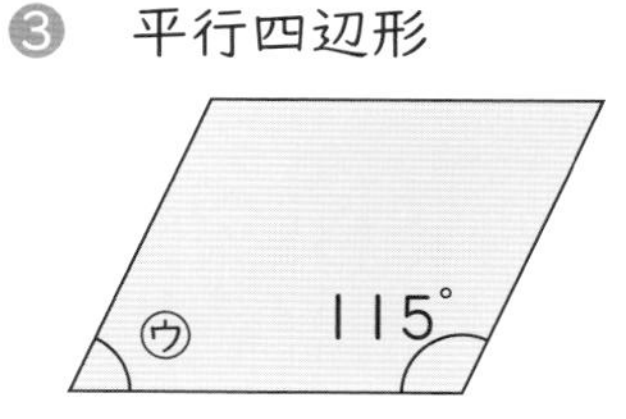

(　　　　)　(　　　　)　(　　　　)

2 次のように、三角定規を重ねてできた㋐〜㋓の角の大きさを、計算で求めましょう。　1つ7〔28点〕

❶

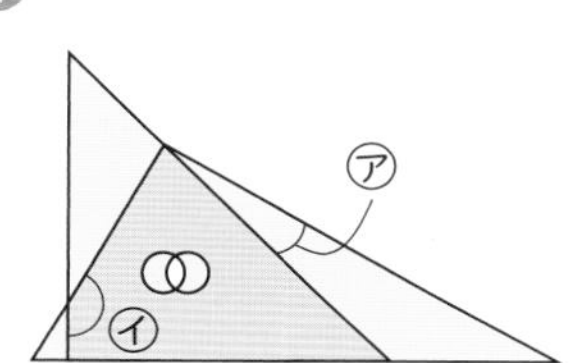

❷

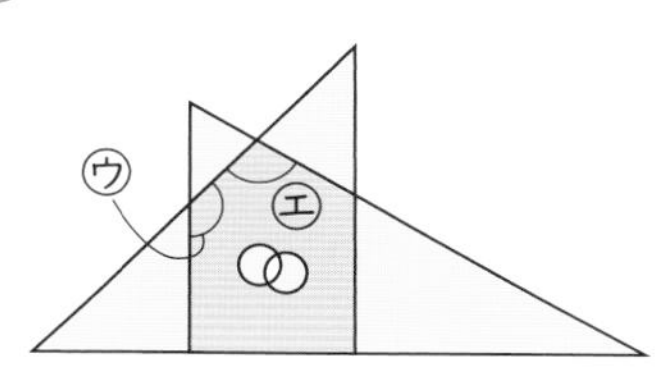

㋐(　　　　)　㋑(　　　　)　㋒(　　　　)　㋓(　　　　)

3 多角形の角の大きさの和について、あとの問いに答えましょう。　1つ4〔48点〕

	三角形	四角形	五角形	六角形	七角形	八角形
1つの頂点から引いた対角線で分けられる三角形の数	(1)	2	3	㋐	㋑	㋒
角の大きさの和	180°	360°	㋓	㋔	㋕	㋖

❶ 表の空らんをうめましょう。

❷ 1つの頂点から対角線で三角形に分けたとき、五角形、六角形、七角形、八角形の角の大きさの和を求める式を書きましょう。

五角形(　　　　)　六角形(　　　　)

七角形(　　　　)　八角形(　　　　)

❸ 1つの頂点から対角線で分けられる三角形の数が1つ増えると、角の大きさの和は、何度増えますか。

(　　　　)

ふろくの「計算練習ノート」12ページをやろう！

チェック
□ 三角形や四角形の角の大きさの和がわかったかな？
□ 多角形の角の大きさの和の求め方がわかったかな？

勉強した日　月　日

どれが速いか比べ方や表し方を考えよう ［その1］

基本のワーク

学習の目標
速さの比べ方を考えて、いろいろな速さの表し方を知ろう！

教科書 上145～150ページ　答え 13ページ

基本 1　速さの比べ方がわかりますか

☆ けい子さんは 30m を 6 秒で走りました。まゆみさんは 55m を 10 秒で走りました。どちらが速いですか。

とき方　走るのにかかった時間か、走った道のりのどちらかをそろえれば、比べられます。

《1》 1 秒間に走った道のりで比べると、道のりが大きい方が［　　］といえます。

けい子…30÷6＝［　　］(m)

まゆみ…55÷10＝［　　］(m)

《2》 1m 走るのにかかった時間で比べると、時間が少ない方が［　　］といえます。

けい子…6÷30＝［　　］(秒)

まゆみ…10÷55＝0.18…（秒）　　答え ［　　］さんの方が速い。

たいせつ
速さは、単位時間あたりに進む道のりで表します。**速さ＝道のり÷時間**

1 あきらさんは 100m を 16 秒で走りました。よしおさんは 65m を 10 秒で走りました。どちらが速いですか。

教科書 146ページ1

（　　　　　）

基本 2　時速・分速・秒速の意味がわかりますか

☆ 4 時間で 140km 走る自動車㋐と、3 時間で 120km 走る自動車㋑があります。

❶ ㋐と㋑の時速を求めましょう。

❷ どちらが速いですか。

とき方　速さも単位量あたりの大きさです。速さは、単位時間のちがいによっていろいろな表し方があります。

時速…1［　　］あたりに進む道のりで表した速さ。

分速…1［　　］あたりに進む道のりで表した速さ。

秒速…1［　　］あたりに進む道のりで表した速さ。

速さの式の「時間」の単位を、「時」、「分」、「秒」に変えて計算すると、時速、分速、秒速が求められるよ。

❶ 速さ＝道のり÷時間

自動車㋐…140÷4＝［　　］

自動車㋑…120÷3＝［　　］

❷ 1 時間あたりに進む道のりが大きい方が速いといえます。

答え ❶ ㋐ 時速［　　］km　㋑ 時速［　　］km　❷ ［　　］の方が速い。

さんすうはかせ
空気中の音の速さは、気温が 15℃のとき、秒速約 340m だよ。
光の速さは、秒速約 30 万km だよ。

2 まり子さんは、4分間で200m歩きました。ようへいさんは、7分間で420m歩きました。

❶ まり子さんとようへいさんの速さは分速何mですか。 教科書 149ページ 1

式

答え まり子（　　　　） ようへい（　　　　）

❷ どちらが速いですか。

（　　　　）

3 270mを30秒で走る自転車があります。この自転車の秒速を求めましょう。

教科書 149ページ 2

式

答え（　　　　）

基本3 速さの単位を変えられますか

☆ 電車が2時間で180km走りました。

❶ この電車は、時速何kmですか。 ❷ この電車は、分速何mですか。

❸ この電車は、秒速何mですか。

とき方 ❶ 速さ＝道のり÷時間

□÷2＝□

❷ 90km＝□m、1時間＝60分だから、

□÷60＝□

❸ 1分＝60秒だから、

□÷60＝□

道のりの単位に気をつけよう。

たいせつ

秒速 →×60→ 分速 →×60→ 時速

秒速 ←÷60← 分速 ←÷60← 時速

1秒間あたり ←→ 1分間あたり 60秒間あたり ←→ 1時間あたり 60分間あたり

答え ❶ 時速□km

❷ 分速□m

❸ 秒速□m

4 次の㋐～㋒の中で、もっとも速いのはどれですか。 教科書 150ページ 1

㋐ 時速54kmで走る自動車。

㋑ 分速930mで走る犬。

㋒ 秒速16mで飛ぶ鳥。

時間の単位をそろえて比べよう。

（　　　　）

ポイント 速さは、単位時間に進む道のりで表され、速さ＝道のり÷時間の式にあてはめて計算します。道のりの単位や、時間の単位に気をつけて、答えを書きましょう。

月　日

どれが速いか比べ方や表し方を考えよう ［その2］

学習の目標
道のりや時間の求め方を考えよう！

教科書 上150～153ページ　答え 13ページ

基本1 速さと時間から道のりが求められますか

☆ 時速50kmで走っている自動車があります。3時間では、何km進みますか。

とき方 □km進むとして図や表にかくと、右のようになります。

50×3＝［　　］

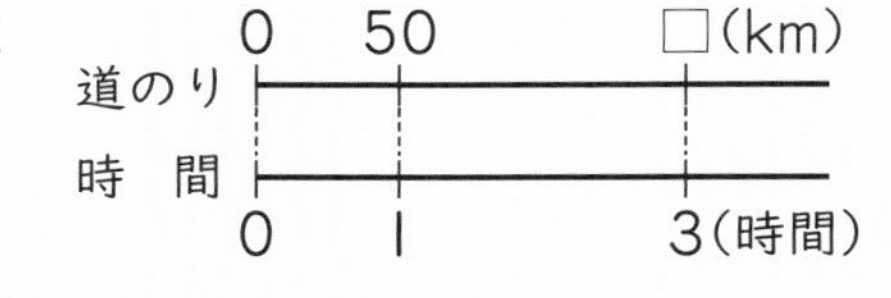

50km	□km
1時間	3時間

答え［　　］km

1 次の問いに答えましょう。　教科書 150ページ4

❶ 分速65mで歩いている人がいます。20分間では何m進みますか。

式

答え（　　　　）

❷ 秒速30mでツバメが空を飛んでいます。25秒間では何m進みますか。

式

答え（　　　　）

❸ 時速90kmで走る特急列車が、A駅からB駅まで行くのに1時間30分かかりました。A駅からB駅までの道のりは、何kmですか。

式

答え（　　　　）

30分＝0.5時間
だから、
1時間30分は…。

基本2 速さと道のりから時間が求められますか

☆ 分速500mで走る自転車は、4500mの道のりを進むのに、何分かかりますか。

とき方 かかる時間を□分とすると、
道のり＝速さ×時間だから、

500×□＝4500

□＝4500÷［　　］

□＝［　　］

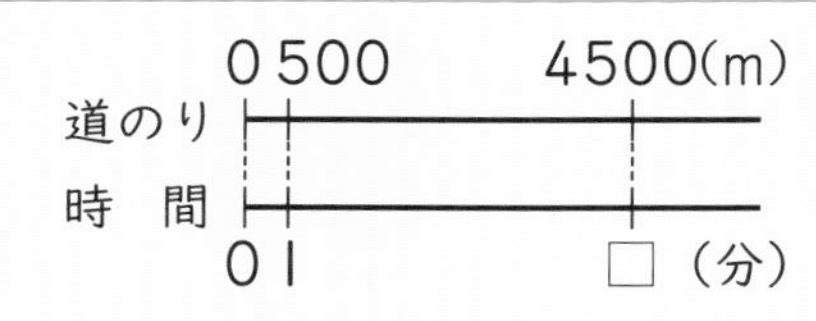

500m	4500m
1分	□分

答え［　　］分

飛ぶのが速い鳥として有名なハヤブサは、急降下(きゅうこうか)するとき時速300kmをこえることもあるといわれているよ。

2 次の問いに答えましょう。　　教科書 151ページ 1

❶ 時速 40km で走っている自動車は、200km 進むのに、何時間かかりますか。

式

答え（　　　　　　）

❷ 秒速 12m で泳ぐイルカは、900m 進むのに、何秒かかりますか。

式

答え（　　　　　　）

基本 3 音の速さについて考えることができますか

☆ 空気中を伝わる音の速さ(音速)は、気温によって変わります。気温 15℃のときの音速は秒速 340m です。気温を 15℃として、次の問いに答えましょう。

❶ 音は 7 秒間で何m 先まで伝わりますか。

❷ ある町で花火大会がありました。会場から 3400m はなれた地点では、打ち上げられた花火が広がってから音が聞こえるまで、何秒かかりますか。

とき方 音速が決まれば、速さ・道のり・時間の関係を使って、わからない値を求めることができます。

❶ 秒速 340m の音が、7 秒間に進む道のりを求めます。

340×□＝□

❷ 秒速 340m の音が、3400m 進むのにかかる時間を求めます。

3400÷□＝□

答え ❶ □m ❷ □秒

3 基本3 と同じように、気温を 15℃として、次の問いに答えましょう。　　教科書 153ページ

❶ いなずまが光ってから 9 秒後にかみなりの落ちる音がしました。かみなりは、何m はなれた場所に落ちたと考えられますか。

式

答え（　　　　　　）

❷ A 地点にかみなりが落ちました。A 地点から 5.1km はなれた B 地点では、いなずまが光ってから何秒後にかみなりの落ちる音がしますか。

式

答え（　　　　　　）

ポイント 速さ、道のり、時間のうち、2 つがわかっているときは、残りの 1 つは計算によって求めることができます。

勉強した日　月　日

練習のワーク

教科書 (上)145～154ページ　答え 13ページ

できた数　/8問中

1 速さ　3時間に240km走る自動車と、5時間に450km走る電車では、どちらの方が速いですか。

(　　　　)

2 時速・分速・秒速　時速810kmで飛ぶ飛行機があります。

❶ 分速は、何kmですか。

式

答え (　　　　)

❷ 秒速は、何mですか。

式

答え (　　　　)

3 道のり　時速78kmで走るトラックは、5時間で何km進みますか。

式

答え (　　　　)

4 時間　A町とB町は52kmはなれています。A町を出発して、B町まで時速4kmで歩いた場合、着くまでに何時間かかりますか。

式

答え (　　　　)

5 道のり・速さ・時間　秒速6mで走っている自転車があります。

❶ 30秒間では、何m進みますか。

式

答え (　　　　)

❷ 分速は、何mですか。

式

答え (　　　　)

❸ 1.8km進むのに、何分かかりますか。

式

答え (　　　　)

てびき

1 速さ

1時間あたりの道のりで速さを比べます。

たいせつ

速さ
＝道のり÷時間

2 時速・分速・秒速

❶ 時速 ⟶ 分速　÷60

❷ 分速 ⟶ 秒速　÷60

3 道のり

道のり
＝速さ×時間

4 時間

時間
＝道のり÷速さ

5 道のり・速さ・時間

❷ 秒速 ⟶ 分速　×60

できるナビ　時速はkm、分速や秒速はmで表されることが多いよ。速さの単位を変えるときに、km、mのどちらなのかに気をつけよう。

まとめのテスト

時間 20分　得点 /100点

教科書 上 145～154ページ　答え 14ページ

1 4時間に180km走る自動車と、8分間に4800m走るオートバイでは、どちらが速いですか。〔10点〕

（　　　　）

2 6分間に1500m走る人の分速は、何mですか。1つ5〔10点〕

式

答え（　　　　）

3 次の表のあいているところをうめましょう。また、速いのはどちらですか。1つ8〔40点〕

	時速	分速	秒速
走る人	㋐ □ km	390m	㋑ □ m
エレベーター	㋒ □ km	㋓ □ m	7m

（　　　　）

4 よく出る 時速51kmで走っている自動車が、橋をわたるのに5分かかりました。1つ5〔20点〕

❶ 時速51kmは分速何mですか。

式

答え（　　　　）

❷ この橋の長さは何mですか。

式

答え（　　　　）

5 けんたさんは自転車に乗って分速300mで走ります。1つ5〔20点〕

❶ 家から駅まで9分かかりました。家から駅までの道のりは何kmですか。

式

答え（　　　　）

❷ けんたさんの家からおじいさんの家までは、22.5kmあります。自転車で行くと、何時間何分かかりますか。

式

答え（　　　　）

ふろくの「計算練習ノート」21～22ページをやろう！

□時速、分速、秒速の関係がわかったかな？
□速さや道のり、時間の求め方がわかったかな？

勉強した日　月　日

① 大きさの等しい分数 [その1]

基本のワーク

学習の目標
約分のしかたや、分数の大きさの比べ方を覚えよう！

教科書 ㊦ 2～8ページ　答え 14ページ

ふくしゅう　できるかな？

例 ❶ $\frac{4}{5}$g は、$\frac{1}{5}$g の何個分ですか。

❷ $\frac{4}{5}$g は、$\frac{3}{5}$g より重いですか、軽いですか。

考え方 1 を●等分した「●分の 1」が▲個あるとき、分数で $\frac{▲}{●}$ と書きます。

答え ❶ 4 個分　❷ 重い。

問題 □にあてはまる数を書きましょう。

❶ $\frac{1}{4}$g の 3 個分は、□g です。

❷ $\frac{4}{7}$m と $\frac{6}{7}$m では、□m の方が長いです。

基本 1　分母のちがう、大きさの等しい分数がわかりますか

☆ 右の数直線を見て、次の分数と大きさの等しい分数を見つけましょう。

❶ $\frac{1}{4}$

❷ $\frac{2}{10}$

❸ $\frac{6}{9}$

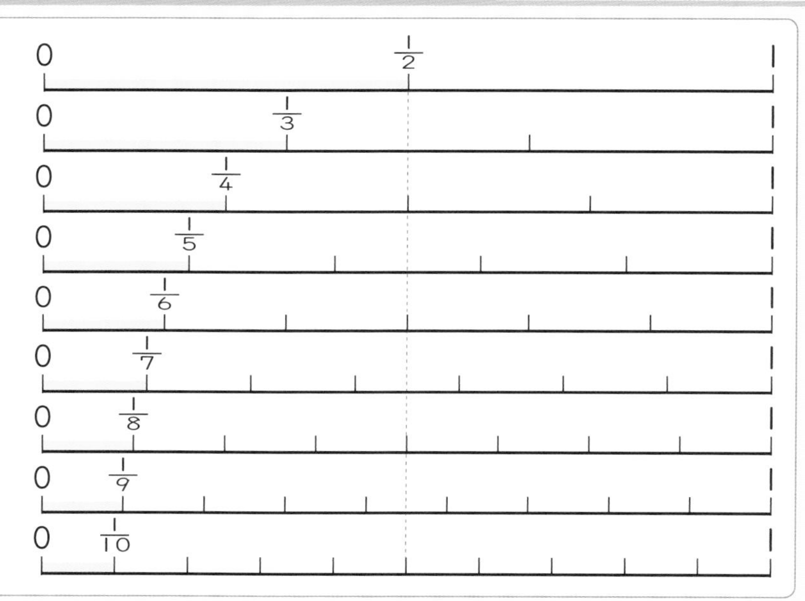

とき方 数直線を使うと、大きさが等しいかどうかを調べることができます。たてに見て、それぞれの分数と同じ位置にある分数を見つけます。

答え ❶ □　❷ □　❸ □、□

たいせつ
分数の分母と分子に同じ数をかけても、分母と分子を同じ数でわっても、分数の大きさは変わりません。

$\frac{▲}{●}=\frac{▲\times■}{●\times■}$、$\frac{▲}{●}=\frac{▲\div■}{●\div■}$

1 □にあてはまる数を書きましょう。　教科書 4ページ 2

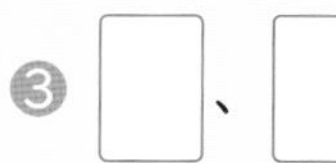

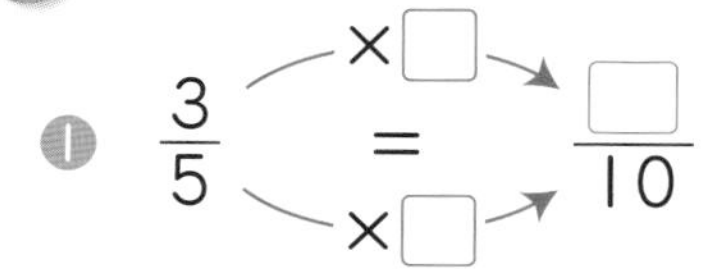
❶ $\frac{3}{5}=\frac{□}{10}$（×□、×□）

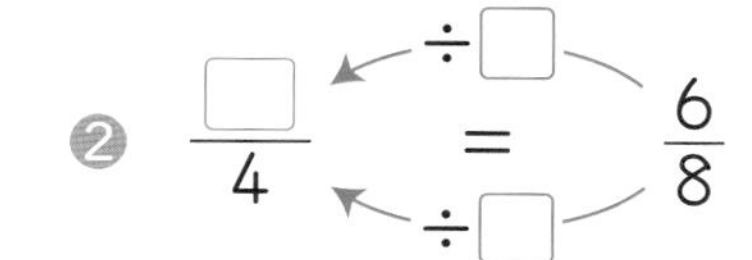
❷ $\frac{□}{4}=\frac{6}{8}$（÷□、÷□）

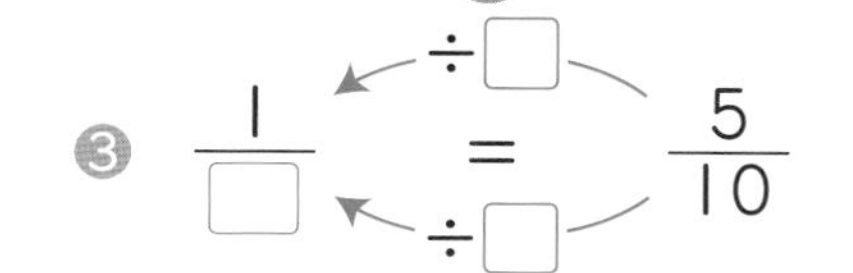
❸ $\frac{1}{□}=\frac{5}{10}$（÷□、÷□）

1200 年以上前の奈良時代の書物にも「三分の一」などの分数が出てくるよ。当時は物を分けるときの大きさとして使っていたみたいだね。

基本2 約分のしかたがわかりますか

☆ $\frac{16}{24}$ を約分しましょう。

とき方 分母と分子を、その公約数でわって、分母の小さい分数になおすことを、□するといいます。16 と 24 の最大公約数の□で分母、分子をわると、1 回で約分できます。

16 の約数　①、②、④、⑧、16

24 の約数　①、②、3、④、6、⑧、12、24

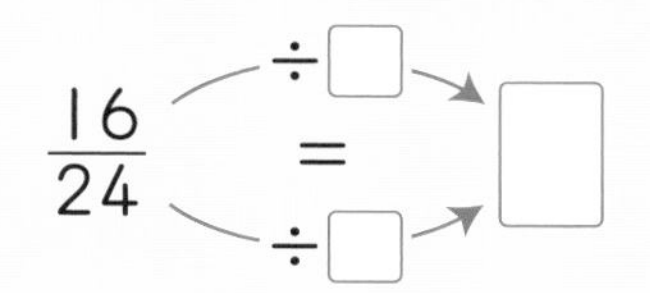

$\frac{16}{24}$（÷□）＝□（÷□）

答え □

約分は次のようにするよ！

$\frac{\overset{2}{\cancel{16}}}{\underset{3}{\cancel{24}}}=\frac{2}{3}$

2 次の分数を約分しましょう。　教科書 7ページ 1

❶ $\frac{2}{8}$　（　　　）

❷ $\frac{6}{12}$　（　　　）

❸ $\frac{14}{21}$　（　　　）

❹ $\frac{24}{40}$　（　　　）

❺ $1\frac{10}{15}$　（　　　）

帯分数は、整数部分をそのままにして、分数部分を約分するよ。

基本3 分母のちがう分数の大小の比べ方がわかりますか

☆ $\frac{1}{3}$ と $\frac{2}{5}$ の大小を比(くら)べます。□に不等号を書きましょう。　$\frac{1}{3}$ □ $\frac{2}{5}$

とき方 $\frac{1}{3}$ と $\frac{2}{5}$ の分母と分子をともに 2 倍、3 倍、…して、同じ分母の分数にして比べます。

$\frac{1}{3}=\frac{2}{6}=\frac{□}{9}=\frac{4}{12}=\frac{□}{15}=\frac{6}{18}\cdots$　　$\frac{2}{5}=\frac{□}{10}=\frac{□}{15}=\frac{8}{20}=\frac{10}{25}=\frac{12}{30}\cdots$

$\frac{1}{3}=\frac{□}{15}$、$\frac{2}{5}=\frac{□}{15}$ だから、□の方が大きいです。

いくつかの分数を、それぞれの大きさを変えないで、共通な分母になおすことを、□するといいます。

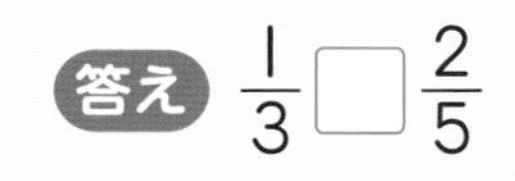

答え $\frac{1}{3}$ □ $\frac{2}{5}$

3 次の組の分数を通分して、□に等号や不等号を書きましょう。

教科書 8ページ 1

❶ $\frac{5}{7}$ □ $\frac{2}{3}$

❷ $\frac{3}{8}$ □ $\frac{1}{4}$

❸ $\frac{7}{9}$ □ $\frac{5}{6}$

❹ $\frac{4}{12}$ □ $\frac{5}{15}$

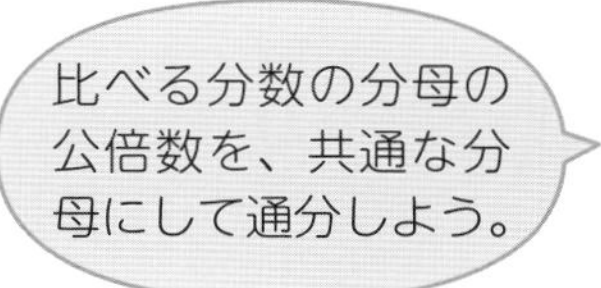

ポイント 約分するときは、分母と分子の最大公約数で約分すると、1 回で約分できます。約分したあと、分母と分子の数がもっとも小さくなっているか確(たし)かめましょう。

月　日

① 大きさの等しい分数 [その2]
② 分数のたし算 [その1]

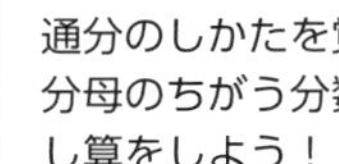

通分のしかたを覚えて、分母のちがう分数のたし算をしよう！

教科書　㊦ 9～11ページ　答え　14ページ

基本 1　通分のしかたがわかりますか

☆ $\frac{3}{4}$ と $\frac{5}{6}$ を通分しましょう。

とき方　通分するときは、ふつう、分母がもっとも小さくなるようにするため、最小公倍数を分母にします。

4と6の最小公倍数は12なので、12を分母にします。

$\frac{3}{4}=\frac{3\times\square}{4\times\square}=\frac{\square}{12}$、$\frac{5}{6}=\frac{5\times\square}{6\times\square}=\frac{\square}{12}$

答え　□ と □

1 次の組の分数を通分しましょう。　 教科書 9ページ 5

❶ $\left(\frac{1}{3}、\frac{4}{5}\right)$　（　　　）

❷ $\left(\frac{5}{6}、\frac{4}{7}\right)$　（　　　）

❸ $\left(\frac{3}{4}、\frac{1}{6}\right)$　（　　　）

❹ $\left(\frac{7}{22}、\frac{1}{2}\right)$　（　　　）

2 次の組の分数を通分して、□に不等号を書きましょう。　 教科書 9ページ 1

❶ $\frac{2}{3}\ \square\ \frac{5}{8}$

❷ $\frac{4}{9}\ \square\ \frac{13}{27}$

基本 2　帯分数と仮分数の大小の比べ方がわかりますか

☆ $1\frac{5}{6}$ と $\frac{15}{8}$ の大小を比べます。□に不等号を書きましょう。　$1\frac{5}{6}\ \square\ \frac{15}{8}$

とき方　《1》 $1\frac{5}{6}$ を仮分数にして、比べます。

$1\frac{5}{6}=\frac{11}{6}$ だから、$\frac{11}{6}$ と $\frac{15}{8}$ を通分すると、

$1\frac{5}{6}=\frac{11}{6}=\frac{\square}{24}$、$\frac{15}{8}=\frac{\square}{24}$

《2》 $\frac{15}{8}$ を帯分数にして、比べます。

$\frac{15}{8}=1\frac{7}{8}$ だから、$1\frac{5}{6}$ と $1\frac{7}{8}$ の分数部分を通分すると、

$1\frac{5}{6}=1\frac{\square}{24}$、$\frac{15}{8}=1\frac{7}{8}=1\frac{\square}{24}$

答え　$1\frac{5}{6}\ \square\ \frac{15}{8}$

さんすうはかせ　大名の山名氏は全国の $\frac{1}{6}$ を領地にしていたから「六分一殿」とよばれたんだって。

3 次の組の分数を通分して、□に不等号を書きましょう。　教科書 9ページ 2

❶ $1\frac{1}{2}$ □ $\frac{11}{7}$　　❷ $2\frac{2}{3}$ □ $\frac{17}{6}$

基本 3 分母のちがう分数のたし算のしかたがわかりますか

☆ ジュースが $\frac{2}{3}$ L 入ったパックと、$\frac{1}{4}$ L 入ったコップがあります。ジュースは合わせて何 L ありますか。

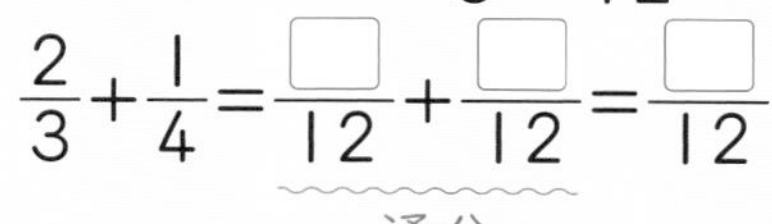

とき方 たし算で求めます。分母のちがう分数のたし算は、通分して同じ分母の分数にして計算します。$\frac{2}{3}=\frac{\square}{12}$、$\frac{1}{4}=\frac{\square}{12}$ だから、

$\frac{2}{3}+\frac{1}{4}=\frac{\square}{12}+\frac{\square}{12}=\frac{\square}{12}$

通分

答え □ L

分母が同じ分数のたし算は、分母はそのままにして、分子どうしをたせばよかったね。

4 次の計算をしましょう。　教科書 10ページ 1

❶ $\frac{1}{3}+\frac{1}{5}$　　❷ $\frac{2}{5}+\frac{3}{8}$

❸ $\frac{1}{6}+\frac{4}{9}$　　❹ $\frac{9}{14}+\frac{2}{7}$

基本 4 答えが約分できる分数のたし算ができますか

☆ $\frac{1}{3}+\frac{1}{6}$ の計算をしましょう。

とき方 答えが約分できるときは、できるだけかんたんな分数になおします。

$\frac{1}{3}+\frac{1}{6}=\frac{\square}{6}+\frac{\square}{6}=\frac{\square}{6}=\square$

通分　約分する

答え □

5 次の計算をしましょう。　教科書 10ページ 1

❶ $\frac{1}{2}+\frac{1}{6}$　　❷ $\frac{5}{6}+\frac{1}{10}$

❸ $\frac{2}{3}+\frac{2}{15}$　　❹ $\frac{1}{4}+\frac{5}{12}$

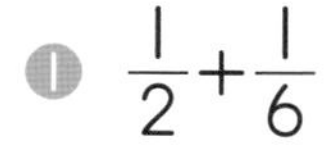

通分するときは、それぞれの分母の最小公倍数を分母にします。約分するときは、分母と分子を、その最大公約数でわります。

勉強した日 月 日

② 分数のたし算 [その2]
③ 分数のひき算 [その1]
基本のワーク

学習の目標

いろいろな分数のたし算やひき算のしかたを考えよう！

教科書 下11～14ページ　答え 15ページ

基本1 答えが仮分数になる分数のたし算ができますか

☆ $\frac{1}{2}+\frac{4}{5}$ の計算をしましょう。

とき方 答えが仮分数（かぶんすう）になったときは、帯分数になおすと大きさがわかりやすくなります。

$\frac{1}{2}+\frac{4}{5}=\frac{\square}{10}+\frac{\square}{10}=\frac{\square}{10}=\square\frac{\square}{10}$

通分　帯分数になおす

答え $\square$

1 次の計算をしましょう。 教科書 11ページ 2

❶ $\frac{2}{3}+\frac{3}{5}$　❷ $\frac{3}{4}+\frac{5}{8}$

❸ $\frac{5}{6}+\frac{1}{2}$　❹ $\frac{7}{10}+\frac{7}{15}$

基本2 帯分数のたし算ができますか

☆ $1\frac{1}{2}$kg の箱に、$2\frac{3}{5}$kg のみかんを入れます。全部で何kg になりますか。

とき方 たし算で求めます。帯分数のたし算は、整数どうし、真分数どうしをたします。

$1\frac{1}{2}+2\frac{3}{5}=1\frac{\square}{10}+2\frac{\square}{10}=\square\frac{\square}{10}=\square\frac{\square}{10}$

通分　1くり上げる

答え $\square$ kg

さんこう

仮分数になおしても、計算できます。

$1\frac{1}{2}+2\frac{3}{5}=\frac{3}{2}+\frac{13}{5}=\frac{15}{10}+\frac{26}{10}=\frac{41}{10}=4\frac{1}{10}$

2 次の計算をしましょう。 教科書 12ページ 1

❶ $2\frac{1}{3}+\frac{2}{7}$　❷ $1\frac{1}{5}+1\frac{3}{10}$

❸ $3\frac{2}{3}+2\frac{3}{4}$　❹ $1\frac{5}{6}+2\frac{2}{3}$

さんすうはかせ 帯分数の表し方は、古代インドで発明されたといわれているよ。ただし、分母と分子の間の横ぼうはなかったんだって。

基本3 分母のちがう分数のひき算のしかたがわかりますか

☆ $\frac{2}{3}$L のお茶と $\frac{4}{9}$L のジュースがあります。量のちがいは何 L ですか。

とき方 通分して、どちらが大きいか調べてから、ひき算します。分母のちがう分数のひき算も、通分して同じ分母になおして計算します。

$\frac{2}{3}=\frac{\square}{9}$ だから、$\frac{2}{3}>\frac{4}{9}$

$\frac{2}{3}-\frac{4}{9}=\frac{\square}{9}-\frac{4}{9}=\frac{\square}{9}$
（通分）

分母が同じ数のひき算では、分母はそのままにして、分子どうしをひけばよかったね。

3 次の計算をしましょう。 教科書 13ページ1

❶ $\frac{2}{3}-\frac{1}{2}$　　❷ $\frac{4}{5}-\frac{8}{15}$

❸ $\frac{3}{4}-\frac{2}{5}$　　❹ $\frac{7}{8}-\frac{5}{6}$

4 $\frac{3}{5}$g のさとうと $\frac{7}{10}$g の塩があります。どちらが何 g 重いですか。 教科書 13ページ1

式

答え（　　　　　　）

基本4 答えが約分できる分数のひき算ができますか

とき方 答えが約分できるときは、約分します。

$\frac{3}{4}-\frac{1}{12}=\frac{\square}{12}-\frac{1}{12}=\frac{\square}{12}=\square$
（通分）　（約分する）

約分するときは、できるだけかんたんな分数にします。

5 次の計算をしましょう。 教科書 14ページ3

❶ $\frac{1}{2}-\frac{1}{14}$　　❷ $\frac{5}{9}-\frac{7}{18}$

❸ $\frac{5}{6}-\frac{1}{3}$　　❹ $\frac{7}{10}-\frac{8}{15}$

ポイント 分母のちがう分数のたし算とひき算は、通分して同じ分母の分数にして計算します。答えが約分できるときは、約分します。

勉強した日　月　日

③ 分数のひき算 [その2]

基本のワーク

学習の目標：いろいろなひき算のしかたや、3つの分数の計算を考えよう！

教科書 下14～16ページ　答え 16ページ

基本1 仮分数のひき算ができますか

☆ 次の計算をしましょう。

❶ $\frac{4}{3}-\frac{4}{9}$　❷ $\frac{3}{2}-\frac{8}{7}$

とき方　仮分数（かぶんすう）－真分数や、仮分数－仮分数も、真分数－真分数と同じように計算することができます。

❶ $\frac{4}{3}-\frac{4}{9}=\frac{\square}{9}-\frac{4}{9}=\frac{\square}{9}$（通分）

❷ $\frac{3}{2}-\frac{8}{7}=\frac{\square}{14}-\frac{\square}{14}=\frac{\square}{14}$（通分）

答え ❶ □　❷ □

1 次の計算をしましょう。 教科書 14ページ 3

❶ $\frac{7}{6}-\frac{9}{10}$　❷ $\frac{11}{8}-\frac{6}{5}$

基本2 帯分数のひき算ができますか

☆ $3\frac{3}{4}-1\frac{3}{8}$ の計算をしましょう。

とき方　整数どうし、真分数どうしをひきます。

$3\frac{3}{4}-1\frac{3}{8}=3\frac{\square}{8}-1\frac{3}{8}=\square\frac{\square}{8}$（通分）

答え □

さんこう
仮分数になおしても、計算できます。

$3\frac{3}{4}-1\frac{3}{8}=\frac{15}{4}-\frac{11}{8}$

$=\frac{30}{8}-\frac{11}{8}=\frac{19}{8}=2\frac{3}{8}$

2 次の計算をしましょう。 教科書 14ページ 2

❶ $1\frac{1}{2}-\frac{2}{5}$　❷ $3\frac{5}{6}-1\frac{2}{9}$

❸ $2\frac{7}{12}-1\frac{1}{3}$

さんすうはかせ　むかしの日本では、今の約2時間を「一（いっ）とき」、一ときの $\frac{1}{2}$ を「半とき」といったんだよ。

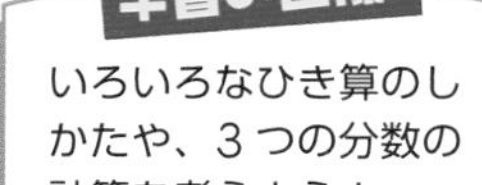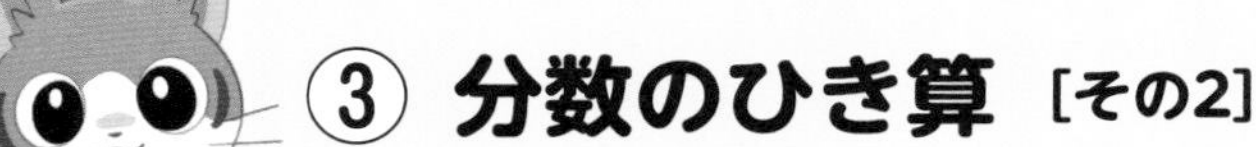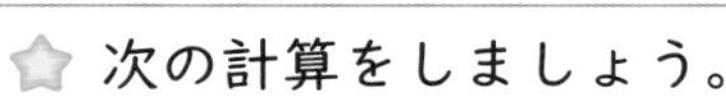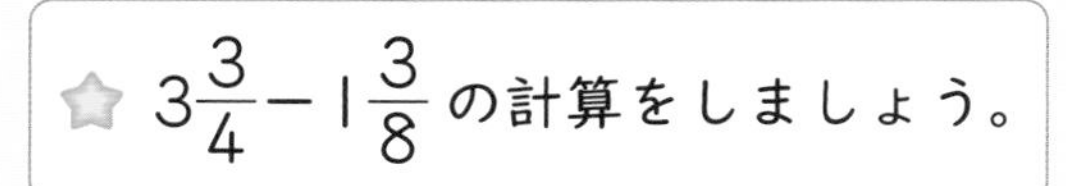

基本3 分数部分がひけないときの帯分数のひき算のしかたがわかりますか

☆ テープが $3\frac{1}{4}$m あります。$1\frac{5}{6}$m 使うと、残りは何m ですか。

とき方 ひき算で求めます。

《1》 分数部分がひけないときは、帯分数を仮分数になおして計算します。$3\frac{1}{4}=\frac{13}{4}$、$1\frac{5}{6}=\frac{11}{6}$ だから、

$3\frac{1}{4}-1\frac{5}{6}=\frac{13}{4}-\frac{11}{6}=\frac{\square}{12}-\frac{\square}{12}=\frac{\square}{12}=\square\frac{\square}{12}$

通分　帯分数になおす

《2》 真分数どうしを計算すると、$3\frac{1}{4}-1\frac{5}{6}=3\frac{3}{12}-1\frac{10}{12}$

$\frac{3}{12}$ から $\frac{10}{12}$ はひけないので、3 を 2 と $\frac{12}{12}$ にします。

$3\frac{3}{12}=2\frac{\square}{12}$ だから、$2\frac{\square}{12}-1\frac{10}{12}=\square\frac{\square}{12}$

分数部分の $\frac{1}{4}$ と $\frac{5}{6}$ は、通分して $\frac{3}{12}$ と $\frac{10}{12}$ にすると、$\frac{3}{12}<\frac{10}{12}$ だから、$\frac{3}{12}$ から $\frac{10}{12}$ がひけないことがわかるね。

答え $\square$ m

3 次の計算をしましょう。

教科書 15ページ 1

❶ $3\frac{3}{4}-1\frac{9}{10}$

❷ $4\frac{1}{6}-3\frac{2}{3}$

基本4 3つの分数のたし算とひき算ができますか

☆ $\frac{2}{3}+\frac{1}{6}-\frac{3}{5}$ の計算をしましょう。

とき方 《1》 前から 2 つずつ通分します。

$\frac{2}{3}+\frac{1}{6}-\frac{3}{5}=\frac{\square}{6}+\frac{\square}{6}-\frac{3}{5}=\frac{\square}{6}-\frac{3}{5}=\frac{\square}{30}-\frac{\square}{30}=\frac{\square}{30}$

通分　通分

《2》 3 つの分数をいちどに通分します。

$\frac{2}{3}+\frac{1}{6}-\frac{3}{5}=\frac{\square}{30}+\frac{\square}{30}-\frac{\square}{30}=\frac{\square}{30}$

通分

3、6、5 の最小公倍数は 30 だね。

答え $\square$

4 次の計算をしましょう。

教科書 16ページ 2

❶ $\frac{5}{6}-\frac{1}{2}+\frac{7}{12}$

❷ $\frac{2}{3}-\frac{7}{15}-\frac{1}{5}$

ポイント 帯分数のひき算は、整数どうし、真分数どうしをひきます。分数部分がひけないときは、仮分数になおすか、整数部分から 1 くり下げて計算します。

勉強した日　月　日

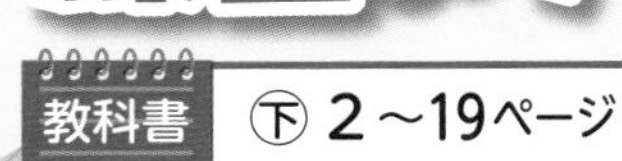

練習のワーク

教科書 ㊦ 2～19ページ　答え 16ページ

1 大きさの等しい分数　次の㋐～㋔の分数を約分して、$\frac{2}{3}$と大きさの等しい分数を全部見つけましょう。

㋐ $\frac{4}{6}$　㋑ $\frac{9}{12}$　㋒ $\frac{6}{18}$　㋓ $\frac{16}{24}$　㋔ $\frac{20}{30}$

（　　　　　）

2 通分　次の組の分数を通分して、□に不等号を書きましょう。

❶ $\frac{1}{3}$ □ $\frac{2}{15}$　❷ $1\frac{2}{7}$ □ $\frac{11}{9}$

3 分母のちがう分数の計算　次の計算をしましょう。

❶ $\frac{1}{3}+\frac{2}{7}$　❷ $\frac{7}{10}+\frac{1}{6}$

❸ $\frac{3}{4}-\frac{2}{9}$　❹ $\frac{9}{8}-\frac{5}{12}$

❺ $\frac{1}{3}+\frac{5}{6}-\frac{4}{5}$

4 分母のちがう帯分数の計算　次の計算をしましょう。

❶ $1\frac{1}{5}+\frac{2}{7}$　❷ $1\frac{8}{9}+2\frac{5}{18}$

❸ $3\frac{7}{8}-\frac{1}{2}$　❹ $2\frac{3}{10}-1\frac{5}{6}$

5 分数の計算の文章題　赤いテープが$\frac{2}{3}$m、青いテープが$\frac{5}{8}$mあります。

❶ どちらのテープが何m長いですか。

式

答え（　　　　　）

❷ 2つのテープを合わせると何mになりますか。

式

答え（　　　　　）

てびき

1 大きさの等しい分数
約分するときは、分母と分子の最大公約数で、分母と分子をわります。

2 通分
それぞれの分母の最小公倍数を分母にして通分します。

❷は、帯分数か仮分数にそろえてから通分しよう。

3 分母のちがう分数の計算
通分して計算します。
❺は、3つの分数を通分します。

答えが約分できるときは、約分します。

4 分母のちがう帯分数の計算
整数どうし、真分数どうしを計算します。
分数部分がひけないときは、整数部分から1くり下げます。

5 文章題
❶ ひき算で求めます。
❷ たし算で求めます。

できるナビ　答えを求めたら、約分ができるかどうか必ず確かめよう。また、仮分数を帯分数になおしたり、くり上げたりすることもわすれないようにしよう。

勉強した日　月　日

まとめのテスト

教科書 ㊦ 2～19ページ　答え 17ページ

時間 20分

得点　/100点

1 よく出る 次の分数を約分しましょう。　1つ4〔12点〕

❶ $\frac{4}{6}$　(　　　)

❷ $\frac{40}{64}$　(　　　)

❸ $2\frac{35}{100}$　(　　　)

2 よく出る 次の計算をしましょう。　1つ6〔48点〕

❶ $\frac{5}{6}+\frac{1}{7}$

❷ $\frac{7}{8}+\frac{5}{6}$

❸ $\frac{2}{3}-\frac{1}{15}$

❹ $\frac{10}{9}-\frac{5}{6}$

❺ $1\frac{1}{2}+2\frac{7}{10}$

❻ $3\frac{2}{15}-1\frac{3}{10}$

❼ $\frac{3}{10}+\frac{2}{5}-\frac{1}{4}$

❽ $\frac{2}{3}-\frac{1}{4}-\frac{5}{12}$

3 たけるさんが公園に行きます。今、家から $\frac{3}{10}$ km のところまで来ました。あと $\frac{5}{6}$ km で公園に着きます。家から公園までの道のりは何 km ありますか。　1つ7〔14点〕

式

答え (　　　)

4 $1\frac{3}{4}$ kg の箱に、みかんを入れて量ったら $5\frac{1}{2}$ kg ありました。みかんだけの重さは何 kg ですか。　1つ7〔14点〕

式

答え (　　　)

5 右の□の中に、5、6、7、8、9 の数字から 4 つ選んで、1 つずつ入れ、真分数を作って計算します。　1つ6〔12点〕

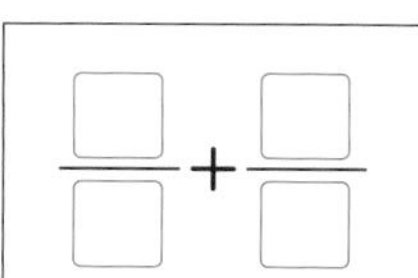
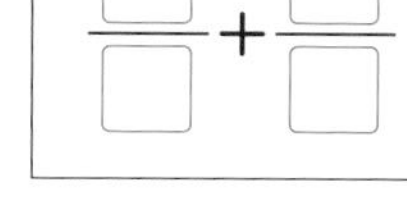
$\frac{\square}{\square}+\frac{\square}{\square}$

❶ 答えがいちばん大きくなるように、□の中に数字を入れましょう。

❷ ❶のときの計算の答えを求めましょう。

(　　　)

ふろくの「計算練習ノート」13～17ページをやろう！

□ 約分や通分のしかたがわかったかな？
□ 分数のたし算やひき算を使って、問題を解くことができたかな？

① わり算の商と分数
② 分数と小数・整数 ［その1］
基本のワーク

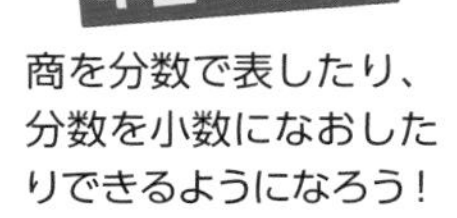

学習の目標
商を分数で表したり、分数を小数になおしたりできるようになろう！

教科書 ㊦20～25ページ　答え 17ページ

基本 1 わり算の商を分数で表すことができますか

☆ 2mのテープを3等分すると、1本分の長さは何mですか。

とき方　1本分の長さを求める式は2÷3で、計算すると0.66…となり、わり切ることができないので、商を分数で表します。2÷3=□

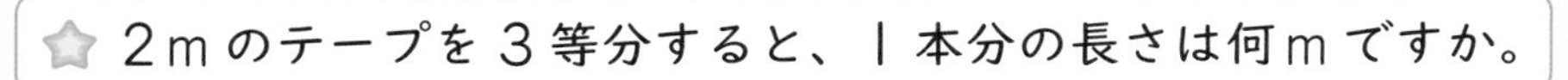

1mを3等分した1本分は$\frac{1}{3}$m

2mの3等分は、その2倍で$\frac{1}{3}$mの2つ分。

たいせつ
整数どうしのわり算の商は、分数で表すことができます。
●÷▲=$\frac{●}{▲}$

答え □m

1 次の商を分数で表しましょう。　教科書 22ページ 2

❶ 1÷4（　　　）　❷ 3÷5（　　　）　❸ 8÷7（　　　）

2 次の□にあてはまる数を書きましょう。　教科書 22ページ 3

❶ 2÷□=$\frac{2}{9}$　❷ □÷11=$\frac{6}{11}$　❸ □÷□=$\frac{4}{3}$

基本 2 何倍かを表す数を、分数で表すことができますか

☆ 7mの赤いテープ、6mの黄色いテープ、5mの青いテープがあります。
❶ 赤いテープの長さは、黄色いテープの長さの何倍ですか。
❷ 青いテープの長さは、黄色いテープの長さの何倍ですか。

とき方　黄色いテープの長さをもとにして、赤や青のテープがいくつ分かを考えるので、わり算で求めます。

❶ 7÷6=□

❷ 5÷6=□

たいせつ
分数で何倍かを表すこともできます。

答え ❶ □倍　❷ □倍

さんすうはかせ　日本では、分数は「三分の一」のように、分母→分子の順に読むけれど、英語では、分子→分母の順で読むんだって。

3 コップに 3dL、水とうに 11dL のお茶が入っています。 教科書 23ページ 1

❶ 水とうには、コップの何倍のお茶が入っていますか。

（　　　　　）

❷ コップには、水とうの何倍のお茶が入っていますか。

（　　　　　）

基本 3 分数を、小数や整数で表すことができますか

☆ 次の分数を、小数や整数で表しましょう。

❶ $\frac{1}{4}$　❷ $\frac{18}{3}$　❸ $1\frac{2}{5}$

とき方 分数を、小数や整数で表すには、分子を分母でわります。

❶ $\frac{1}{4}=1\div4=$ □　❷ $\frac{18}{3}=18\div3=$ □

❸ 仮分数（かぶんすう）になおしてから、分子を分母でわります。

$1\frac{2}{5}=\frac{7}{5}=7\div5=$ □

答え ❶ □　❷ □　❸ □

たいせつ

$\frac{●}{▲}=●\div▲$
（分子）（分母）

さんこう

❸は、$1\frac{2}{5}=1+\frac{2}{5}$とすると、$\frac{2}{5}=0.4$ だから、$1+0.4=1.4$ と求めることもできます。

4 9m のリボンを 10 等分すると、1 本分の長さは何 m になりますか。分数と小数で表しましょう。 教科書 25ページ 1

分数（　　　　　）　小数（　　　　　）

5 12m のロープを 3 等分したときの 1 本分の長さを、分数と整数で表しましょう。 教科書 25ページ 1

分数（　　　　　）　整数（　　　　　）

6 次の分数を、小数や整数で表しましょう。 教科書 25ページ 1

❶ $\frac{3}{10}$　❷ $\frac{41}{100}$　❸ $\frac{1}{5}$

（　　　　　）（　　　　　）（　　　　　）

❹ $\frac{15}{2}$　❺ $\frac{21}{7}$　❻ $1\frac{3}{4}$

（　　　　　）（　　　　　）（　　　　　）

ポイント 整数どうしのわり算●÷▲の商は、分数で $\frac{●}{▲}$ と表すことができます。
分数を、小数や整数になおすには、分子を分母でわります。

勉強した日 月 日

② 分数と小数・整数 [その2]

基本のワーク

学習の目標
小数を分数になおしたり、分数と小数・整数の関係を考えよう！

教科書 ㊦26～28ページ　答え 18ページ

基本1 小数を分数で表すことができますか

☆ 次の小数を、分数で表しましょう。
❶ 0.9　❷ 1.13

とき方 ❶ 0.9 は、$0.1\left(\frac{1}{10}\right)$ が 9 個分だから、□

❷ 1.13 は、$0.01\left(\frac{1}{100}\right)$ が 113 個分だから、□＝1□

答え ❶ □ ❷ □

たいせつ
小数は、$\frac{1}{10}$ や $\frac{1}{100}$ などの分数を単位にすると、分数で表すことができます。

さんこう
❷は、1.13＝1＋0.13 とすると、$0.13=\frac{13}{100}$ だから、$1+\frac{13}{100}=1\frac{13}{100}$ と求めることもできます。

1 次の小数を、分数で表しましょう。　教科書 26ページ2

❶ 0.7　(　　)
❷ 0.6　(　　)
❸ 2.1　(　　)
❹ 1.8　(　　)
❺ 0.73　(　　)
❻ 0.02　(　　)
❼ 3.87　(　　)
❽ 2.44　(　　)

$\frac{1}{10}$ や $\frac{1}{100}$ の何個分かな。

基本2 整数を分数で表すことができますか

☆ 次の整数を、(　)の中の分数で表しましょう。
❶ 8 (分母が 1 の分数)　❷ 3 (分母が 5 の分数)

とき方 整数は、分母を 1、2、3、4 など、どんな整数に決めても、分数で表すことができます。

❶ 8＝8÷1＝□

❷ 3＝□÷5＝□

答え ❶ □ ❷ □

整数を●÷▲の形で表して、●÷▲＝$\frac{●}{▲}$ を利用するよ。

さんすうはかせ 英語で、$\frac{1}{2}$ のことをハーフ(half)、$\frac{1}{4}$ のことをクウォーター (quarter)というよ。

2 次の整数を、(　)の中の分数で表しましょう。　教科書 26ページ 1

❶ 7 (分母が 1 の分数)　(　　　)

❷ 15 (分母が 1 の分数)　(　　　)

❸ 8 (分母が 2 の分数)　(　　　)

❹ 11 (分母が 3 の分数)　(　　　)

基本 3 分数、小数、整数の大小を比べることができますか

☆ 次の㋐〜㋒の中で、いちばん大きい数はどれですか。

㋐ $\frac{4}{7}$　㋑ $\frac{11}{20}$　㋒ 0.52

分数は、小数になおすと大きさの見当がつけやすくなるよ。

とき方 3 つの数を小数にそろえて考えます。

㋐ $\frac{4}{7}=4\div7=0.571\cdots$　㋑ $\frac{11}{20}=11\div$ □ $=$ □　㋒ 0.52

数直線に表すと、右のようになります。

いちばん大きい数は □ です。

0.5　□　□　□　0.6

答え □

3 $\frac{5}{6}$、$\frac{43}{50}$、0.81 の中で、いちばん大きい数はどれですか。　教科書 28ページ 3

(　　　)

4 次の数を、小さい方から順にならべましょう。　教科書 28ページ 1

0.7　$\frac{6}{3}$　$\frac{5}{8}$　$1\frac{2}{5}$　1.15

(　　　)

5 次の□に等号か不等号を書きましょう。　教科書 28ページ

❶ 0.6 □ $\frac{5}{7}$

❷ $1\frac{4}{5}$ □ 1.8

❸ $\frac{5}{3}$ □ 1.63

❹ 2.2 □ $2\frac{1}{4}$

ポイント 分数は、小数になおすと、大きさの見当がつけやすくなります。分数を、小数や整数になおすしかた、小数を分数になおすしかたをしっかり覚えましょう。

練習のワーク

教科書 ㊦20〜31ページ　答え 18ページ

できた数 /12問中

1 わり算の商と分数　次のわり算の商を、できるだけかんたんな分数で表しましょう。

❶ 7÷9　　　❷ 8÷14

(　　　)　(　　　)

2 分数倍　家から駅までは 3km、家から映画館までは 8km あります。家から映画館までの道のりは、家から駅までの道のりの何倍ですか。

(　　　)

3 分数と小数の関係　7m のロープを 5 等分すると、1 本分の長さは何mになりますか。分数と小数で表しましょう。

分数 (　　　)　小数 (　　　)

4 分数を小数で表す問題　次の分数を、小数で表しましょう。

❶ $\frac{9}{10}$　　　❷ $2\frac{3}{5}$

(　　　)　(　　　)

5 小数を分数で表す問題　次の小数を、できるだけかんたんな分数で表しましょう。

❶ 0.5　　　❷ 1.29

(　　　)　(　　　)

6 整数を分数で表す問題　□にあてはまる数を書きましょう。

❶ $4=\frac{\square}{1}$　　　❷ $6=\frac{42}{\square}$

7 分数と小数の大小　次の数を、小さい方から順にならべましょう。

0.4　$\frac{8}{4}$　$\frac{3}{10}$　1.85　$1\frac{2}{7}$

(　　　)

てびき

1 わり算の商と分数

2 分数倍
何倍かを表す数にも、分数を使うことができます。

3 分数と小数の関係
分数は、●÷▲＝$\frac{●}{▲}$を使って表し、小数は、●÷▲を計算します。

4 分数を小数で表す問題
分子を分母でわります。❷は、帯分数を仮分数になおしてから計算します。

5 小数を分数で表す問題
$\frac{1}{10}$、$\frac{1}{100}$などの分数を単位にして、その何個分かを考えます。

6 整数を分数で表す問題
整数を、●÷▲の形で表して、分数にします。

7 分数と小数の大小
分数を、小数や整数で表して比べます。

できるナビ　答え合わせをする前に、約分できる分数がないかどうか確かめよう。

まとめのテスト

時間20分

得点　/100点

教科書 下20～31ページ　答え 18ページ

1 14mのテープを21等分すると、1本分は何mになりますか。できるだけかんたんな分数で答えましょう。〔8点〕

(　　　)

2 たくやさんの体重は33kgで、お父さんの体重は70kgです。1つ6〔12点〕

❶ お父さんの体重は、たくやさんの体重の何倍ですか。

(　　　)

❷ たくやさんの体重は、お父さんの体重の何倍ですか。

(　　　)

3 よく出る 次の数で、分数は小数か整数に、小数はできるだけかんたんな分数で表しましょう。1つ6〔36点〕

❶ $\frac{7}{8}$　❷ $\frac{20}{4}$　❸ $1\frac{2}{25}$

(　　　)(　　　)(　　　)

❹ 1.7　❺ 0.75　❻ 1.23

(　　　)(　　　)(　　　)

4 次の整数を、(　)の中の分数で表しましょう。1つ5〔10点〕

❶ 9(分母が1の分数)　❷ 13(分母が4の分数)

(　　　)(　　　)

5 次の数を、下の数直線に↓で表しましょう。1つ6〔24点〕

❶ $\frac{8}{5}$　❷ 0.85　❸ $\frac{8}{20}$　❹ 1.4

0　1　2

6 次の□に不等号を書きましょう。1つ5〔10点〕

❶ 0.8 □ $\frac{7}{9}$　❷ $\frac{11}{3}$ □ 3.5

ふろくの「計算練習ノート」18ページをやろう！

チェック✓
□分数を小数や整数で表したり、小数を分数で表したりすることができたかな？
□分数と小数の大きさを比べることができたかな？

勉強した日 月 日

① 割合
② 百分率と歩合
基本のワーク

学習の目標
割合の意味や求め方、百分率や歩合の表し方を考えよう！

教科書 ㊦32～42ページ　答え 19ページ

基本1 こみぐあいなどを数で表すことができますか

☆ ㋐、㋑、㋒の3つのちゅう車場に、右のように車が入っています。どのちゅう車場がいちばんこんでいるといえますか。

	㋐	㋑	㋒
入っている数(台)	16	30	12
ちゅう車できる数(台)	20	40	12

とき方 こみぐあいは、もとにする量のちゅう車できる数を1としたとき、比べられる量の入っている数がいくつにあたるかで表すことができます。

㋐ 16÷20=□　㋑ 30÷40=□　㋒ 12÷12=□

数の大きい方がこんでいるから、□、□、□の順にこんでいます。

たいせつ
もとにする量を1として、比べられる量がいくつにあたるかを表した数を**割合**といいます。　**割合＝比べられる量÷もとにする量**

答え □

1 次の割合を求めましょう。　教科書 33ページ1

❶ バスケットボールで8回シュートして6回入ったときの、入った割合。

(　　　)

❷ 4ひき生まれた子ねこが全部メスだったときの、オスの割合。

(　　　)

2 定員20人のエレベーターには11人、定員30人のエレベーターには18人乗っています。こみぐあいを調べて、どちらがこんでいるか比べましょう。　教科書 36ページ2

(　　　)

基本2 割合を百分率で表すことができますか

☆ 定員40人のバスに、34人乗っています。
❶ バスのこみぐあいを表す割合を求めましょう。
❷ バスのこみぐあいを百分率で表しましょう。

とき方 もとにする量は定員の40人、比べられる量は乗っている人数の34人です。

❶ 割合＝比べられる量÷もとにする量だから、34÷40=□

❷ もとにする量を100としたときの比べられる量がいくつになるかで、割合を表すことがあります。この表し方を□といいます。小数で表した割合に100をかけると百分率になるから、□×100=□

答え ❶ □　❷ □%

たいせつ
小数で表された割合の0.01を1%と書き、**1パーセント**と読みます。

もとにする量を1000とする割合の表し方もあるよ。小数で表された割合の0.001を1パーミルといって、1‰と書くんだよ。

3 右の表は、はるみさんが自分の本を種類別にまとめたものです。 教科書 40ページ 1

❶ 持っている本全体をもとにしたときの、それぞれの割合を、百分率で表し、右の表に書きましょう。

❷ それぞれの百分率を合計すると、何％になりますか。右の表に書きましょう。

本の種類とさっ数

	さっ数(さつ)	百分率(％)
物語	32	40
理科	28	
社会	8	
その他	12	
合計	80	

4 次の割合を、小数は百分率で、百分率は小数で表しましょう。 教科書 40ページ 2

❶ 0.79 (　　)　❷ 0.2 (　　)　❸ 0.415 (　　)

❹ 39％ (　　)　❺ 60％ (　　)　❻ 8％ (　　)

5 次の電車の車両のこみぐあいを、百分率で求めましょう。 教科書 40ページ 3

❶ 定員130人のところに91人乗っている車両。

式

答え (　　)

❷ 定員120人のところに132人乗っている車両。

式

答え (　　)

❷は、百分率が100％より大きくなるね。

基本 3 割合を歩合で表すことができますか

☆ 先週の野球の2試合で、けんたさんは8打数でヒットが3本でした。けんたさんの打率(だりつ)を、歩合で表しましょう。なお、打率とは、打数に対するヒットの数の割合です。

とき方 割合の0.1を1割(わり)、0.01を1分(ぶ)、0.001を1厘(りん)と表すことがあり、このような表し方を□といいます。

けんたさんの打率を小数で求めると、$3 \div 8 =$ □

これを歩合で表すと、□割□分□厘です。　**答え** □割□分□厘

6 次の割合を、小数は歩合で、歩合は小数で表しましょう。 教科書 42ページ 3

❶ 0.5 (　　)　❷ 0.283 (　　)　❸ 0.609 (　　)

❹ 1割3分4厘 (　　)　❺ 7割 (　　)　❻ 6分5厘 (　　)

ポイント 割合は、比べられる量÷もとにする量で求められます。小数で表した割合を100倍すると、百分率になります。

勉強した日 月 日

練習のワーク

教科書 ㊦32～45ページ　答え 19ページ

できた数 /12問中

1 割合 次の割合を求めましょう。

❶ テストの問題で、10問のうち8問が正答だったときの、正答の割合。

( )

❷ テニスの5試合で5回とも勝ったときの、勝った割合。

( )

❸ サッカーの試合で、6回シュートして1回も入らなかったときの、シュートが入った割合。

( )

❹ 貸し自転車60台のうち、33台が借りられているときの、残っている自転車の割合。

( )

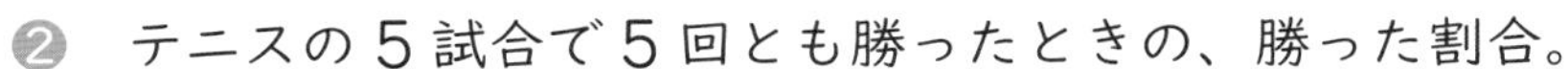

2 百分率 3号車の定員が85人の新幹線の列車があります。

❶ この3号車に、68人乗っているときのこみぐあいを、百分率で求めましょう。

式

答え( )

❷ この3号車に136人乗っているときのこみぐあいを、百分率で求めましょう。

式

答え( )

3 百分率 次の割合を、小数は百分率で、百分率は小数で表しましょう。

❶ 0.81　❷ 0.205　❸ 4%

( )　( )　( )

4 歩合 次の割合を、小数は歩合で、歩合は小数で表しましょう。

❶ 0.4　❷ 0.206　❸ 5割7分

( )　( )　( )

てびき

1 割合

たいせつ

割合＝比べられる量÷もとにする量

❹ まず、残っている自転車の台数を求めましょう。

2 百分率

小数で表した割合に100をかけると、百分率になります。

3 百分率

小数で表された割合の0.01が1%です。

4 歩合

小数で表した割合の0.1を1割、0.01を1分、0.001を1厘と表します。

できるナビ 答えを百分率で求めるときは、小数で表した割合に100をかければ求められるよ。小数のままにしないように注意しよう。

勉強した日　月　日

まとめのテスト

時間 20分

得点　/100点

教科書 下32～45ページ　答え 19ページ

1 右の表は、なおみさんが4回書き取り練習をしたときの成績(せいせき)を表したものです。1つ6〔30点〕

❶ 問題数をもとにした正答数の割合を、1回目と2回目は小数で、3回目と4回目は歩合で表しましょう。

書き取り練習の成績

回	1	2	3	4
正答数	17	18	12	22
問題数	20	25	15	25

1回目（　　）　2回目（　　）

3回目（　　）　4回目（　　）

❷ いちばん成績がよかったのは、何回目の書き取りですか。

（　　）

2 次の割合を百分率で求めましょう。1つ6〔18点〕

❶ 定員が80人のバスで、乗客数が52人だったときの、こみぐあい。

（　　）

❷ 12本ひいたくじが全部はずれだったときの、当たった割合。

（　　）

❸ テニスの試合で、7試合して7回とも勝ったときの、勝った割合。

（　　）

3 よく出る 次の割合を、小数は百分率で、百分率は小数で表しましょう。1つ6〔18点〕

❶ 0.39　❷ 57%　❸ 124%

（　　）（　　）（　　）

4 よく出る 次の割合を、小数は歩合で、歩合は小数や整数で表しましょう。1つ6〔18点〕

❶ 0.816　❷ 4割5分2厘　❸ 10割

（　　）（　　）（　　）

5 ひろきさんの学校のパソコンクラブの人数は25人で、そのうち、5年生は13人です。パソコンクラブの人数をもとにして、5年生の人数の割合を、百分率で求めましょう。

式　1つ4〔8点〕

答え（　　）

6 かほさんは、お店でもとのねだんが600円のおもちゃを450円で買いました。もとのねだんをもとにしたときの代金の割合を、百分率で求めましょう。1つ4〔8点〕

式

答え（　　）

ふろくの「計算練習ノート」25～26ページをやろう！

□割合の意味がわかり、割合を小数や百分率で表すことができたかな？
□割合を求める問題を解くことができたかな？

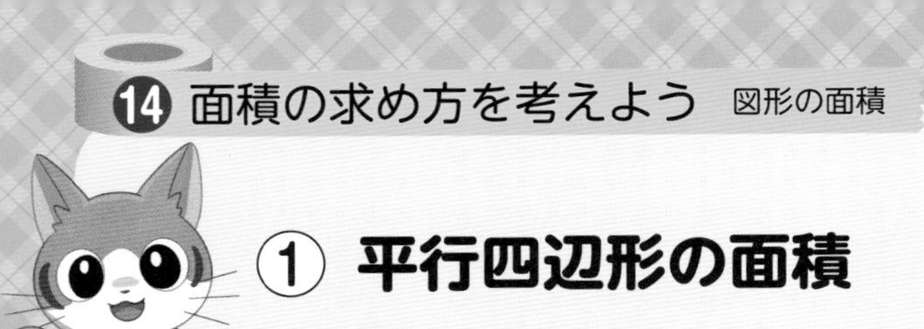

教科書 下46〜53ページ　答え 20ページ

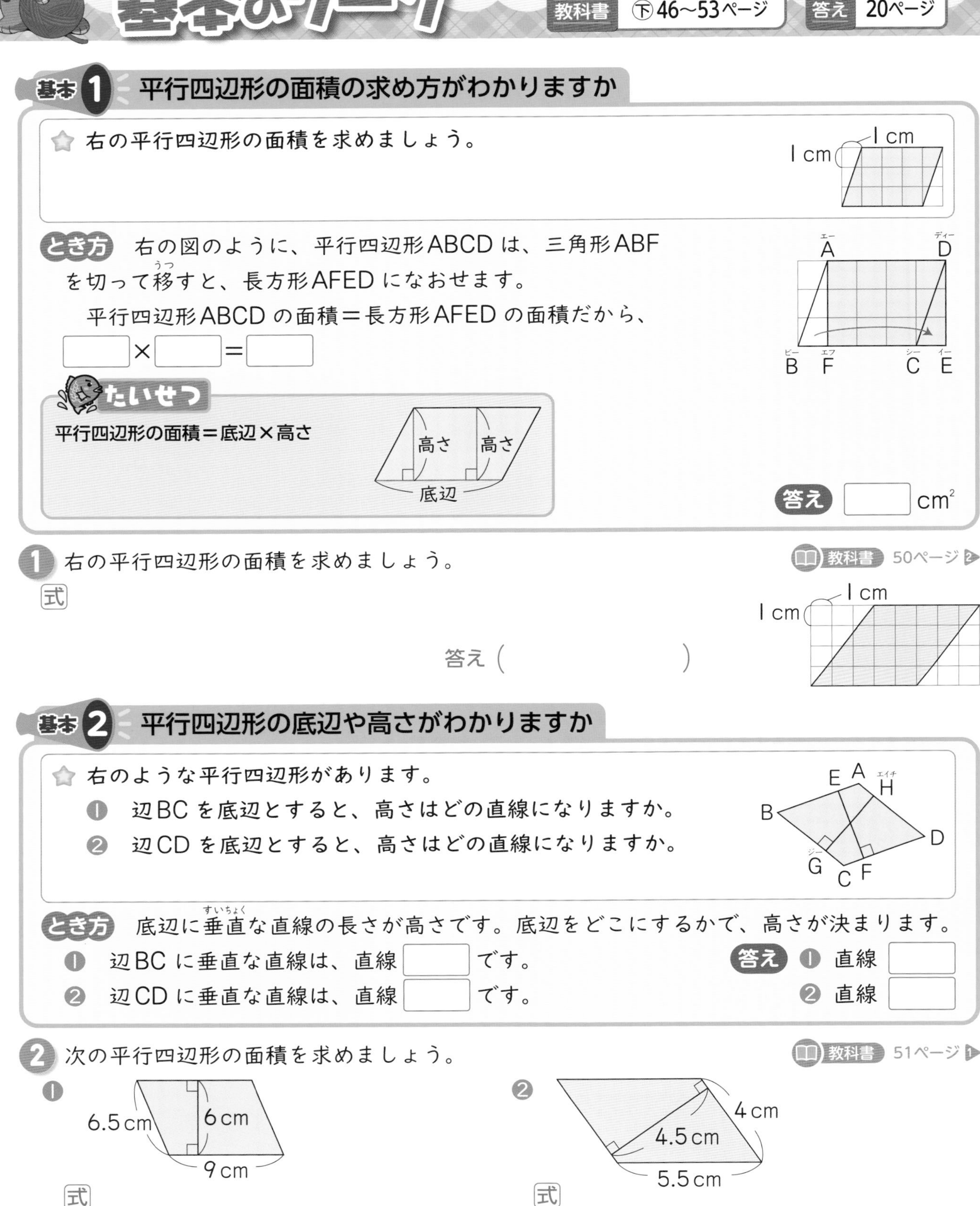

基本1 平行四辺形の面積の求め方がわかりますか

☆ 右の平行四辺形の面積を求めましょう。

とき方 右の図のように、平行四辺形ABCDは、三角形ABFを切って移(うつ)すと、長方形AFEDになおせます。
平行四辺形ABCDの面積＝長方形AFEDの面積だから、
□×□＝□

たいせつ
平行四辺形の面積＝底辺×高さ

答え □ cm²

1 右の平行四辺形の面積を求めましょう。　教科書 50ページ 2

式

答え（　　　　）

基本2 平行四辺形の底辺や高さがわかりますか

☆ 右のような平行四辺形があります。
❶ 辺BCを底辺とすると、高さはどの直線になりますか。
❷ 辺CDを底辺とすると、高さはどの直線になりますか。

とき方 底辺に垂直(すいちょく)な直線の長さが高さです。底辺をどこにするかで、高さが決まります。
❶ 辺BCに垂直な直線は、直線□です。
❷ 辺CDに垂直な直線は、直線□です。

答え ❶ 直線□　❷ 直線□

2 次の平行四辺形の面積を求めましょう。　教科書 51ページ 1

❶

式

答え（　　　　）

❷

式

答え（　　　　）

さんすうはかせ　長方形やひし形、正方形は平行四辺形のグループに入る四角形だよ。

基本 3 高さが図形の外側にある平行四辺形の面積の求め方がわかりますか

☆ 右の平行四辺形の面積を求めましょう。

1 cm
1 cm

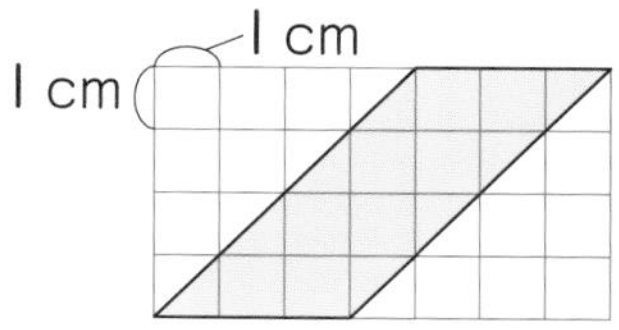

とき方 右の図のように切って移して、ちがう形の平行四辺形にすると、□×□=□

答え □ cm²

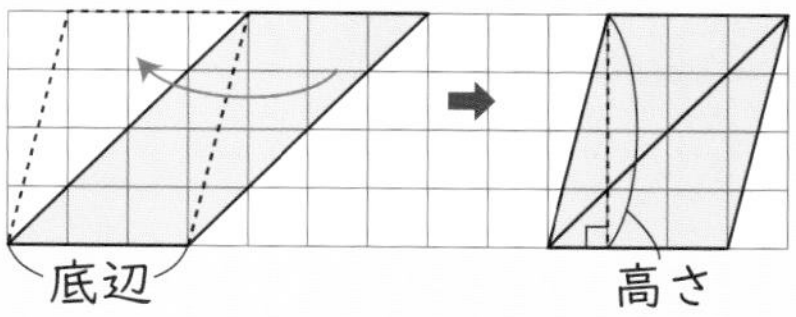

底辺
高さ

たいせつ

右の平行な直線㋐と直線㋑の間の長さが、辺BC を底辺としたときの、平行四辺形ABCD の**高さ**になります。

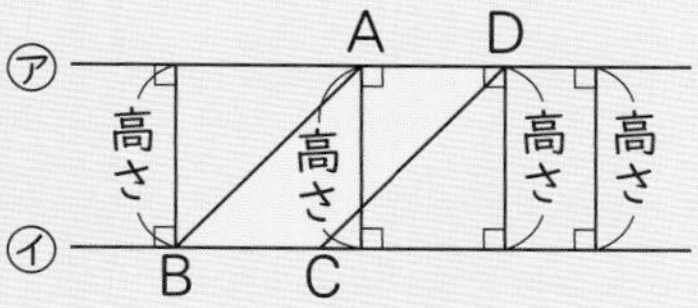

㋐ A D
高さ 高さ 高さ 高さ
㋑ B C

たいせつ の図にある高さは、どこを測って(はか)も、同じ長さになるよ。

3 次の平行四辺形の面積を求めましょう。

❶

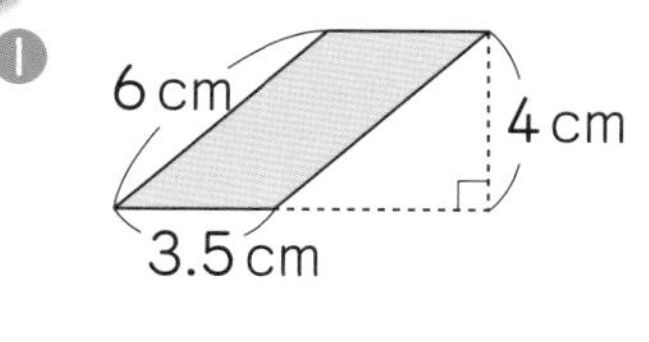

式

答え (　　　　　　)

❷

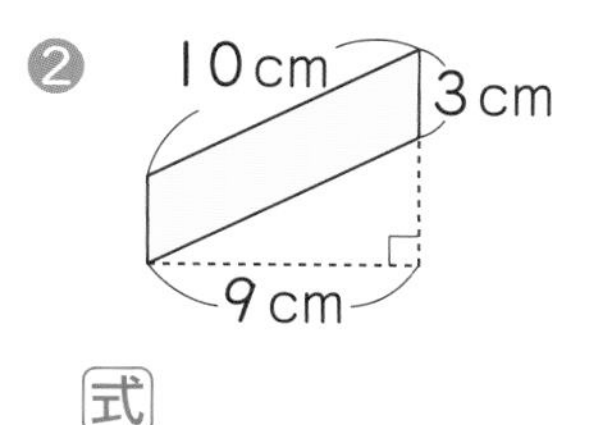

式

答え (　　　　　　)

基本 4 平行四辺形の底辺の長さや高さと面積の関係がわかりますか

☆ 右の㋐の平行四辺形と面積の等しい平行四辺形は、どれですか。

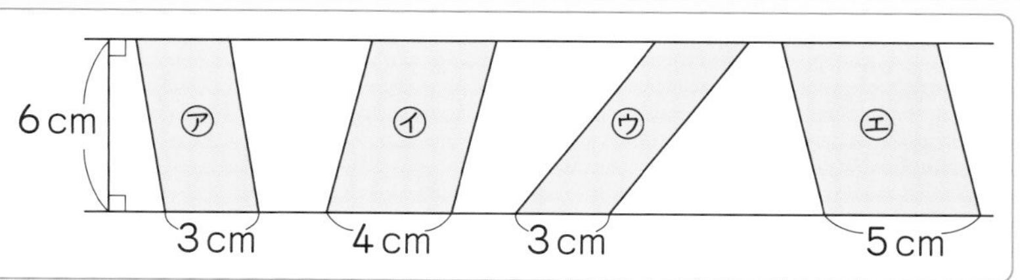

とき方 どの平行四辺形も高さは 6 cm で等しいので、底辺の長さが㋐と等しい平行四辺形を見つけます。 **答え** □

どんな形の平行四辺形でも、底辺の長さが等しくて、高さも等しければ、面積も等しくなります。

4 面積が 35 cm² で，高さが 7 cm の平行四辺形の底辺の長さは何 cm ですか。

式

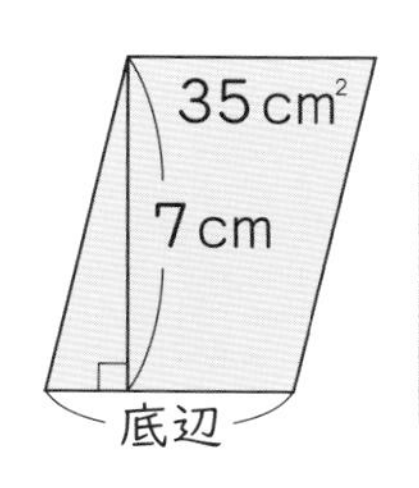

答え (　　　　　　)

底辺の長さを□cm として、平行四辺形の面積の公式にあてはめて求めよう。

ポイント 平行四辺形の面積は、底辺×高さで求められます。底辺の長さと高さが等しければ、面積はいつも等しくなります。

勉強した日　月　日

② 三角形の面積

基本のワーク

教科書 ㊦54～59ページ　答え 20ページ

☆ 右の三角形の面積を求めましょう。

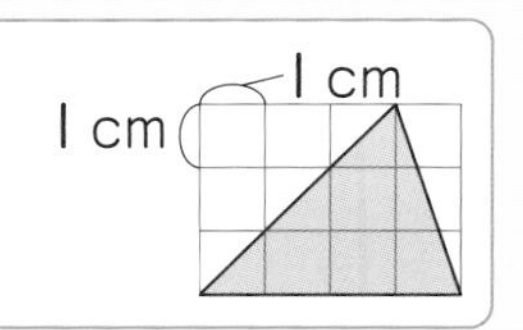

とき方　右の図のように、同じ三角形２つで、平行四辺形ができます。三角形の面積は、平行四辺形の面積の半分と考えられるから、　4×［　］÷［　］＝［　］

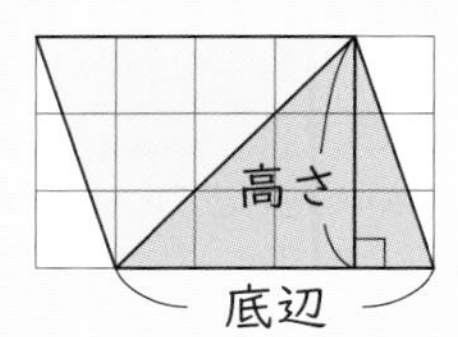

たいせつ
三角形の面積＝底辺×高さ÷2

❶ 右の三角形の面積を求めましょう。　教科書 54ページ1 56ページ2

式

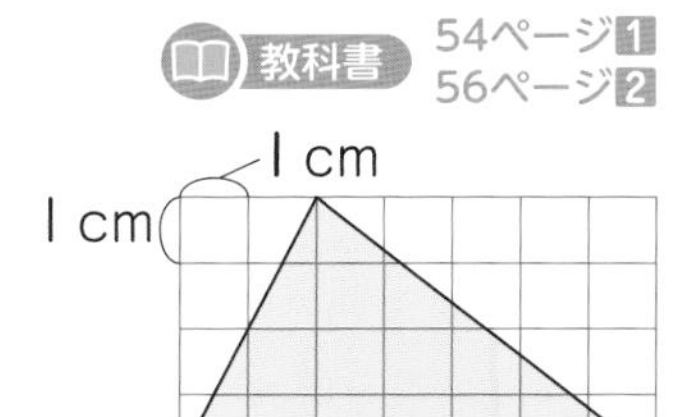

答え（　　　　）

基本 2 三角形の底辺や高さがわかりますか

☆ 右のような三角形ABCがあります。

❶ 辺ABを底辺とすると、高さは何cmですか。

❷ 辺BCを底辺とすると、高さは何cmですか。

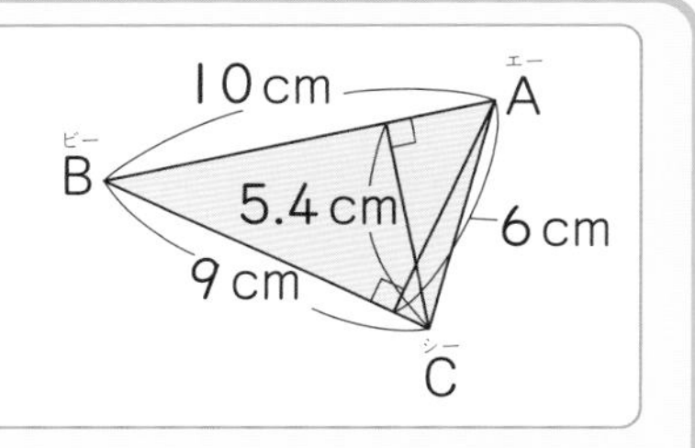

とき方　底辺に垂直（すいちょく）な直線の長さが高さです。

❶ 辺ABに垂直な直線の長さは［　］cmです。

❷ 辺BCに垂直な直線の長さは［　］cmです。

❷ 次の三角形の面積を求めましょう。　

❶

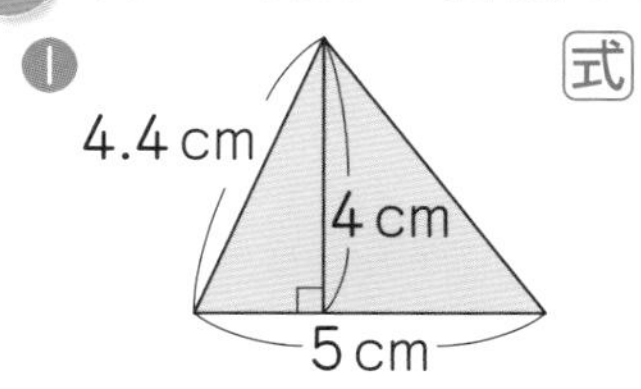

式

答え（　　　　）

❷

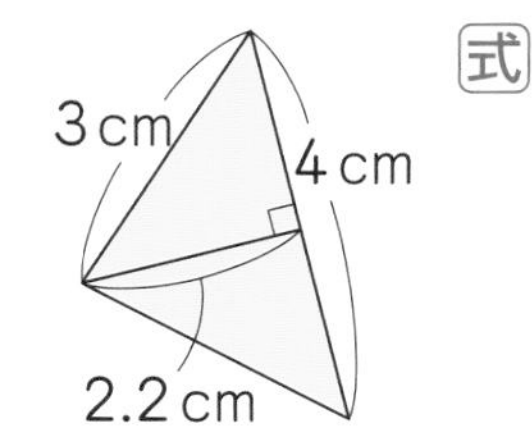

式

答え（　　　　）

さんすうはかせ　三角形のことを英語でトライアングル(triangle)というよ。楽器のトライアングルも三角形だね。

基本 3 高さが図形の外側にある三角形の面積の求め方がわかりますか

☆ 右の三角形ABCの面積を求めましょう。

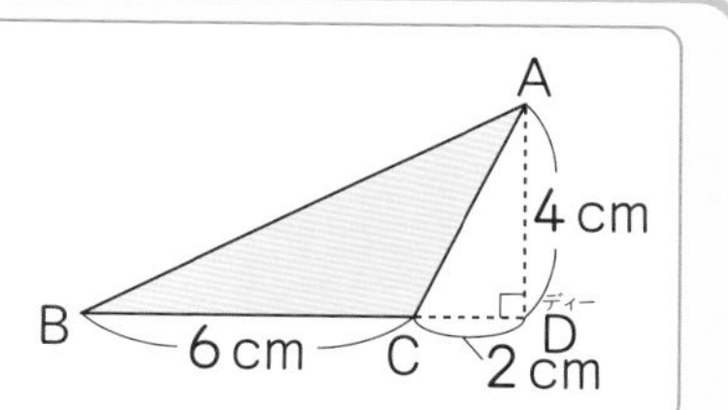

とき方 三角形ABCを右の図のように2つならべると、平行四辺形ができます。三角形の面積は、平行四辺形の面積の半分になるから、

□×□÷2=□　答え □cm^2

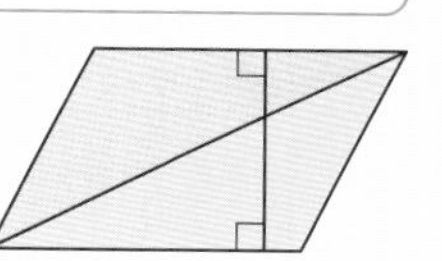

たいせつ
頂点Aを通り、辺BCに平行な直線㋐を引くと、直線㋐と直線㋑の間の長さが、辺BCを底辺としたときの、三角形の**高さ**になります。

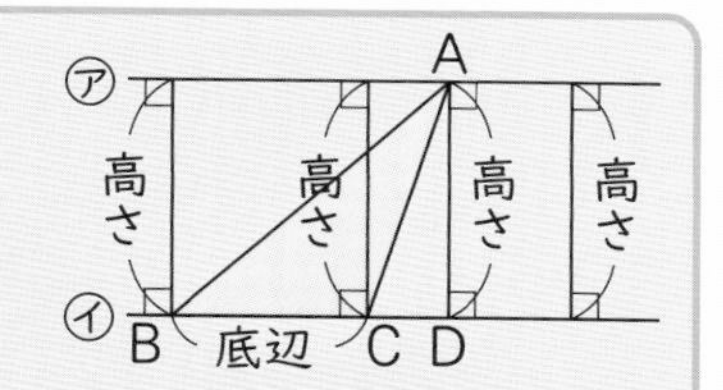

三角形ABCの底辺を辺BCとすると、高さは直線ADの長さだね。

3 次の三角形の面積を求めましょう。　教科書 58ページ 1

❶

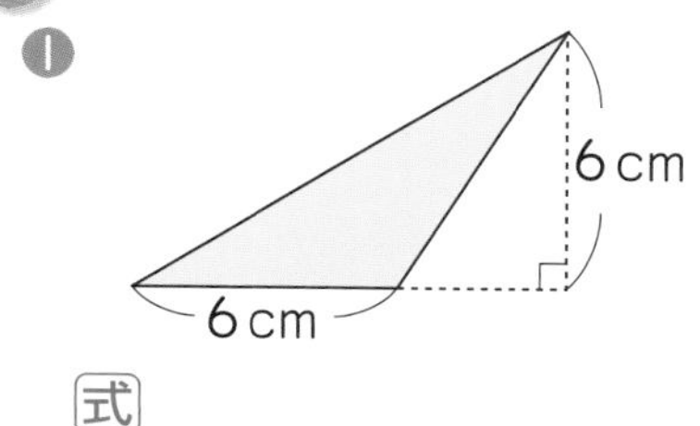

式

答え（　　　　）

❷

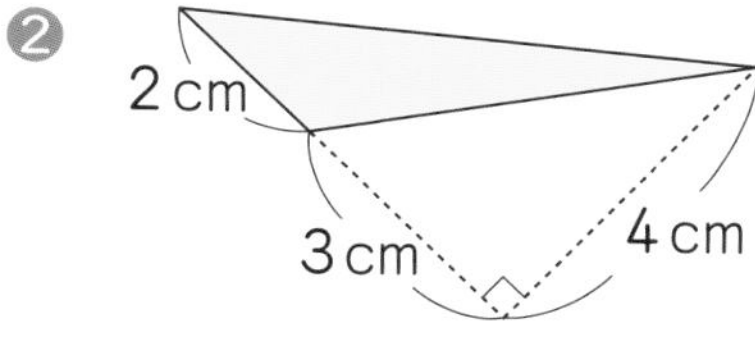

式

答え（　　　　）

基本 4 三角形の底辺の長さや高さと面積の関係がわかりますか

☆ 右の図で、直線㋐と直線㋑は平行です。
三角形㋐～㋔で面積が等しい三角形は、どれとどれですか。

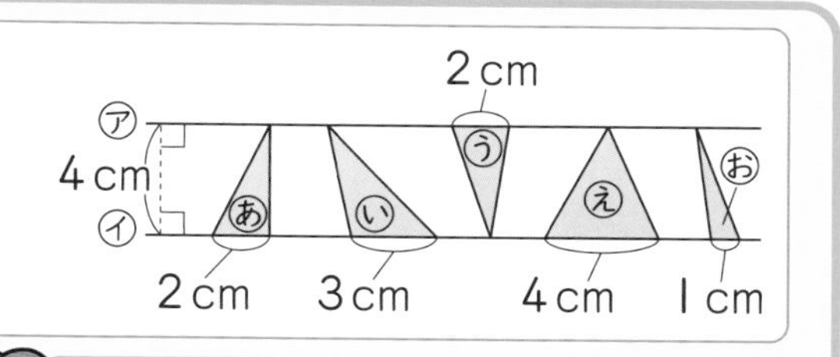

とき方 どの三角形も高さは4cmで等しいので、底辺の長さが等しい三角形を見つけます。　答え □と□

たいせつ
どんな形の三角形でも、底辺の長さが等しくて、高さも等しければ、面積も等しくなります。

4 右の図は直角三角形です。　教科書 59ページ 3

❶ 面積を求めましょう。

式

答え（　　　　）

❷ 辺BCを底辺としたときの高さは何cmですか。

式

答え（　　　　）

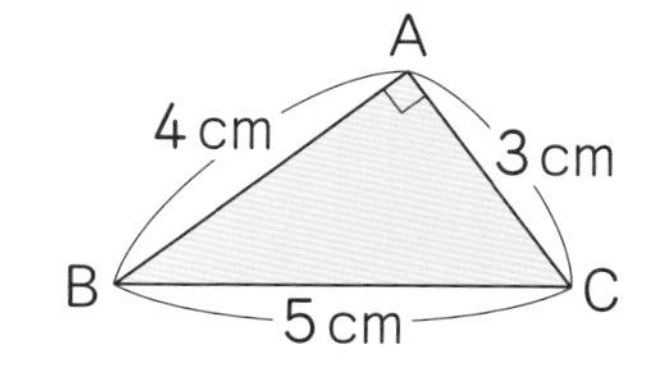

ポイント 三角形の面積は、底辺×高さ÷2で求められます。底辺と高さが等しければ、面積はいつも等しくなります。

③ 台形の面積 ④ ひし形の面積 ⑤ 面積の求め方のくふう

基本のワーク

学習の目標
台形やひし形、いろいろな形の面積の求め方を考えよう！

教科書 ㊦60～65ページ 答え 20ページ

基本1 台形の面積の求め方がわかりますか

☆ 右の台形の面積を求めましょう。

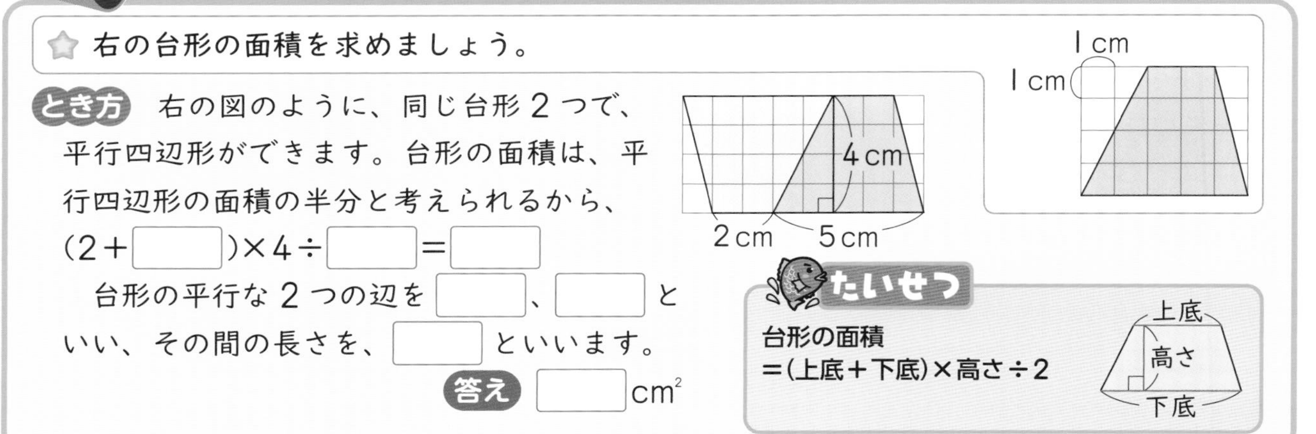

とき方 右の図のように、同じ台形２つで、平行四辺形ができます。台形の面積は、平行四辺形の面積の半分と考えられるから、

(2＋□)×4÷□＝□

台形の平行な２つの辺を□、□といい、その間の長さを、□といいます。

答え □cm²

たいせつ
台形の面積
＝(上底＋下底)×高さ÷2

上底 高さ 下底

1 次の台形の面積を求めましょう。 教科書 61ページ 1

❶

式

答え（ ）

❷

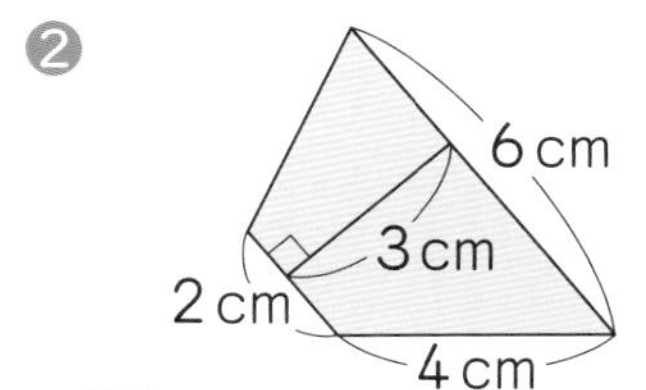

式

答え（ ）

基本2 ひし形の面積の求め方がわかりますか

☆ 右のひし形の面積を求めましょう。

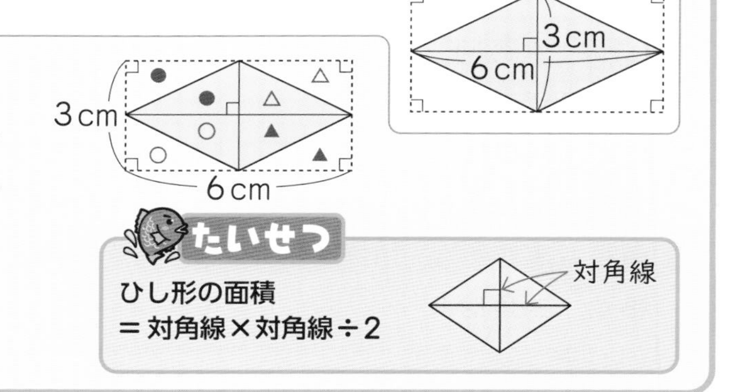

とき方 右の図のように、ひし形を４つの三角形に分けると、それぞれ２つずつで、長方形が１つできます。ひし形の面積は、長方形の面積の半分と考えられるから、

3×□÷□＝□

答え □cm²

たいせつ
ひし形の面積
＝対角線×対角線÷2

対角線

2 次のひし形の面積を求めましょう。 教科書 63ページ 2

❶

式

答え（ ）

❷

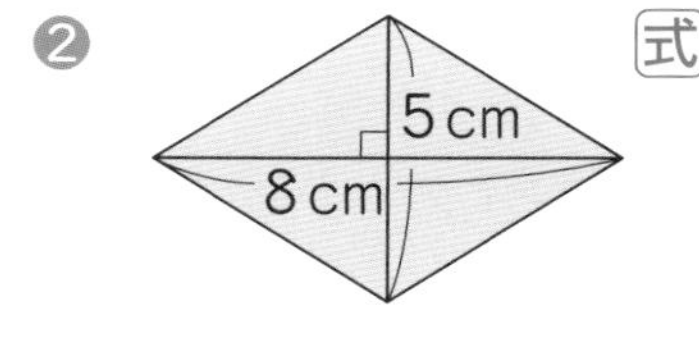

式

答え（ ）

さんすうはかせ 三角形に分けて面積を求める方法は、土地の面積を求めるのにも使われることがあるよ。

3 右の図のように、対角線が垂直（すいちょく）に交わっている四角形の面積を求めましょう。

式

教科書 63ページ 3

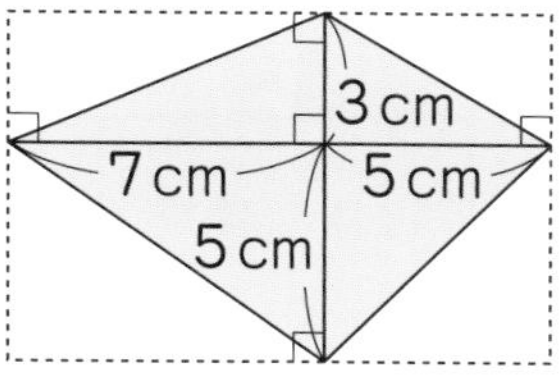

3cm　7cm　5cm　5cm

答え（　　　　　　）

基本2 と同じように大きな長方形にできないかな？

基本3 四角形や五角形の面積をくふうして求めることができますか

☆ 右の四角形の面積を求めましょう。

2cm　8cm　5cm

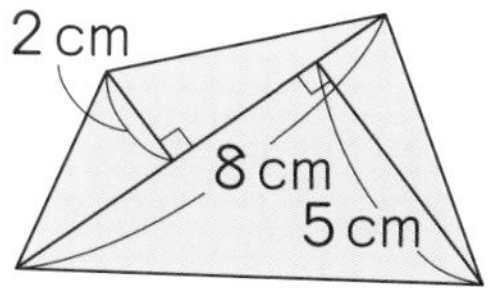

とき方　対角線で、2つの三角形に分けて面積を求めます。

□×2÷2＋8×□÷2＝□

答え □cm²

4 次の五角形の面積を求めましょう。

教科書 64ページ 1

❶

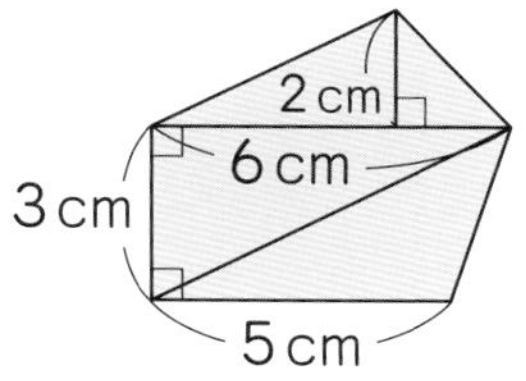

2cm　6cm　3cm　5cm

式

答え（　　　　　　）

❷

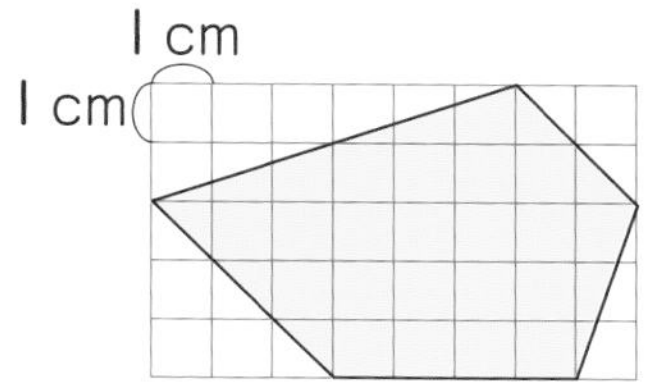

1cm　1cm

対角線を、どう引けばいいかな？

式

答え（　　　　　　）

基本4 とくべつな形の面積をくふうして求めることができますか

☆ 右の図形の、色のついた部分の面積を求めましょう。

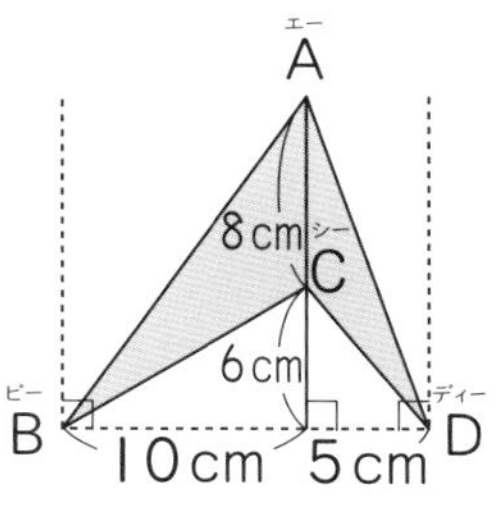

とき方　右の図で、三角形ABCと三角形AECは、底辺をACとすると、高さが等しくなるので、面積は等しくなります。同じように考えると、三角形ACDと三角形□の面積も等しくなります。色のついた部分の面積は、三角形AEFの面積と等しくなるから、

（10＋□）×□÷2＝□

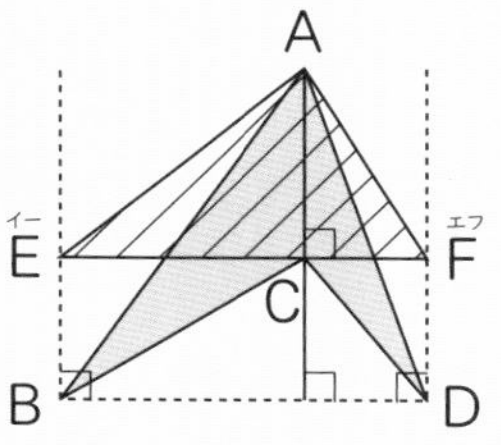

A　E　F　C　B　D

A（エー）　8cm　C（シー）　6cm　B（ビー）　D（ディー）　10cm　5cm

答え □cm²

5 基本4 の図形の、色のついた部分の面積を、三角形ABDの面積から、三角形CBDの面積をひく方法で求めましょう。

教科書 65ページ 2

式

答え（　　　　　　）

ポイント　台形の面積＝（上底＋下底）×高さ÷2、ひし形の面積＝対角線×対角線÷2で求められます。四角形や五角形の面積は、対角線を引いていくつかの三角形に分けて考えます。

勉強した日　月　日

練習のワーク

教科書　㊦46〜69ページ　答え　21ページ

1 平行四辺形や三角形の面積　次の図形の面積を求めましょう。

❶ 平行四辺形

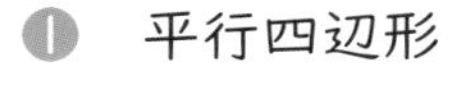

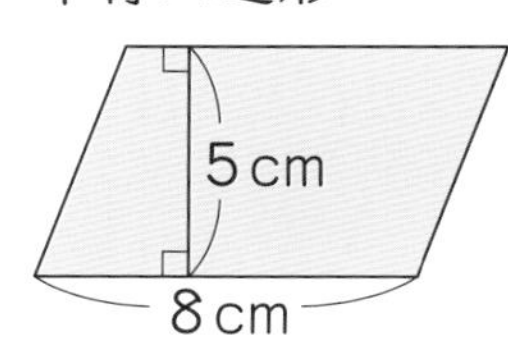

式

答え（　　　　　）

❷

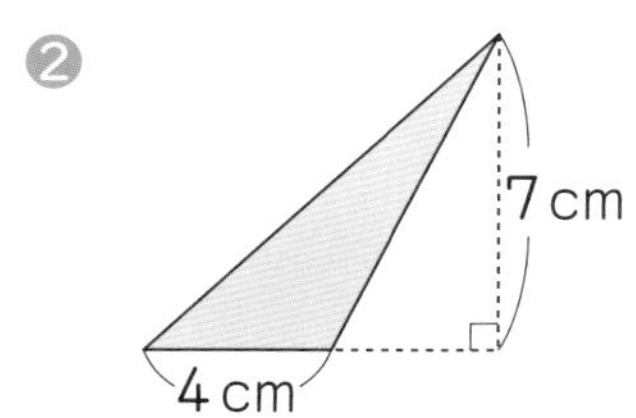

式

答え（　　　　　）

2 平行四辺形の底辺の長さを求める問題　面積が 108 cm² で、高さが 9 cm の平行四辺形があります。底辺の長さは何 cm ですか。

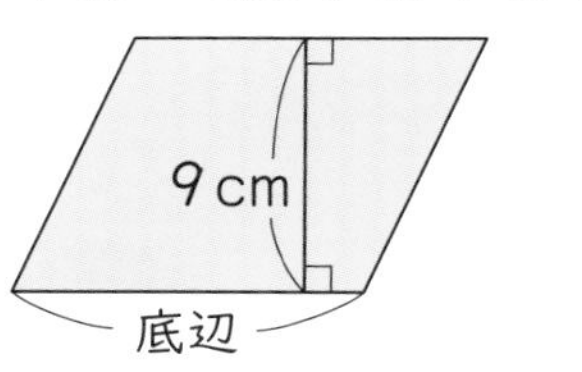

式

答え（　　　　　）

3 台形やひし形の面積　次の図形の面積を求めましょう。

❶

式

答え（　　　　　）

❷ ひし形

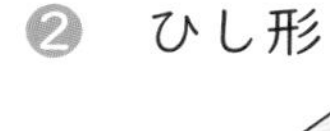

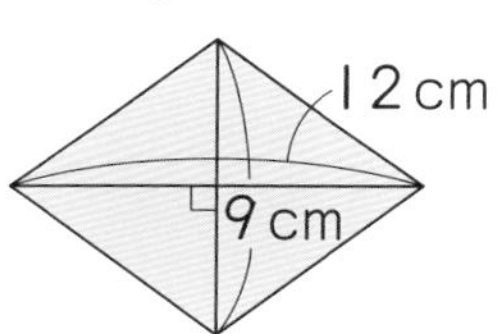

式

答え（　　　　　）

4 いろいろな形の面積　次の図形の色のついた部分の面積を求めましょう。

❶

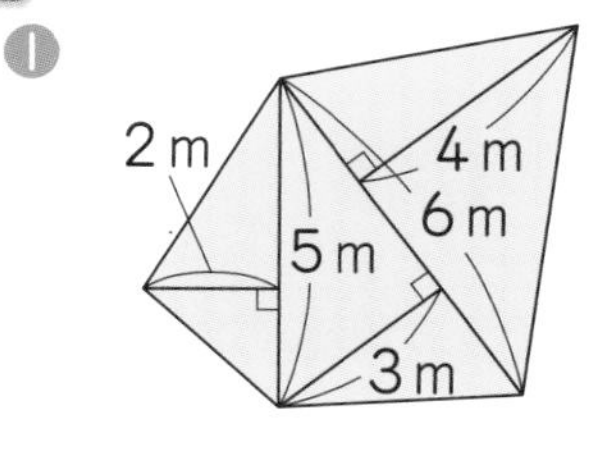

式

答え（　　　　　）

❷

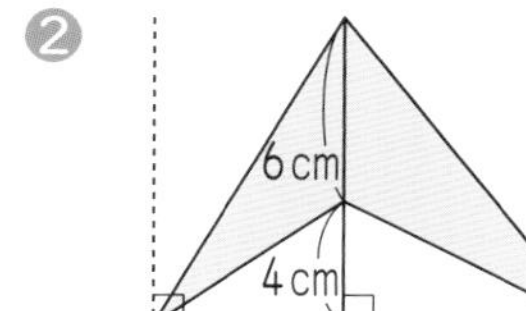

式

答え（　　　　　）

1 平行四辺形や三角形の面積

平行四辺形の面積
＝底辺×高さ

三角形の面積
＝底辺×高さ÷2

2 平行四辺形の底辺の長さを求める問題

面積と高さはわかっているので、底辺を□cmとして、公式にあてはめます。

3 台形やひし形の面積

たいせつ

台形の面積
＝(上底＋下底)×高さ÷2

ひし形の面積
＝対角線×対角線÷2

4 いろいろな形の面積

ヒント

❶ 対角線で3つの三角形に分けて考えます。
❷ 面積の等しい三角形を考えます。

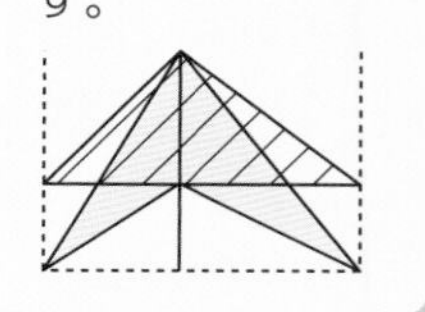

できるナビ　図形の面積の公式で、「÷2」をするのは、三角形、台形、ひし形のときだよ。それぞれの公式を整理して覚えておこう。

まとめのテスト

教科書 ㊦46～69ページ　答え 21ページ

時間 20分　得点 /100点

1 よく出る 次の図形の面積を求めましょう。　1つ6〔48点〕

❶ 平行四辺形

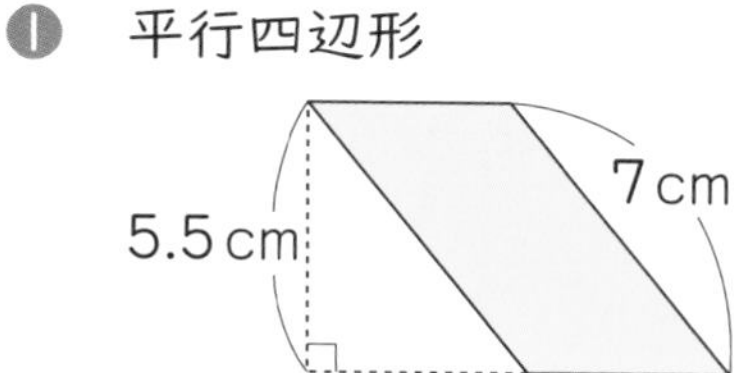

式

答え（　　　）

❷

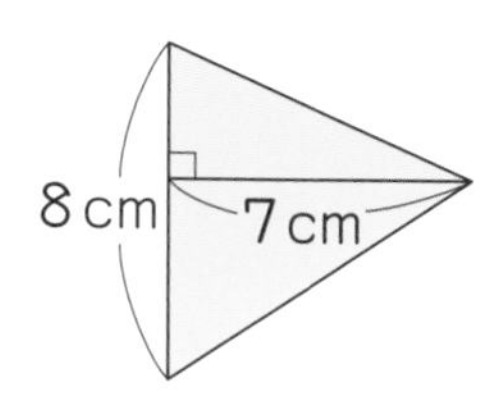

式

答え（　　　）

❸

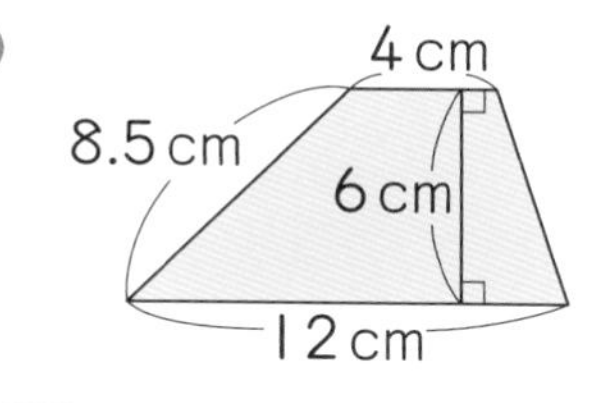

式

答え（　　　）

❹

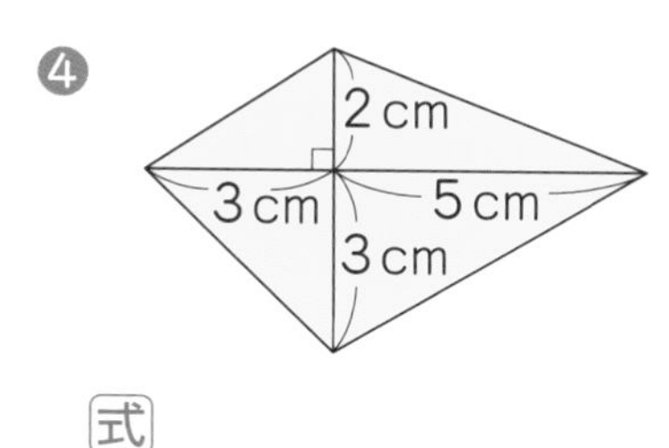

式

答え（　　　）

2 次の三角形で、辺ABを底辺としたときの高さを求めましょう。　1つ10〔20点〕

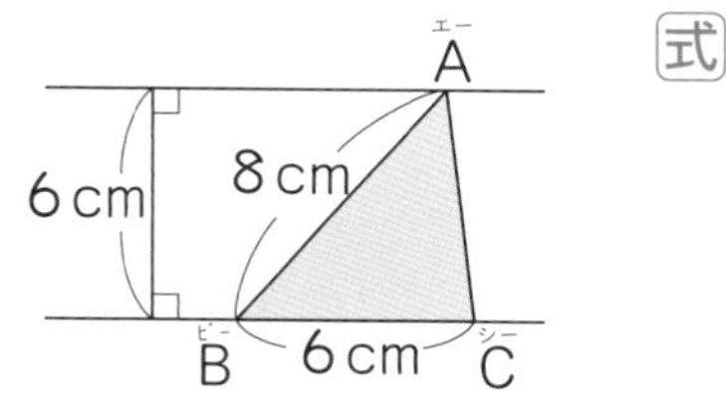

式

答え（　　　）

3 右の図のように、三角形の高さを1cmずつ高くしていきます。　1つ8〔32点〕

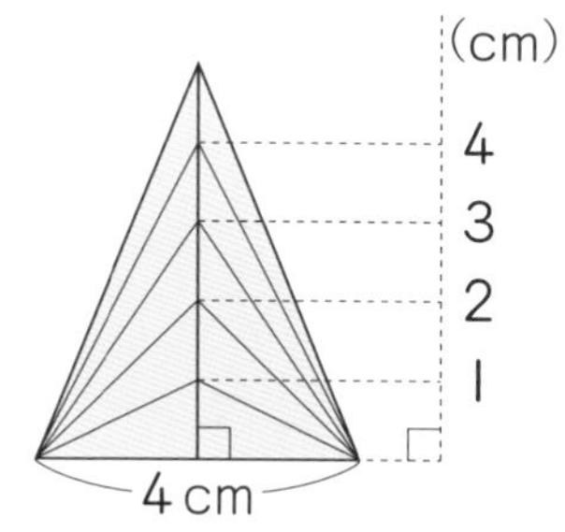

❶ 高さと面積の関係を、下の表にまとめましょう。

三角形の高さと面積

高さ(cm)	1	2	3	4	5	6	7
面積(cm^2)	2	4					

❷ 三角形の面積は高さに比例するといえますか。

（　　　）

❸ 高さを□cm、面積を○cm^2として、できるだけかんたんな式に表しましょう。

（　　　）

❹ 三角形の面積が48cm^2になるのは、高さが何cmのときですか。

（　　　）

ふろくの「計算練習ノート」23～24ページをやろう！

□ 図形の面積を公式を使って求めることができたかな？
□ 三角形の高さと面積の関係がわかったかな？

勉強した日　　月　　日

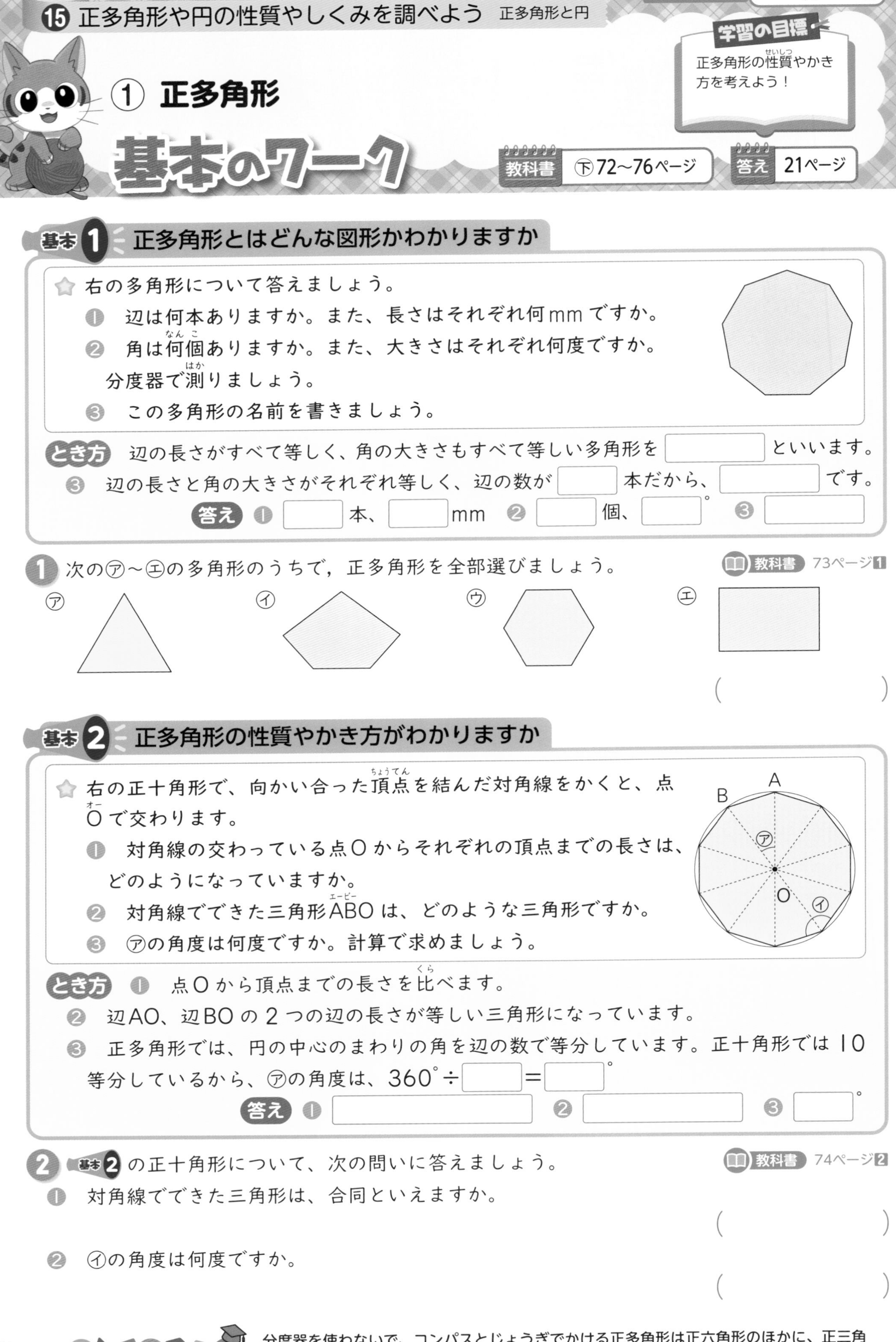

学習の目標
正多角形の性質やかき方を考えよう！

① 正多角形

基本のワーク

教科書 ㊦72〜76ページ　答え 21ページ

基本1 正多角形とはどんな図形かわかりますか

☆ 右の多角形について答えましょう。

❶ 辺は何本ありますか。また、長さはそれぞれ何mmですか。

❷ 角は何個ありますか。また、大きさはそれぞれ何度ですか。分度器で測りましょう。

❸ この多角形の名前を書きましょう。

とき方 辺の長さがすべて等しく、角の大きさもすべて等しい多角形を［　　］といいます。

❸ 辺の長さと角の大きさがそれぞれ等しく、辺の数が［　　］本だから、［　　］です。

答え ❶［　　］本、［　　］mm　❷［　　］個、［　　］°　❸［　　］

1 次の㋐〜㋓の多角形のうちで、正多角形を全部選びましょう。　教科書 73ページ1

㋐　㋑　㋒　㋓

（　　　　）

基本2 正多角形の性質やかき方がわかりますか

☆ 右の正十角形で、向かい合った頂点を結んだ対角線をかくと、点Oで交わります。

❶ 対角線の交わっている点Oからそれぞれの頂点までの長さは、どのようになっていますか。

❷ 対角線でできた三角形ABOは、どのような三角形ですか。

❸ ㋐の角度は何度ですか。計算で求めましょう。

A　B　O　㋐　㋑

とき方 ❶ 点Oから頂点までの長さを比べます。

❷ 辺AO、辺BOの2つの辺の長さが等しい三角形になっています。

❸ 正多角形では、円の中心のまわりの角を辺の数で等分しています。正十角形では10等分しているから、㋐の角度は、360°÷［　　］＝［　　］°

答え ❶［　　　　］　❷［　　　　］　❸［　　］°

2 基本2の正十角形について、次の問いに答えましょう。　教科書 74ページ2

❶ 対角線でできた三角形は、合同といえますか。

（　　　　）

❷ ㋑の角度は何度ですか。

（　　　　）

さんすうはかせ　分度器を使わないで、コンパスとじょうぎでかける正多角形は正六角形のほかに、正三角形、正方形、正五角形、正八角形などがあるよ。

基本3 円を利用した正多角形のかき方がわかりますか

☆ 円の中心のまわりの角を 5 等分して、正五角形をかきます。

❶ ㋐の角度は何度にすればよいですか。

❷ ㋑、㋒の角度は何度ですか。

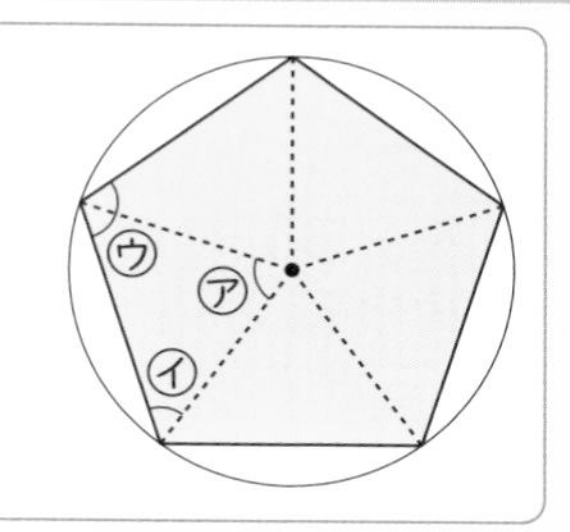

とき方 ❶ 360°を 5 等分した 1 つ分だから、360°÷5＝［　　］°

❷ 円の中心からそれぞれの頂点を結んでできる三角形は、二等辺三角形です。三角形の角の大きさの和は 180°だから、㋑の角度は、(180°－［　　］°)÷2＝［　　］°です。

㋒の角の大きさは、㋑の 2 つ分だから、［　　］°×2＝［　　］°です。

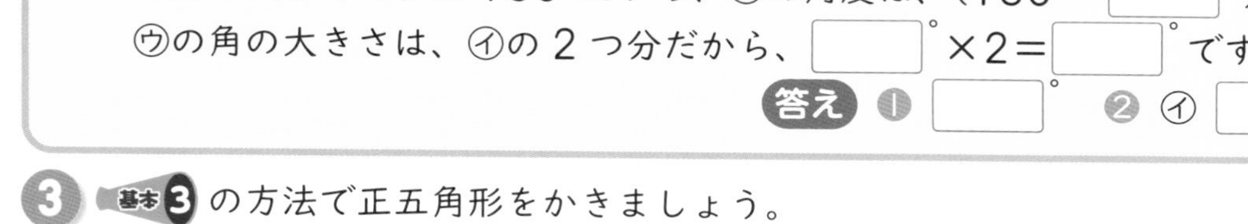

答え ❶ ［　　］°　❷ ㋑ ［　　］°　㋒ ［　　］°

3 基本3 の方法で正五角形をかきましょう。

教科書 75ページ3

半径

基本4 円を利用した正六角形のかき方がわかりますか

☆ 円の中心のまわりの角を 6 等分して、正六角形をかきます。

❶ ㋐の角度は何度にすればよいですか。

❷ ㋑の角度は何度ですか。

❸ 三角形ABC はどのような三角形ですか。

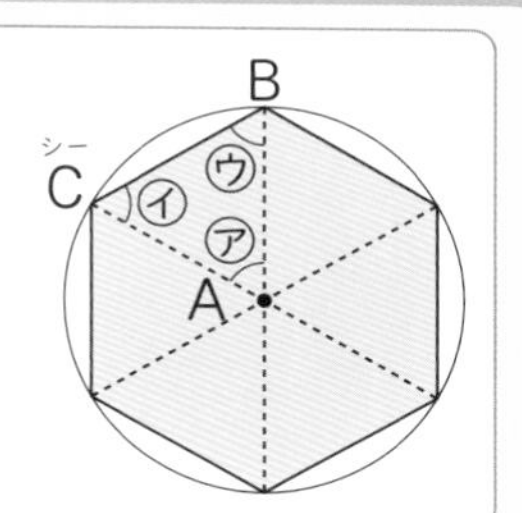

とき方 ❶ 360°を 6 等分した 1 つ分だから、360°÷6＝［　　］°

❷ 辺AB と辺AC は長さが等しいので、㋑と㋒の角度も等しくなります。

(180°－［　　］°)÷2＝［　　］°

❸ ㋐、㋑、㋒の 3 つの角度がすべて等しいから、三角形ABC は［　　　］です。

答え ❶ ［　　］°　❷ ［　　］°　❸ ［　　　］

4 コンパスを使って、円のまわりを半径の長さで区切って、正六角形をかきましょう。

教科書 76ページ4

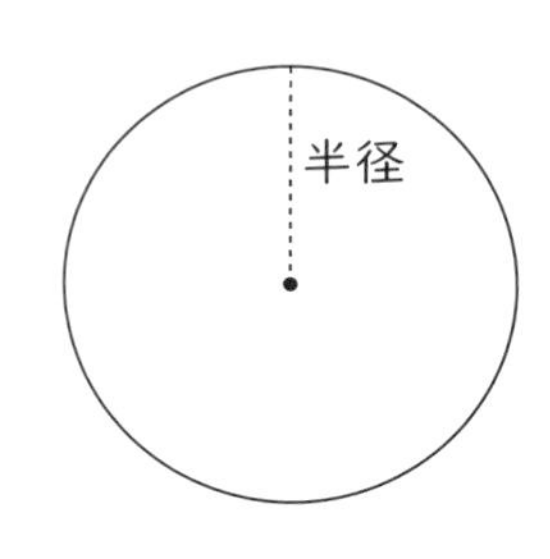

ポイント 辺の長さがすべて等しく、角の大きさもすべて等しい多角形を正多角形といいます。正多角形は、円の中心のまわりの角を等分してかくことができます。

勉強した日 月 日

② 円の直径と円周

基本のワーク

学習の目標
円の直径の長さと円周の長さの関係を考えよう！

教科書 ㊦77〜83ページ 答え 22ページ

基本1 円の直径の長さと多角形のまわりの長さの関係がわかりますか

☆ 右の図のように、直径10cmの円にぴったり入る正六角形と、直径10cmの円がぴったり入る正方形をかきました。

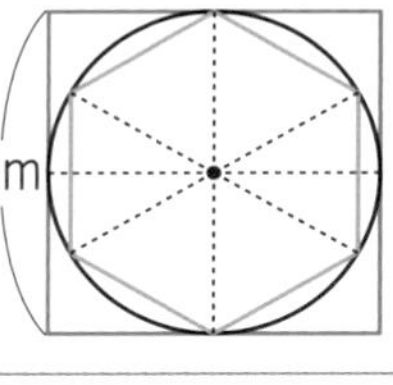

10cm

❶ 正六角形のまわりの長さは、円の直径の何倍ですか。
❷ 正方形のまわりの長さは、円の直径の何倍ですか。

とき方 正多角形では、どの辺の長さも等しくなっています。

❶ 正六角形の1辺の長さは半径と等しいから、まわりの長さは、5×□＝□(cm)
まわりの長さ÷直径は、□÷10＝□(倍)

❷ 正方形の1辺の長さは直径と等しいから、まわりの長さは、10×□＝□(cm)
まわりの長さ÷直径は、□÷10＝□(倍)

答え ❶ □倍 ❷ □倍

1 基本1からわかることについて、□にあてはまる数や不等号を書きましょう。

教科書 77ページ1

❶ 直径が10cmのとき、円周は□cmより長く、□cmより短い。
❷ 直径×3□円周□直径×4

円のまわりを**円周**、円周のように曲がった線を、**曲線**というよ。

基本2 直径の長さと円周の長さの関係がわかりますか

☆ 直径が10cm、20cm、30cmの円ばんの円周を測(はか)ったら、右の表のようになりました。

直径(cm)	10	20	30
円周(cm)	31.4	62.8	94.2
円周÷直径	㋐	㋑	㋒

❶ 直径の長さが2倍、3倍になると、円周の長さはどのように変わりますか。
❷ 直径の長さと円周の長さは、比例(ひれい)するといえますか。
❸ 円周の長さは、直径の長さの何倍になっていますか。表の㋐〜㋒にあてはまる数を書きましょう。

とき方 ❶、❷ 直径の長さが2倍、3倍になると、円周の長さも□倍、□倍になるから、円周の長さは直径の長さに□しています。

❸ ㋐…31.4÷10＝□ ㋑…62.8÷20＝□ ㋒…94.2÷30＝□

たいせつ
どんな大きさの円でも、円周÷直径はきまった数になり、この数を、**円周率(えんしゅうりつ)**といいます。 **円周率＝円周÷直径**

答え ❶ □
❷ □
❸ ㋐ □ ㋑ □ ㋒ □

さんすうはかせ
円周率は、3.141592…とかぎりなく続く数だけど、10万けた以上を暗記している人がいるんだって。

2 直径が45cmの円の円周の長さを測ったら、141.3cmありました。円周の長さは、直径の長さの何倍になっていますか。

教科書 78ページ2

式

答え（　　　　）

基本 3 円周の長さの求め方がわかりますか

☆ 直径の長さが6mの円の円周の長さは、何mですか。

とき方　円周＝直径×□で求められます。直径の長さは6mだから、6×□＝□　　答え □m

たいせつ
円周＝直径×3.14

3 直径25cmの円の円周の長さを求めましょう。

教科書 81ページ1

式

答え（　　　　）

4 次の図のような円の形をしたプールがあります。プールの半径は5mです。このプールのまわりの長さは何mですか。

教科書 81ページ2

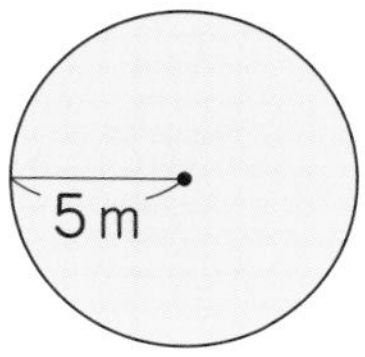

5m

式

半径が5mだから、直径は…

答え（　　　　）

基本 4 円周の長さから直径の長さを求めることができますか

☆ 右の図のような入れ物のまわりの長さを測ったら、47.1cmでした。この入れ物の直径の長さは何cmですか。

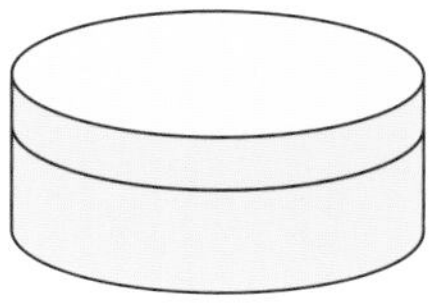

とき方　入れ物の直径の長さを□cmとすると、直径×3.14＝円周だから、
□×3.14＝47.1　　□＝47.1÷□＝□　　答え □cm

5 次の円の直径の長さを求めましょう。

教科書 82ページ4

❶ 円周50.24cmの円。

式

答え（　　　　）

❷ 円周21.98mの円。

式

答え（　　　　）

6 円の形をしたプールのまわりの長さを測ったら、58mありました。このプールの直径の長さを、小数第三位を四捨五入（ししゃごにゅう）して小数第二位まで求めましょう。

教科書 82ページ5

式

答え（　　　　）

ポイント　どんな大きさの円でも、円周÷直径は同じ数（約3.14）になるので、この3.14を円周率として使います。円周の長さは、直径×円周率で求めます。直径は、半径×2です。

勉強した日　月　日

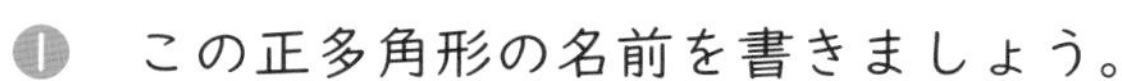

練習のワーク

教科書 ㊦72～87ページ　答え 22ページ

1 正多角形　辺の長さを 3cm、角の大きさを 120°にして、正多角形をかきました。

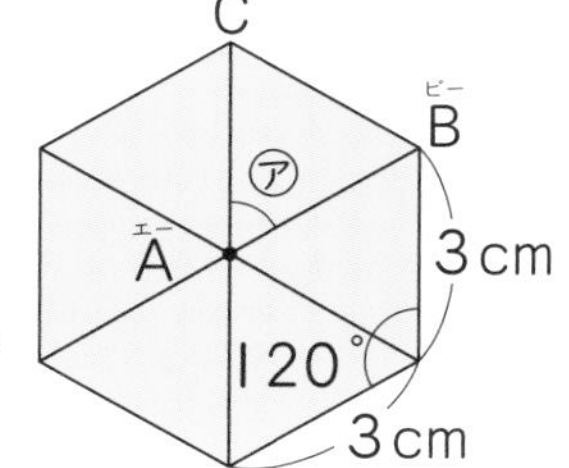

❶ この正多角形の名前を書きましょう。

(　　　　)

❷ この正多角形のまわりの長さは何cmですか。計算で求めましょう。

式

答え (　　　　)

❸ ㋐の角度は何度ですか。計算で求めましょう。

式

答え (　　　　)

❹ 三角形ABCはどのような三角形ですか。

(　　　　)

2 正多角形のかき方　円の中心のまわりの角を等分して、次の正多角形をかきましょう。

❶ 正三角形　　❷ 正九角形

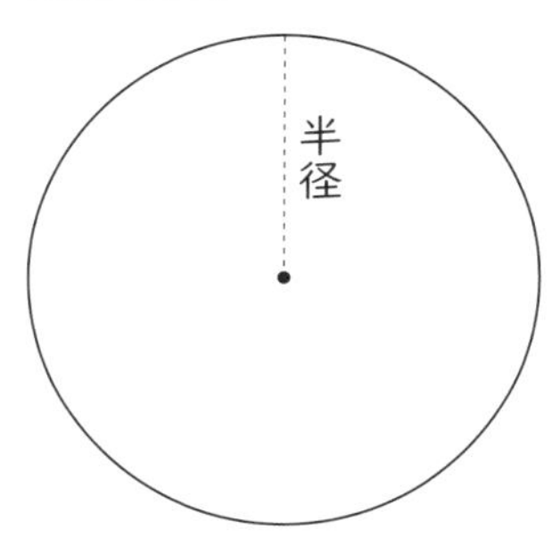

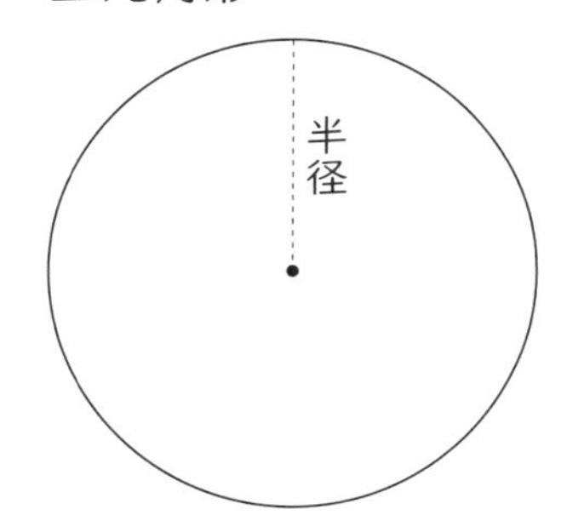

3 円周の長さを求める問題　次の円の円周の長さを求めましょう。

❶ 直径 8cm の円。　　❷ 半径 3m の円。

式　　式

答え (　　　　)　　答え (　　　　)

4 直径の長さを求める問題　次の円の直径の長さを求めましょう。

❶ 円周 9.42cm の円。　　❷ 円周 15.7m の円。

式　　式

答え (　　　　)　　答え (　　　　)

てびき

1 正多角形

❶ 正●角形の●は、辺の数、または角の数で決まります。

❸ 点Aのまわりにできた6つの角はすべて等しくなっています。

❹ 辺AB、辺ACが等しいことを利用して、3つの角の大きさを調べます。

2 正多角形のかき方

円の中心のまわりの角度は 360°です。

3 円周の長さを求める問題

円周＝直径×3.14

4 直径の長さを求める問題

直径＝円周÷3.14

できるナビ　3.14 をかけたり、3.14 でわったりする計算は、筆算をして、積や商の小数点の位置に注意しよう。

まとめのテスト

時間 20分　得点　/100点

教科書 ㊦72〜87ページ　答え 22ページ

1 右の正多角形について，辺の数と角の大きさを次の表にまとめましょう。　1つ5〔30点〕

	正三角形	正十二角形
辺の数	あ	え
㋐の角の大きさ	い	お
㋑の角の大きさ	う	か

正三角形

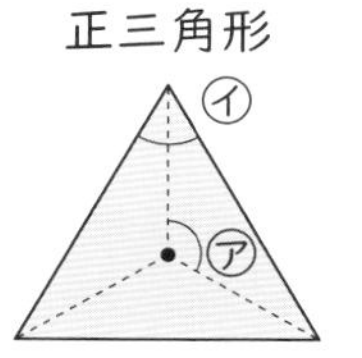

正十二角形

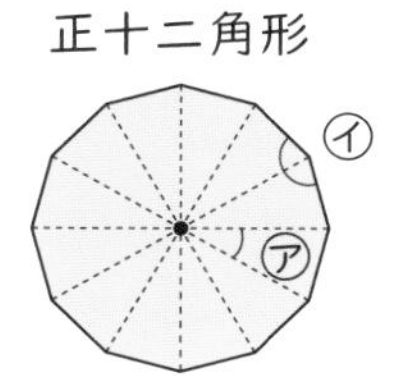

2 次の問いに答えましょう。　1つ5〔20点〕

❶ 円の中心のまわりの角を、45°で等分して、右に正多角形をかきましょう。

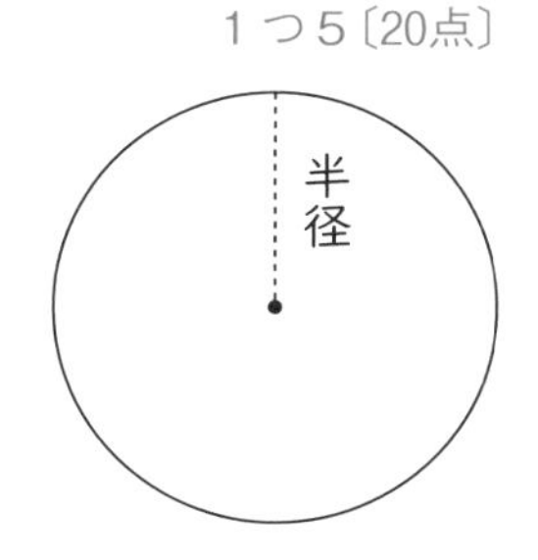

❷ ❶でかいた正多角形の名前をかきましょう。

(　　　　　)

❸ 円の中心のまわりの角を等分して正六角形をかくには、何等分すればよいですか。

(　　　　　)

❹ ❸の円の直径が14cmのとき、かいた正六角形の1辺の長さは何cmですか。

(　　　　　)

3 よく出る 次の問いに答えましょう。　1つ5〔30点〕

❶ 直径が9cmの円の円周の長さは何cmですか。

式

答え(　　　　　)

❷ 半径が20mの円の円周の長さは何mですか。

式

答え(　　　　　)

❸ 円周が18.84cmの円の直径の長さは何cmですか。

式

答え(　　　　　)

4 次の図形のまわりの長さを求めましょう。　1つ5〔20点〕

❶

30cm

式

答え(　　　　　)

❷

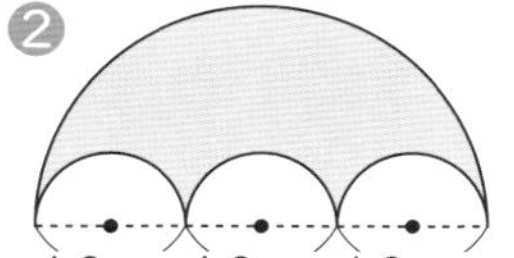

式

答え(　　　　　)

ふろくの「計算練習ノート」27ページをやろう！

チェック
□ 正多角形の辺の数と角の大きさの関係がわかったかな？
□ 円の直径や半径と円周の長さの関係がわかったかな？

① 体積
② 体積の公式
基本のワーク

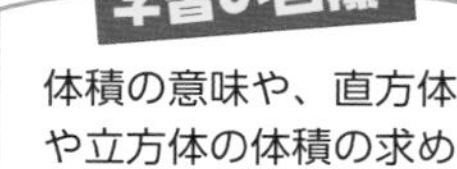

体積の意味や、直方体や立方体の体積の求め方を覚えよう！

教科書 下90～95ページ　答え 23ページ

基本 1 体積の意味がわかりますか

☆ 1辺が1cmの立方体の積み木で、右のような形を作りました。

❶ この直方体は、1辺が1cmの立方体の積み木を何個(なんこ)使っていますか。

❷ この直方体の体積は、何cm³ですか。

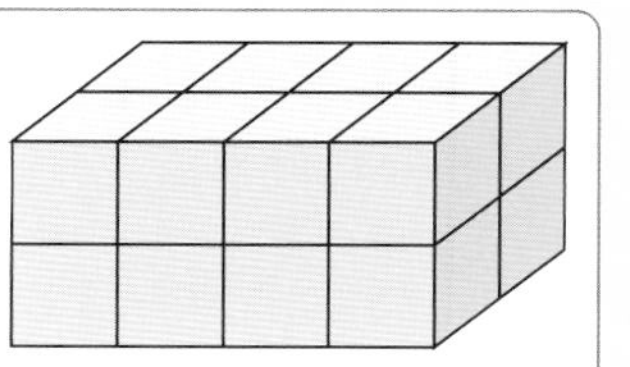

とき方 かたまりの大きさを、数で表したものを［　　］といいます。

1辺が1cmの立方体と同じ体積を、1［　　］と書き、1［　　　　　　］と読みます。cm³は、体積の単位です。

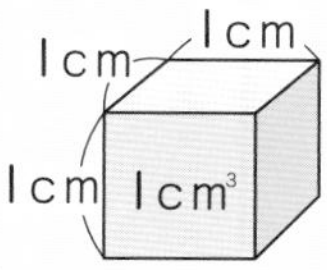

❶ この直方体を作るのに使った積み木の数は、図を見て数えると［　　］個です。

❷ 積み木1個の体積は1cm³で、その［　　］個分だから［　　］cm³です。

答え ❶［　　］個　❷［　　］cm³

1 次の図は、1辺が1cmの立方体の積み木を積んだものです。それぞれの直方体の体積を求めましょう。

教科書 92ページ 1

❶

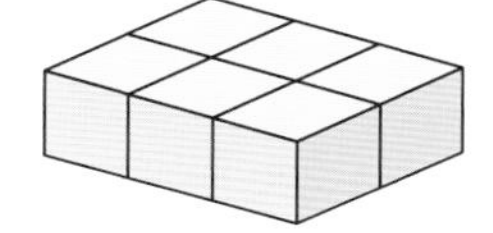

（　　　　　）

❷

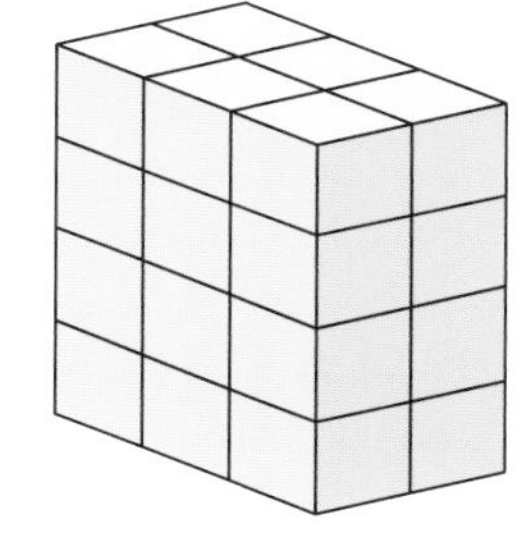

（　　　　　）

基本 2 直方体の体積の求め方がわかりますか

☆ 次の直方体の体積を求めましょう。

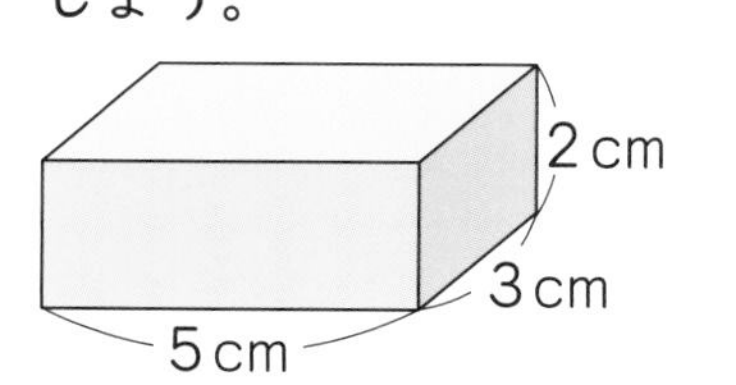

とき方 1cm³の立方体は、

1だん目に3×5(個)。

それが2だんあるから、

3 × 5 × 2＝［　　］(個)。

たての個数　横の個数　だんの数

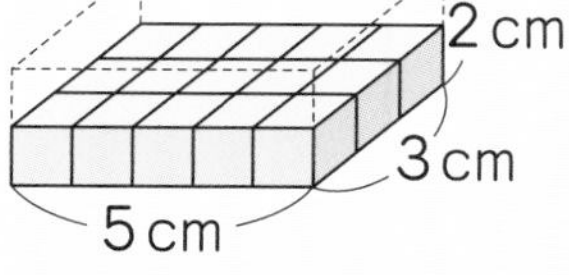

1cm³の立方体が、全部で［　　］個あるから、

体積は［　　］cm³です。

たいせつ

直方体の体積＝たて×横×高さ

立方体の体積＝1辺×1辺×1辺

3×5×2は、たて×横×高さでもあるね。

答え［　　］cm³

cm³の小さい3は長さ(cm)を3回かけることを表しているんだ。数につけて10³と書くと、10×10×10を表していて1000のことなんだよ。くわしくは中学で習うよ。

2 次の直方体と立方体の体積を求めましょう。　教科書 94ページ 2

❶ 6cm、3cm、2cm

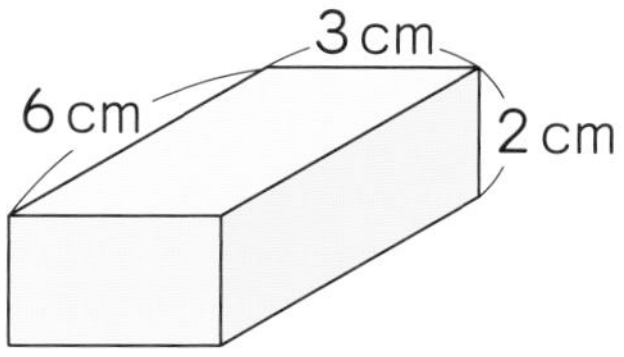

式

答え（　　　）

❷ 9cm、9cm、9cm

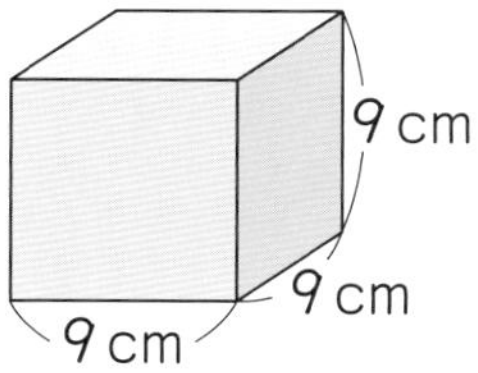

式

答え（　　　）

基本3 展開図を組み立ててできる直方体の体積の求め方がわかりますか

☆ 次の展開図を組み立ててできる直方体の体積を求めましょう。

5cm、5cm、2cm

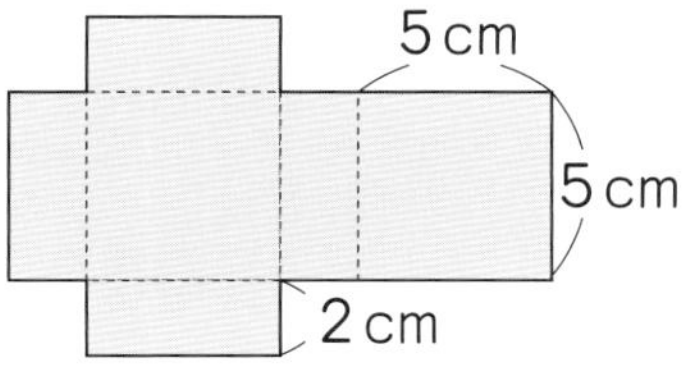

とき方　正方形の面を下にして組み立てると、右の図のような直方体になります。

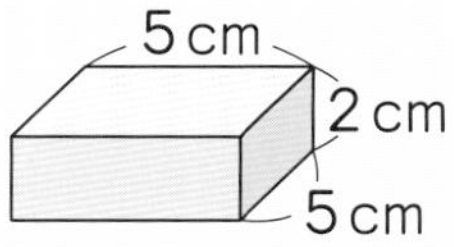

5cm、2cm、5cm

直方体の体積＝たて×横×高さだから、

$5\times5\times2=$ □

答え □ cm^3

3 右の展開図を組み立ててできる立方体の体積を求めましょう。　教科書 94ページ 3

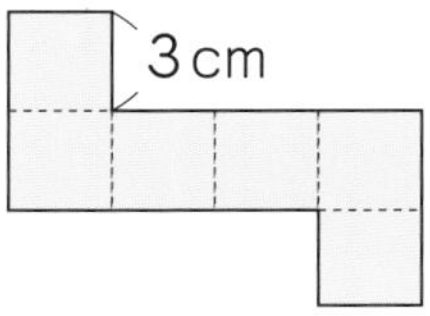

3cm

式

答え（　　　）

基本4 直方体の高さと体積の関係がわかりますか

☆ 右の図のように、たて5cm、横4cmの直方体の高さを1cmずつ高くしていきます。

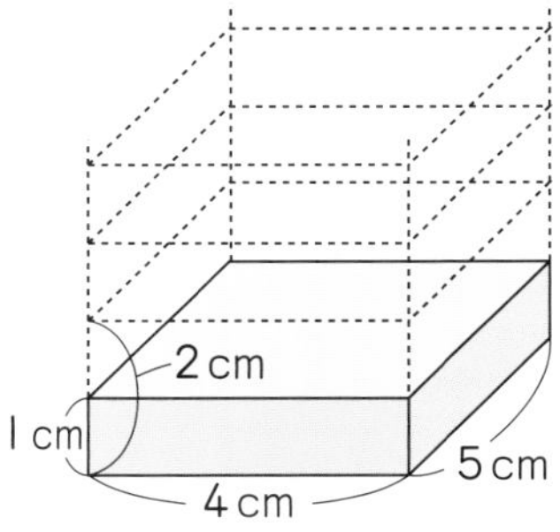

❶ 高さを□cm、体積を○cm^3として、体積を求める式を、できるだけかんたんな式で書きましょう。

❷ 直方体の高さと体積の関係を、右の表にまとめましょう。

直方体の高さと体積

高さ□(cm)	1	2	3	4
体積○(cm^3)	20	40	㋐	㋑

❸ 直方体の体積と高さにはどんな関係があるといえますか。

2cm、1cm、4cm、5cm

とき方 ❶ 直方体の体積の公式の中で、たて×横は変わらない数なので、計算します。

❷ ❶で書いた式の□に、高さをあてはめて、対応する○の値を求めます。

❸ 高さが2倍、3倍になると、体積も □ 倍、□ 倍になります。

答え ❶ □　❷ ㋐ □　㋑ □　❸ 体積は高さに □ する。

4 基本4 の直方体の体積が440cm^3になるのは、高さが何cmのときですか。図や表を使って求めましょう。　教科書 95ページ 2

（　　　）

ポイント　直方体の体積＝たて×横×高さ、立方体の体積＝1辺×1辺×1辺の公式を使って、直方体や立方体の体積を求めることができます。

勉強した日　月　日

③ 大きな体積
④ いろいろな形の体積

学習の目標
直方体やいろいろな形の体積の求め方を身につけよう！

教科書 (下)96～99ページ　答え 23ページ

基本1 大きな直方体の体積を求めることができますか

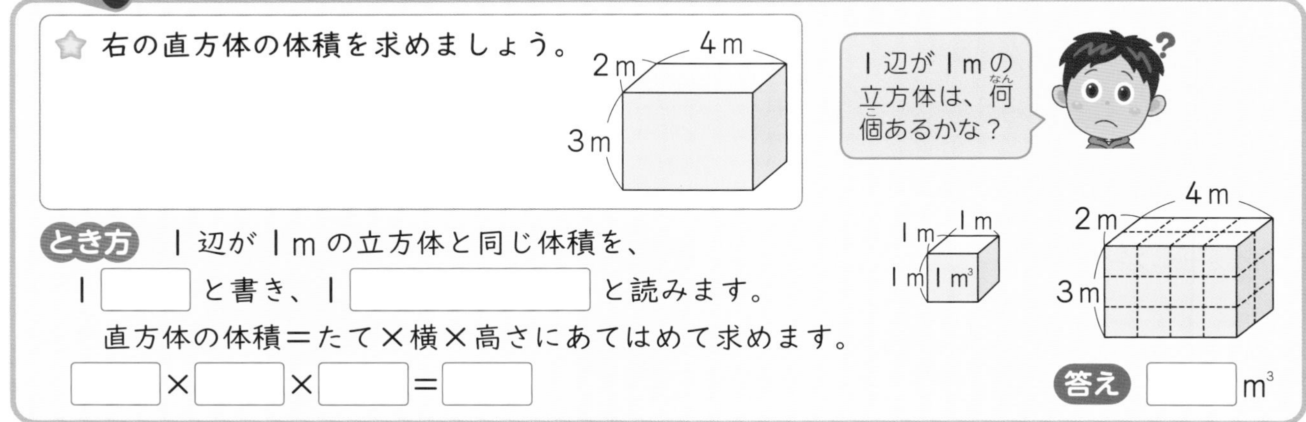

☆ 右の直方体の体積を求めましょう。

| 辺が | mの立方体は、何個あるかな？

とき方　| 辺が | m の立方体と同じ体積を、| □ と書き、| □ と読みます。
直方体の体積＝たて×横×高さにあてはめて求めます。
□×□×□＝□

答え □ m^3

1 次の直方体と立方体の体積を求めましょう。　教科書 96ページ1

❶

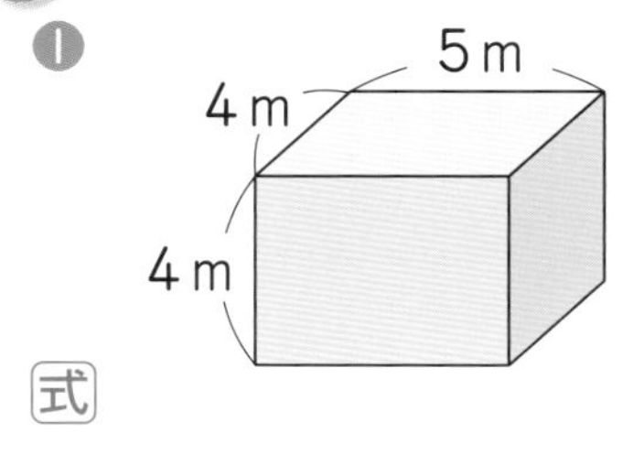

式

答え（　　　）

❷

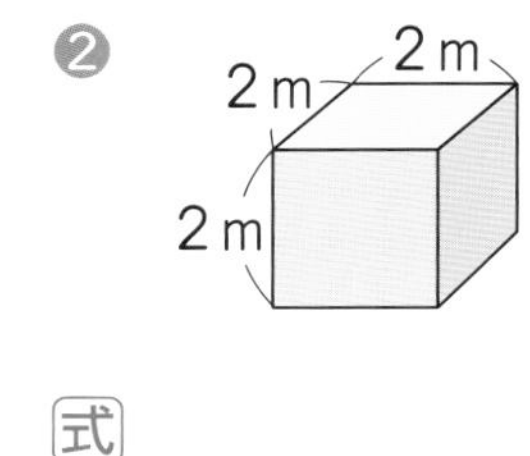

式

答え（　　　）

基本2 m^3 と cm^3 の関係がわかりますか

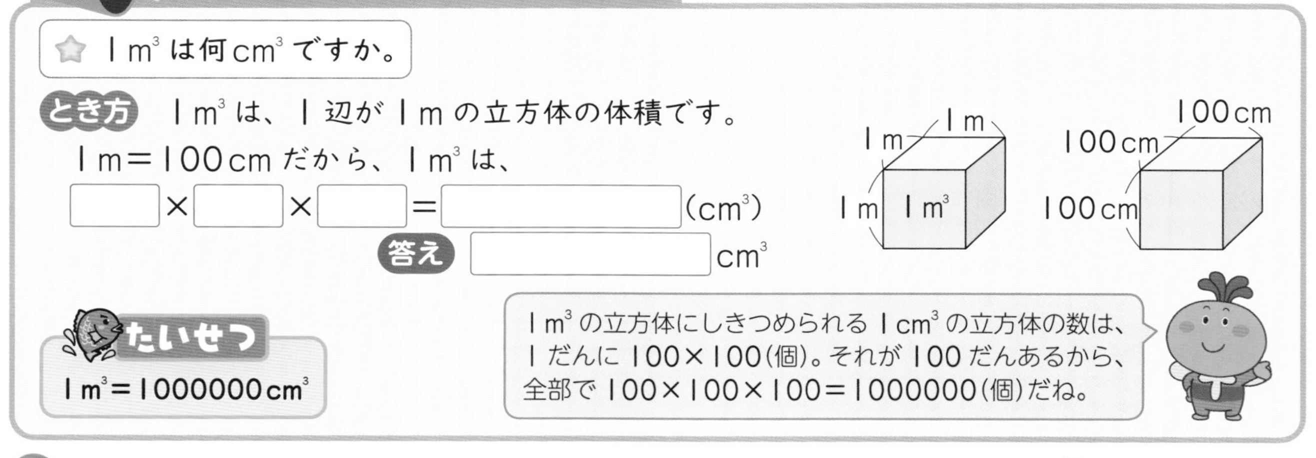

☆ | m^3 は何 cm^3 ですか。

とき方　| m^3 は、| 辺が | m の立方体の体積です。
| m＝100 cm だから、| m^3 は、
□×□×□＝□ (cm^3)

答え □ cm^3

たいせつ
| m^3＝1000000 cm^3

| m^3 の立方体にしきつめられる | cm^3 の立方体の数は、| だんに 100×100(個)。それが 100 だんあるから、全部で 100×100×100＝1000000(個)だね。

2 次の体積を、(　)の中の単位で表しましょう。　教科書 96ページ1

❶ 5 m^3 （cm^3）

（　　　）

❷ 26000000 cm^3 （m^3）

（　　　）

さんすうはかせ　「升」や「合」という体積の単位もあるよ。「一升びん」や「米一合」などと使われているね。

基本 3 長さの単位がちがう直方体の体積の求め方がわかりますか

☆ 右の直方体の体積は、何m^3ですか。
また、何cm^3ですか。

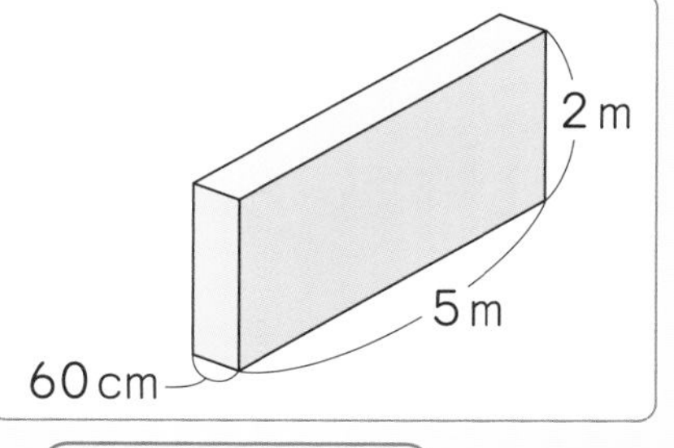

とき方 直方体の体積＝たて×横×高さの公式にあてはめて求めます。辺の長さの単位をmにそろえると、

5×□×□＝□(m^3)

1m^3は1000000cm^3だから、

□m^3＝□cm^3

答え □m^3、□cm^3

3 右の直方体の体積は、何cm^3ですか。また、何m^3ですか。 教科書 97ページ3

式

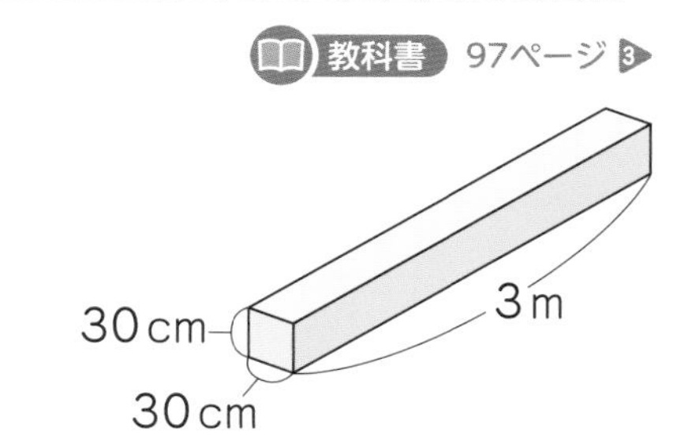

答え（　　　　、　　　　）

基本 4 いろいろな形の体積を求めることができますか

☆ 右の図のような台の形の体積を求めましょう。

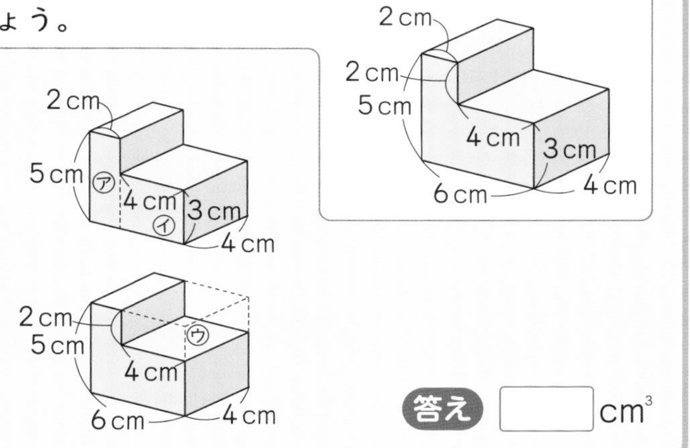

とき方 直方体の体積の公式を使います。

《1》 ㋐と㋑の2つの直方体に分けます。

4×2×□＋4×4×3＝□
（㋐）（㋑）

《2》 ㋒の直方体をおぎなって、全体の大きな直方体から㋒の体積をひきます。

4×6×□－4×4×2＝□
（全体の大きな直方体）（㋒）

答え □cm^3

4 次の図のような形の体積を求めましょう。 教科書 98ページ1

❶

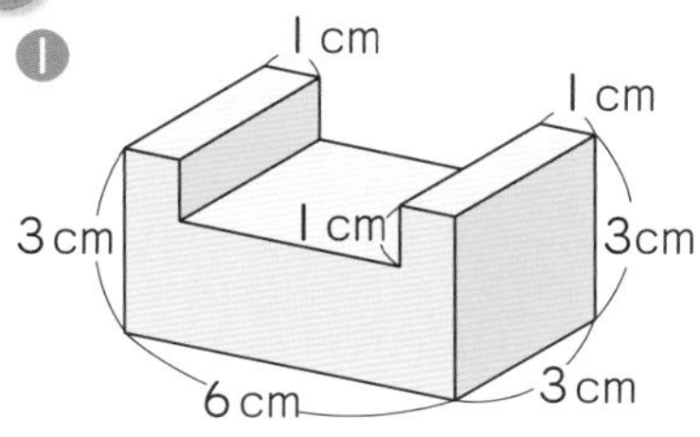

式

答え（　　　　）

❷

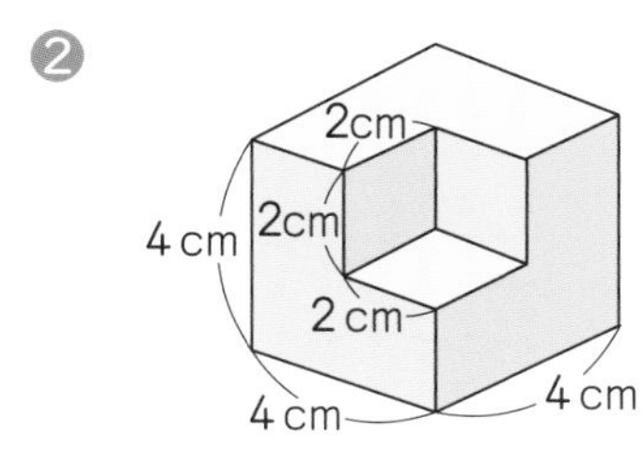

式

答え（　　　　）

ポイント 台のような形の体積を求めるときは、いくつかの直方体に分けて求めたり、大きな直方体からおぎなった直方体の体積をひいて求めたりします。

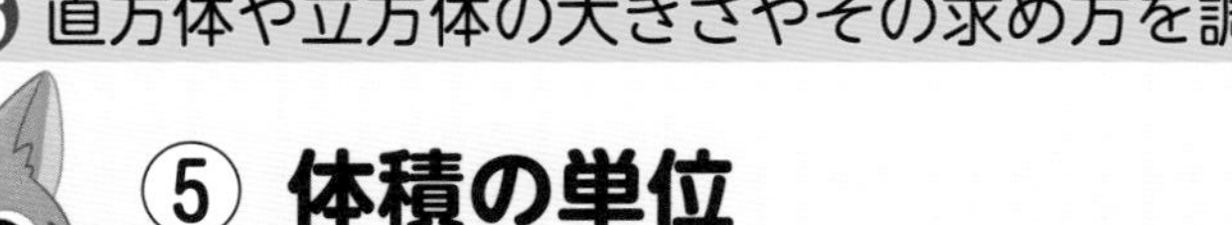

⑤ 体積の単位
⑥ 容積

基本のワーク

学習の目標
いろいろな体積の単位や容積の求め方を身につけよう！

教科書 ㊦100～102ページ　答え 23ページ

基本 1 いろいろな体積の単位の関係がわかりますか

☆ 次の量を、（　）の中の単位で表しましょう。

❶ 1L （cm^3）　❷ 1mL （cm^3）　❸ 1m^3 （L）

とき方

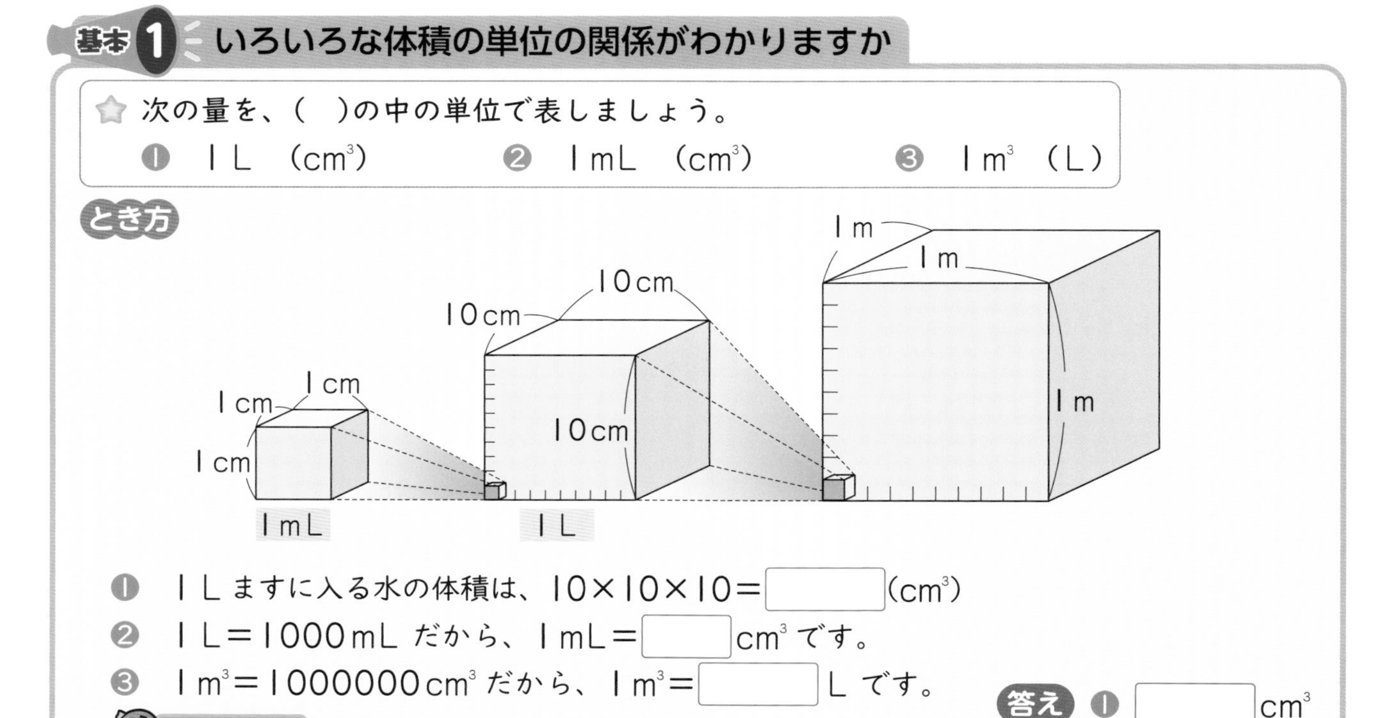

❶ 1Lますに入る水の体積は、10×10×10=［　　］（cm^3）

❷ 1L=1000mL だから、1mL=［　　］cm^3 です。

❸ 1m^3=1000000cm^3 だから、1m^3=［　　］L です。

答え ❶［　　］cm^3　❷［　　］cm^3　❸［　　］L

たいせつ

1000L=1m^3　1mL=1cm^3

1 次の量を、（　）の中の単位で表しましょう。 教科書 100ページ1

❶ 4m^3 （L）　（　　　）

❷ 200mL （cm^3）　（　　　）

基本 2 長さと体積の単位の関係がわかりますか

☆ 1辺が10cmの立方体の体積は、1辺が1cmの立方体の体積の何倍ですか。

とき方

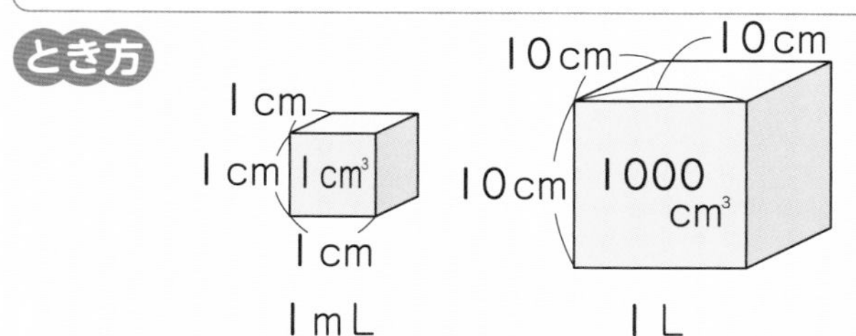

1辺の長さが10倍になると、面積は100倍、体積は1000倍になります。

立方体の1Lますは、たて、横、高さがどれも10cmで、この1Lますに入る体積は、1辺が1cmの立方体の10×10×10=［　　］（倍）です。

答え［　　］倍

2 立方体の1辺の長さが2倍になると、体積は何倍になりますか。 教科書 101ページ1

（　　　）

さんすうはかせ 人の体の体積は、体重が60kgなら約60L（60000cm^3）になるんだって。

基本 3 容積の求め方がわかりますか

☆ 右の図のような、厚さ 1 cm の板で作った直方体の形をした入れ物があります。この入れ物の容積は、何 cm^3 ですか。

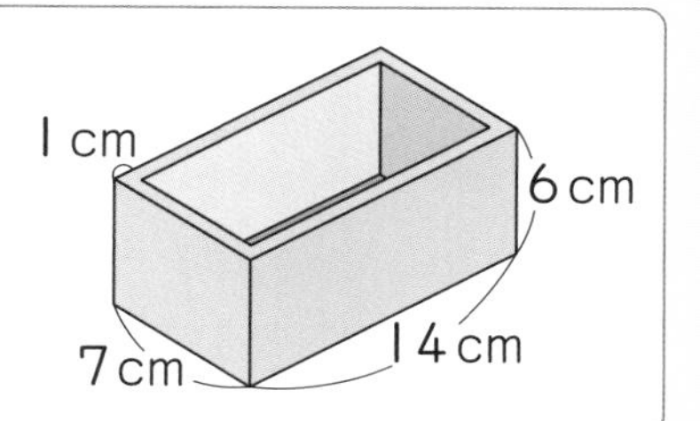

とき方 入れ物の内側のたて、横、高さを内のりといい、入れ物の内側の高さのことを深さともいいます。入れ物の大きさは、その入れ物いっぱいに入れた水などの体積で量ります。この体積を、入れ物の ☐ といいます。

この入れ物の、内のりのたての長さは 14−1−1＝12(cm)、横の長さは 7−1−☐＝5(cm)、深さは 6−☐＝☐(cm) だから、容積は 12×5×☐＝☐

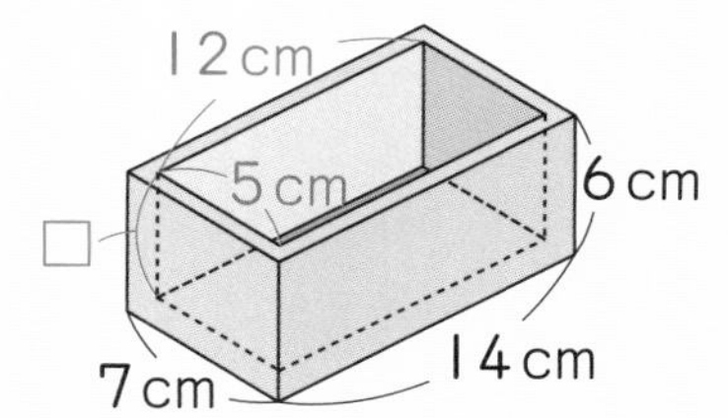

答え ☐ cm^3

3 右の図のような内のりの直方体のケースがあります。このケースの容積は何 cm^3 ですか。

教科書 102ページ1

式

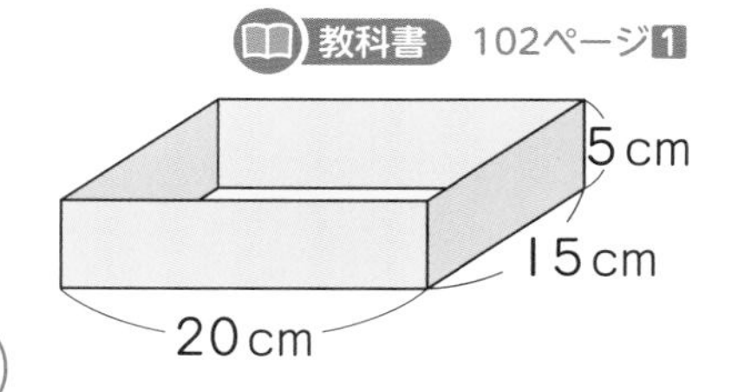

答え（　　　　　）

基本 4 石の体積の求め方がわかりますか

☆ 立方体の 1 L ますに水が入っています。石を入れると、水の深さが 3 cm 増しました。石の体積を求めましょう。

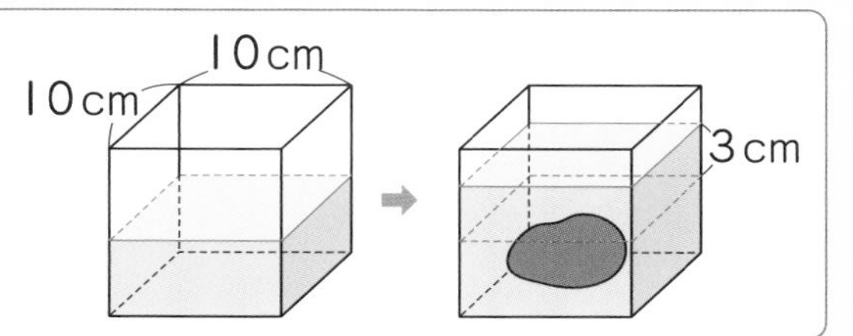

とき方 水に物をしずめると、その体積の分だけ、水の深さが増します。

石を入れると水面は 3 cm 上がったので、石の体積は、
10×10×☐＝☐

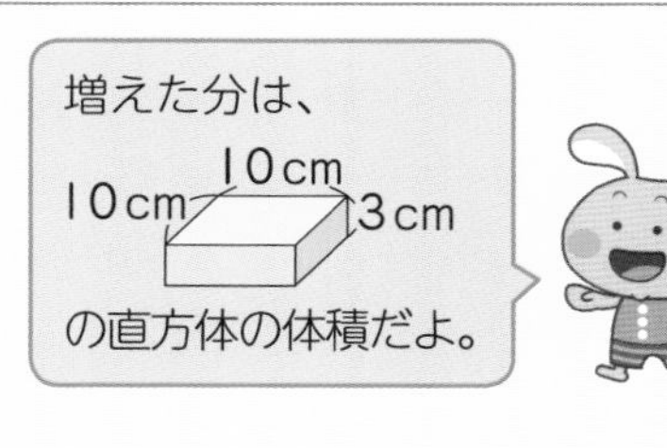

答え ☐ cm^3

4 たて 12 cm、横 10 cm の直方体の入れ物に水が入っています。ねん土を入れると、水面が 1 cm 上がりました。ねん土の体積は、何 cm^3 ですか。

教科書 101ページ

式

答え（　　　　　）

ポイント 直方体や立方体の形をしていない物の体積も、直方体や立方体に分けたり、水にしずめたりすると、求めることができます。

練習のワーク

教科書 ㊦90～105ページ　答え 24ページ

できた数　/9問中

1 直方体と立方体の体積　次の直方体と立方体の体積を求めましょう。

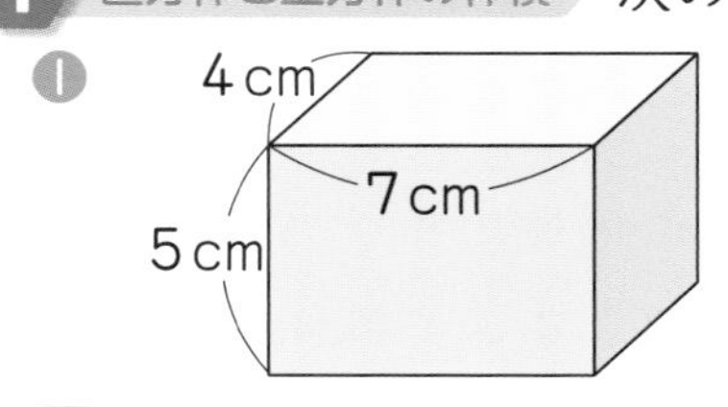

❶ 式

答え（　　　）

❷ 式

答え（　　　）

2 長さの単位がちがう直方体の体積　右の直方体の体積は、何 m^3 ですか。また、何 cm^3 ですか。

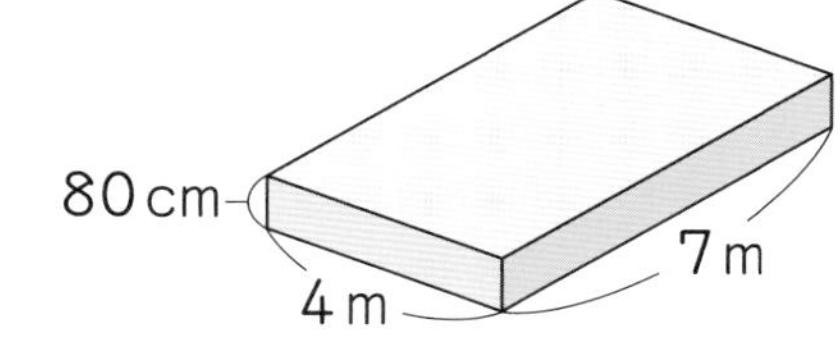

式

答え（　　　、　　　）

3 いろいろな体積の単位の関係　次の□にあてはまる数を書きましょう。

❶ $200000 cm^3$＝□m^3　❷ 0.8 L＝□mL

❸ $5 m^3$＝□L　❹ 30 mL＝□cm^3

4 台の形の体積　右の図のような形の体積を求めましょう。

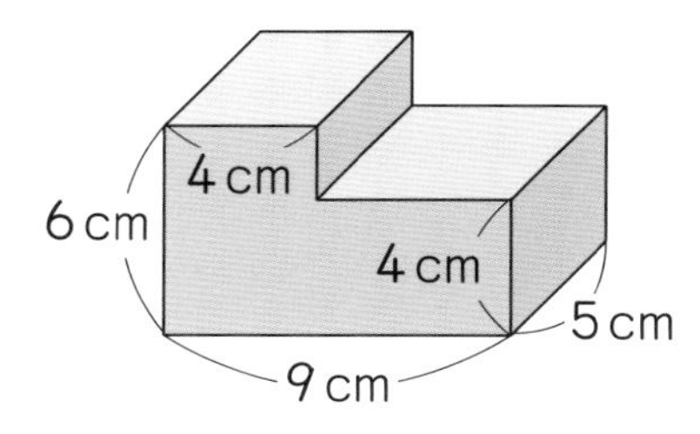

式

答え（　　　）

5 石の体積　たて 4 cm、横 5 cm の直方体の入れ物に水と石が入っています。その石を取り出したところ、水面が 2 cm 下がりました。石の体積は何 cm^3 ですか。

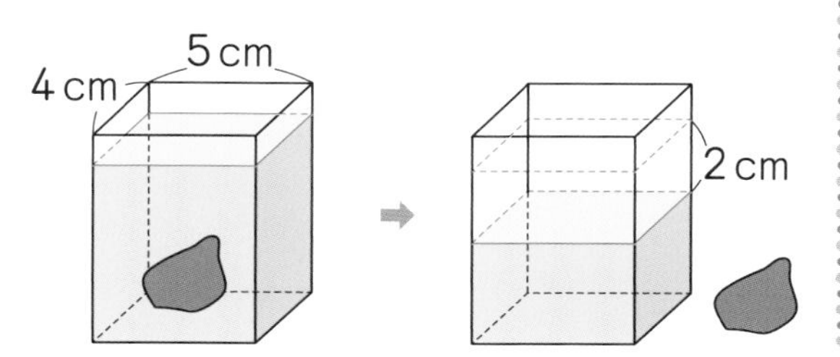

式

答え（　　　）

てびき

1 直方体と立方体の体積

たいせつ
直方体の体積
＝たて×横×高さ
立方体の体積
＝1辺×1辺×1辺

2 長さの単位がちがう直方体の体積

一方に単位をそろえて計算します。

たいせつ
$1 m^3$＝$1000000 cm^3$

3 いろいろな体積の単位の関係

たいせつ
$1 m^3$＝1000 L
1 mL＝$1 cm^3$

4 台の形の体積

2 つの直方体に分けて求めたり、大きな直方体からおぎなった直方体をひいたりして求めます。

5 石の体積

下がった分の水の体積が石の体積です。

できるナビ　3 つの数のかけ算は、■×▲＝▲×■や、(■×▲)×●＝■×(▲×●)などのきまりを利用すると、計算がかんたんになるよ。また、答えを書くときは、単位に気をつけよう。

まとめのテスト

時間20分

得点　/100点

教科書 ㊦90～105ページ　答え 24ページ

1 よく出る 次の直方体と立方体の体積を求めましょう。 1つ7〔28点〕

❶

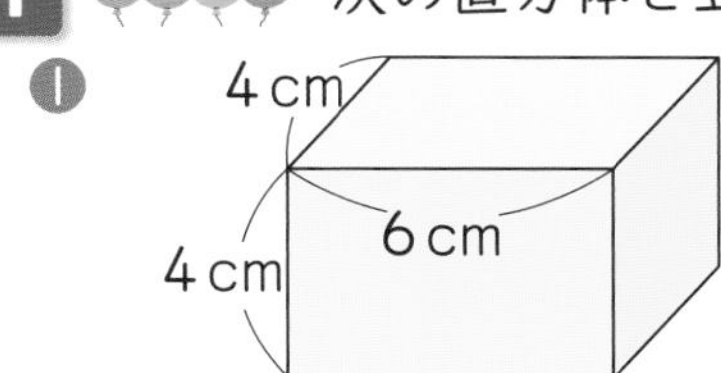

式

答え（　　　　　）

❷

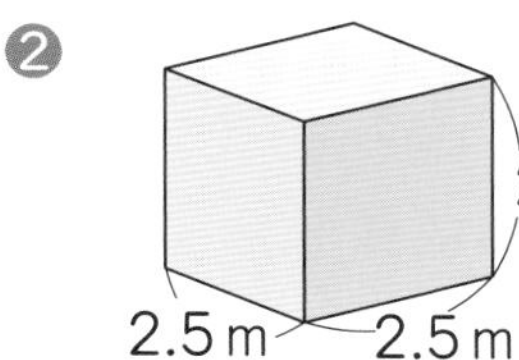

式

答え（　　　　　）

2 右の展開図(てんかいず)を組み立ててできる直方体の体積を求めましょう。 1つ8〔16点〕

式

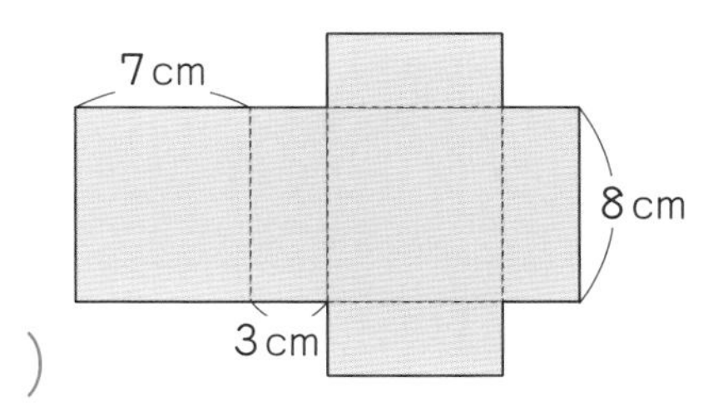

答え（　　　　　）

3 次の図のような形の体積を求めましょう。 1つ8〔32点〕

❶

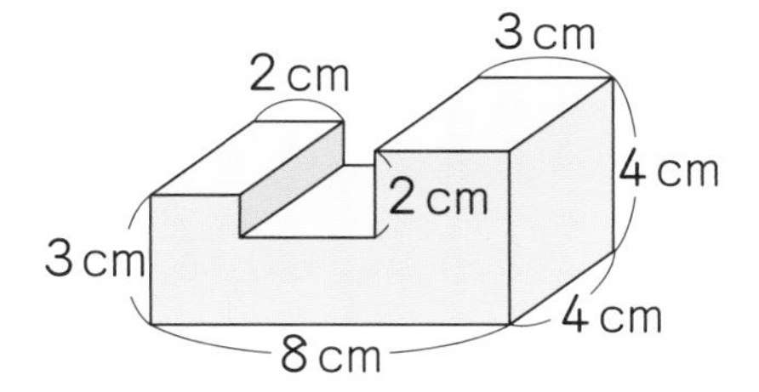

式

答え（　　　　　）

❷

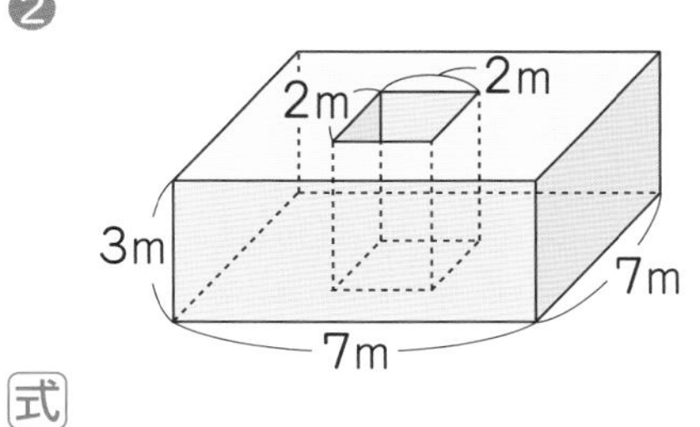

式

答え（　　　　　）

4 右の図のような、厚(あつ)さ１cmのガラスでできた直方体の形をした水そうがあります。 1つ8〔24点〕

❶ この水そうの容積は何cm³ですか。

式

答え（　　　　　）

❷ この水そうに、10L入るバケツで水を入れていくと、何ばい目でいっぱいになりますか。

（　　　　　）

ふろくの「計算練習ノート」2～3ページをやろう！

□公式を使って体積を求めることができたかな？
□水のかさをいろいろな単位で表すことができたかな？

① 2つの量の割合
② 割合を使った問題
基本のワーク

学習の目標
2つの量の割合（わりあい）や割合を使った問題について考えよう！

教科書 ㊦108〜114ページ　答え 24ページ

基本1 2つの量の関係を割合で表すことができますか

☆ ある博物館の、昨日の入館者は200人、今日の入館者は250人でした。昨日の入館者数をもとにした、今日の入館者数の割合を求めましょう。

とき方 もとにする量は昨日の200人で、比（くら）べられる量は今日の250人だから、

□÷200＝□

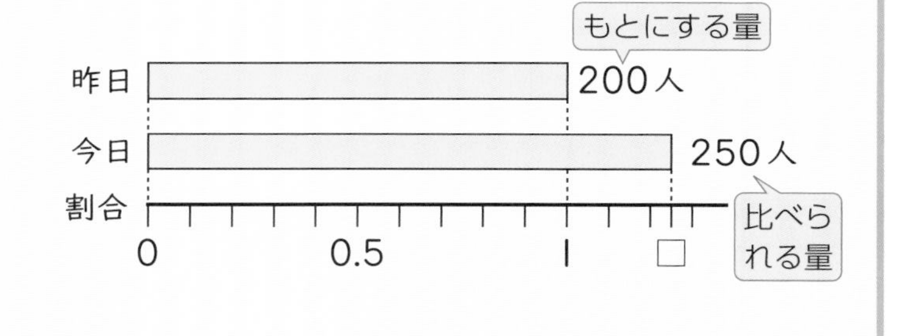

たいせつ
割合は、1より大きくなることもあります。

答え □

1 基本1で、今日の入館者数をもとにした、昨日の入館者数の割合を求めましょう。

式

教科書 109ページ1

答え（　　　　）

基本2 割合を使って、比べられる量を求めることができますか

☆ 50m² の畑の40％の土地にじゃがいもが植えてあります。じゃがいもが植えてある面積は何m² ですか。

とき方 《1》 1％分の面積を求めて考えます。

1％分の面積は、50÷100＝□　　40％分は、□×40＝□

《2》 比べられる量＝もとにする量×割合 を利用します。

40％を小数になおすと □ だから、

50×□＝□

比べられる量　もとにする量
面積 0　□　50(m²)
割合(小数) 0　0.4　1
割合

たいせつ
比べられる量＝もとにする量×割合

答え □m²

2 あかねさんのクラスの人数は40人です。そのうち30％の人は家で動物を飼（か）っています。動物を飼っている人は何人ですか。

教科書 111ページ1

式

答え（　　　　）

「％」の記号は、イタリア語のper centoをちぢめて書いたものがもとになっているんだって。

基本3 何%引き、何%増について考えることができますか

☆ ゆりあさんは、定価(ていか)2000円のスカートを15%引きで買いました。代金は何円ですか。

とき方 《1》何円安くなったかを求めて、定価からひきます。

もとにする量は2000円、割合は15%だから、比べられる量の安くなった金額(きんがく)は、

2000×0.15=[　　]

買った金額は、2000−[　　]=[　　]

《2》定価の何%で買ったのかを考えて求めます。

定価は100%で、これの15%引きだから、

定価の[　　]%で買えます。

2000×(1−0.15)=[　　]

比べられる量　もとにする量
0　□　2000(円)
代金
割合(小数) 0　0.15　1
割合

答え [　　]円

3 みきさんは、定価1800円のゲームを30%引きで買いました。代金は何円ですか。

教科書 112ページ2

式

答え(　　　　　)

4 60g入りのおかしが、25%増量(ぞうりょう)されます。何g入りになりますか。

教科書 112ページ▶1

式

答え(　　　　　)

基本4 割合を使って、もとにする量を求めることができますか

☆ かべにペンキをぬっています。今までにぬった面積は18m²で、かべ全体の面積の30%にあたります。かべ全体の面積は、何m²ですか。

とき方 《1》 1%分の面積を求めて考えます。

1%分の面積は、18÷30=[　　]　100%分は、[　　]×100=[　　]

《2》 比べられる量=もとにする量×割合を利用して求めます。かべ全体の面積を□m²とすると、30%は小数になおすと0.3だから、

□×0.3=18、□=18÷0.3=[　　]

比べられる量　もとにする量
0　18　□(m²)
面積
割合(小数) 0　0.3　1
割合

たいせつ
もとにする量=比べられる量÷割合

答え [　　]m²

5 みどりさんは、ある本を120ページ読みました。これは本全体のページ数の60%にあたります。この本は全部で何ページありますか。

教科書 113ページ3

式

答え(　　　　　)

ポイント もとにする量を求める割合の問題では、もとにする量=比べられる量÷割合の式を使って解くこともできます。

勉強した日　月　日

練習のワーク

教科書 ㊦108〜118ページ　答え 24ページ

できた数　/7問中

1 2つの量の割合　赤いテープが24m、青いテープが30mあります。

❶ 赤いテープの長さをもとにして、青いテープの長さの割合（わりあい）を求めましょう。

式

答え（　　　　）

❷ 青いテープの長さをもとにして、赤いテープの長さの割合を求めましょう。

式

答え（　　　　）

2 比べられる量を求める問題　ページ数が180ページの本があります。かずまさんは、昨日そのうちの25%にあたるページを読みました。かずまさんは昨日、本を何ページ読みましたか。

式

答え（　　　　）

3 何%増の問題　3000円で仕入れた商品に、12%の利益（りえき）を加えて売りたいと思います。何円で売ればよいですか。

式

答え（　　　　）

4 もとにする量を求める問題　あき子さんの家の花だんの面積は60m²です。これはしき地全体の15%にあたります。しき地全体の面積は、何m²ですか。

式

答え（　　　　）

5 割合の利用　ある商店街にはA、B 2つの文具店があります。商店街のセールで、A店はどの商品も1割引きで売っていて、B店は300円以上買うと50円引きになります。次の場合、どちらの店で買った方が安くなりますか。

❶ 100円のノートを4さつ買う場合。

（　　　　）

❷ 100円のノートを3さつ、160円のボールペンを2本買う場合。

（　　　　）

てびき

1 2つの量の割合

たいせつ
割合
＝比（くら）べられる量
÷もとにする量

2 比べられる量を求める問題

たいせつ
比べられる量
＝もとにする量
×割合

3 何%増の問題
売り値が仕入れ値の何%になるか考えます。

4 もとにする量を求める問題

たいせつ
もとにする量
＝比べられる量
÷割合

5 割合の利用
1割＝10%＝0.1

どちらの店が安くなるかは、もとの代金によって変わるよ。

できるナビ　比べられる量＝もとにする量×割合の式を利用するときの「割合」には、小数で表した割合をあてはめよう。百分率のままあてはめないように注意しよう。

まとめのテスト

教科書 下108～118ページ　答え 25ページ

時間20分

得点 /100点

1 お店に、40円のえん筆と50円の消しゴムが売られています。　1つ5〔20点〕

❶ えん筆のねだんをもとにして、消しゴムのねだんの割合を求めましょう。

式

答え（　　　　）

❷ 消しゴムのねだんをもとにして、えん筆のねだんの割合を求めましょう。

式

答え（　　　　）

2 りょうさんの小学校の人数は、昨年は620人で今年は昨年より31人増(ふ)えました。今年の人数は、昨年の人数の何％ですか。　1つ8〔16点〕

式

答え（　　　　）

3 よく出る 4mのひもがあります。輪かざりを作るのに、ひもの65％を使いました。使ったひもの長さは何cmですか。　1つ8〔16点〕

式

答え（　　　　）

4 定価(ていか)600円の筆箱を、A(エー)店では100円引きで、B(ビー)店では20％引きで売っています。どちらの店の方が、何円安いですか。　1つ8〔16点〕

式

答え（　　　　）

5 サッカークラブの入部希望者数は42人で、定員の140％にあたります。サッカークラブの定員は何人ですか。　1つ8〔16点〕

式

答え（　　　　）

チャレンジ! **6** 定価の15％引きでコーヒーカップを買い、680円はらいました。コーヒーカップの定価は何円ですか。　1つ8〔16点〕

式

答え（　　　　）

□割合を求めることができたかな？
□比べられる量やもとにする量を求めることができたかな？

① 円グラフ ② 帯グラフ ③ 円グラフと帯グラフのかき方

基本のワーク

学習の目標
円グラフや帯グラフを理解(りかい)し、かけるようになろう！

教科書 ㊦119～125ページ　答え 25ページ

基本1 円グラフや帯グラフの見方がわかりますか

☆ 右の㋐と㋑の図は、ある小学校でいちばん好きな果物(くだもの)の人数の割合(わりあい)を調べて、グラフにしたものです。

❶ ぶどう、もも、いちご、みかんがいちばん好きな人の割合は、それぞれ全体の人数の何％ですか。

❷ ぶどうがいちばん好きな人は全体の約何分の一ですか。

㋐ いちばん好きな果物

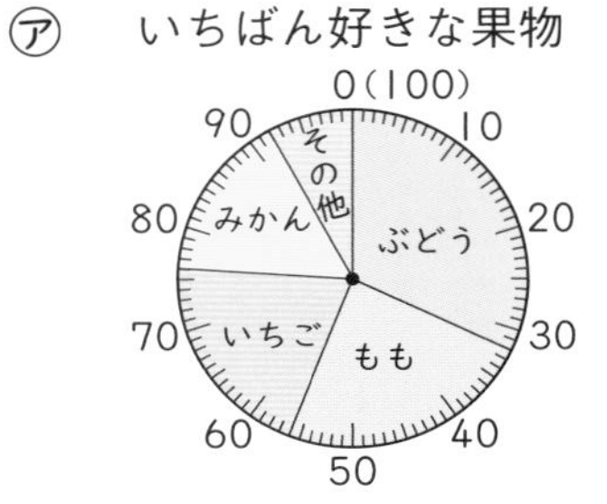

㋑ いちばん好きな果物

0 10 20 30 40 50 60 70 80 90 100(%)

ぶどう	もも	いちご	みかん	その他

とき方 ❶ それぞれの果物について、目もりがいくつあるか読みます。

❷ 全体は100％で、そのうちぶどうがいちばん好きな人は ☐ ％です。

答え ❶ ぶどう ☐ ％　もも ☐ ％　いちご ☐ ％　みかん ☐ ％　❷ 約 $\frac{1}{☐}$

㋐のグラフを**円グラフ**といいます。円グラフは、全体を１つの円の形に表していて、全体に対するそれぞれの部分の割合を、半径で区切って表しています。
㋑のグラフを**帯グラフ**といいます。帯グラフは、全体を１本の帯のような長方形に表していて、全体に対するそれぞれの部分の割合を、長方形の面積の大小で表しています。

1 次の円グラフと帯グラフは、白米にふくまれている成分の割合を表したものです。

教科書 120ページ1 122ページ1

白米にふくまれている成分

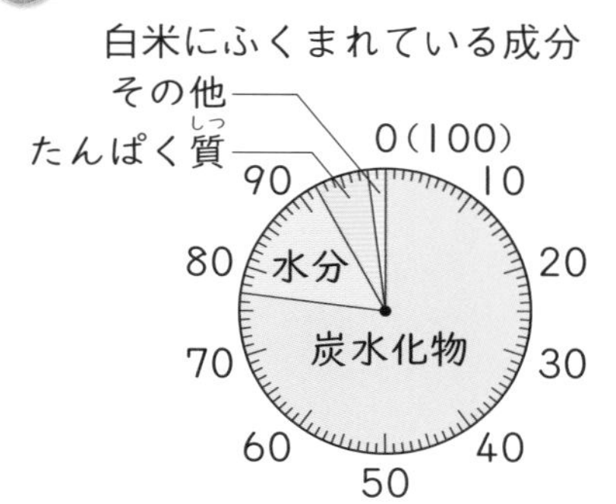

白米にふくまれている成分

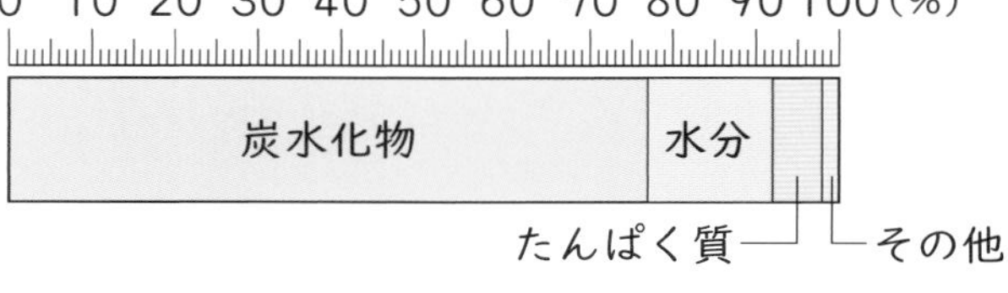

❶ 炭水化物と水分の割合は、それぞれ全体の成分の何％ですか。

炭水化物（　　　　　）　水分（　　　　　）

❷ 200gの白米には、たんぱく質は何gふくまれていますか。

（　　　　　）

円グラフは、パイを切り分けるようすに似(に)ていることから、英語ではパイ・チャート(Pie chart)ともよばれているんだって。

基本2 円グラフや帯グラフのかき方がわかりますか

☆ 右の表は、ゆうきさんの学校の５年生が行きたい場所の人数を調べたものです。

❶ 右の表の㋐～㋓にあてはまる割合を、小数第三位を四捨五入して求め、百分率で書き入れましょう。

❷ 右の表を、円グラフと帯グラフに表しましょう。

行きたい場所

場所	人数(人)	百分率(%)
遊園地	36	㋐
動物園	22	㋑
えい画館	7	㋒
その他	13	㋓
合計	78	100

とき方 ❶ 場所の人数÷合計の人数で、それぞれの割合を求めます。

㋐…36÷78＝0.461…より、□%
㋑…22÷78＝0.282…より、□%
㋒… 7 ÷78＝0.089…より、□%
㋓…13÷78＝0.166…より、□%

❷ 百分率に合わせて、グラフを区切ります。ふつう、百分率の大きい順に、円グラフでは、真上からまわりに、帯グラフでは、からかいていきます。「その他」は百分率が大きくても、最後にかきます。

答え ❶ ㋐ □ ㋑ □ ㋒ □ ㋓ □

❷

行きたい場所

0 10 20 30 40 50 60 70 80 90 100(%)

2 右の表は、あやかさんの学校で、好きな給食の人数を調べたものです。

全体の人数に対するそれぞれの割合を、小数第三位を四捨五入して求め、百分率で右の表に書き入れましょう。

教科書 124ページ1

好きな給食

給食	人数(人)	百分率(%)
カレーライス	179	
あげパン	142	
ラーメン	86	
その他	93	
合計	500	

3 **2**の表を、円グラフと帯グラフに表しましょう。

教科書 124ページ1

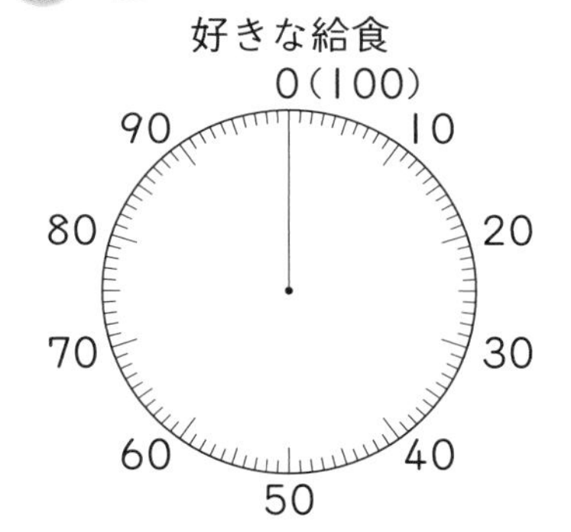

好きな給食

0 10 20 30 40 50 60 70 80 90 100(%)

ポイント 円グラフや帯グラフをかくときは、百分率の合計が100になるかどうか確かめます。100にならないときは、割合のいちばん大きい部分か、「その他」で調整します。

勉強した日　月　日

練習のワーク

教科書 下 119～127ページ　答え 26ページ

できた数　/7問中

1 円グラフ 右の円グラフはりくさんの学校で発生した、けがの件数の割合を、場所別に表したものです。

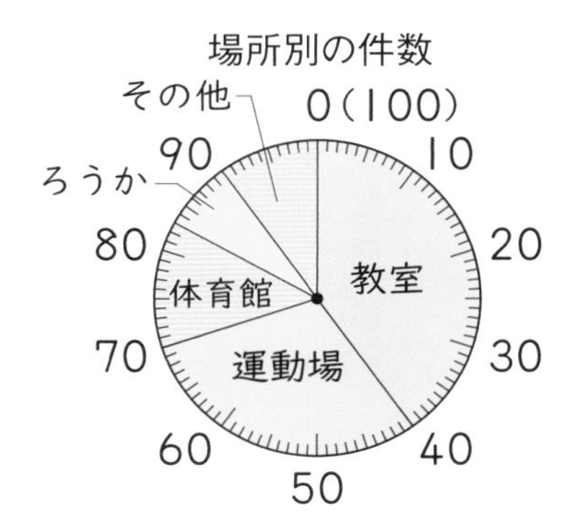

❶ 教室で発生したけがの件数の割合は、全体の何％ですか。

(　　　　)

❷ 運動場で発生したけがの件数は 9 件です。りくさんの学校で発生したけがの件数は、全部で何件ですか。

(　　　　)

2 帯グラフ 次の帯グラフは、ゆきおさんの町のいろいろな商店 120 店について、種類別の店の数の割合を表したものです。

商店の種類別の店の数の割合（120 店）

0 10 20 30 40 50 60 70 80 90 100(%)

食料品店	衣料品店	ざっか店	その他

❶ 食料品店、衣料品店の数は、それぞれ全体の何％ですか。

食料品店 (　　　　)　衣料品店 (　　　　)

❷ ざっか店は、何店ありますか。

(　　　　)

3 円グラフのかき方 次の表は、まなみさんの教室にある本の種類別さっ数です。全体のさっ数に対するそれぞれのさっ数の割合を、小数第三位を四捨五入して求め、百分率で表に書き入れましょう。

また、次の円グラフに表しましょう。

本の種類別さっ数

種類	さっ数(さつ)	百分率(%)
物語	34	
伝記	21	
科学	14	
その他	16	
合計	85	

本の種類別さっ数

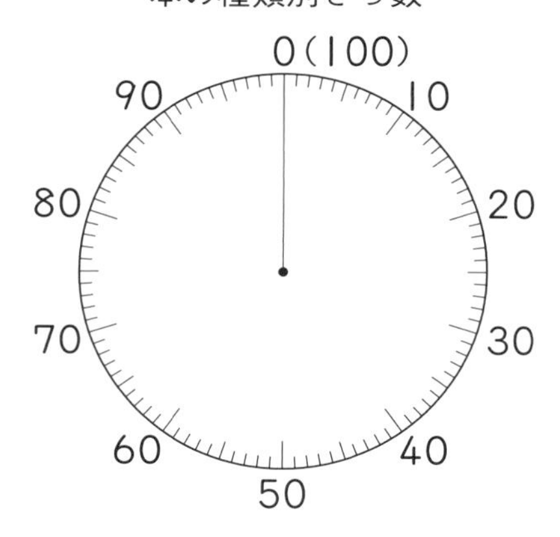

1 円グラフ

❷ 運動場で発生したけがの件数の割合を調べてから、もとにする量を求める公式にあてはめます。

2 帯グラフ

❷ ざっか店の数が全体の何％にあたるかを調べてから、比べられる量を求める公式にあてはめます。

3 グラフのかき方

それぞれのさっ数を合計のさっ数でわり、割合を求めます。

小数で表された割合は、100 をかけて百分率にしよう。

もとにする量を求めるときの割合の公式を、もとにする量＝比べられる量÷割合として使うと、□を使わずに求められるよ。

まとめのテスト

教科書 ㊦119〜127ページ　答え 26ページ

1 よく出る 5年１組で、好きな果物(くだもの)を１つだけ答えてもらいました。右の円グラフは、クラス全体の人数をもとにして、りんごが好きな人の割合を表したものです。　1つ8〔64点〕

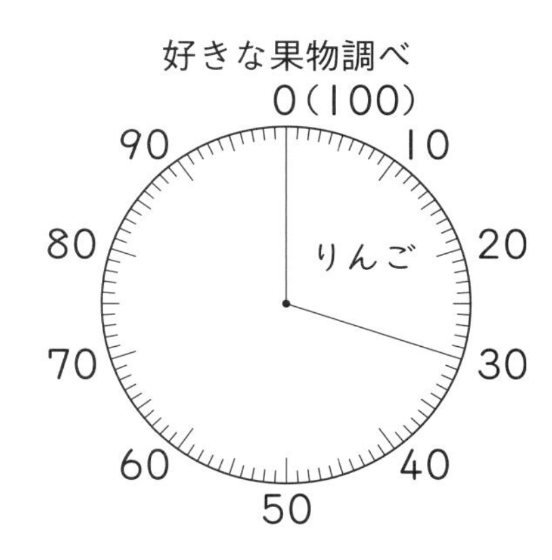

❶ りんごが好きな人は12人です。クラス全体の人数は何人ですか。

（　　　　　）

❷ 次の表は、好きな果物の人数をまとめたものです。表の㋐〜㋕にあてはまる数を書き、右の円グラフを完成させましょう。

好きな果物調べ

	りんご	みかん	もも	ぶどう	その他
人数(人)	12	10	8	4	㋐
割合(%)	㋑	㋒	㋓	㋔	㋕

2 次の表は、ある月の小学5年生のけがの件数を種類別に調べたものです。　1つ6〔36点〕

種類別の件数　第一小学校

種類	件数(件)	百分率(%)
すりきず	18	㋐
切りきず	14	㋑
打ぼく	12	22
その他	10	19
合計	54	100

種類別の件数　第二小学校

種類	件数(件)	百分率(%)
すりきず	22	㋒
切りきず	27	㋓
打ぼく	24	27
その他	17	19
合計	90	100

❶ 上の表の㋐〜㋓にあてはまる割合を、小数第三位を四捨五入して求め、百分率で上の表に書き入れましょう。

❷ 上の表を帯グラフに表しましょう。また、種類のはしどうしを点線で結びましょう。

種類別の件数

0　10　20　30　40　50　60　70　80　90　100(%)

第一小学校

第二小学校

❸ すりきずの割合が大きいのは、どちらの小学校ですか。

（　　　　　）

□円グラフを読んだり、かいたりできたかな？
□帯グラフを読んだり、かいたりできたかな？

勉強した日 月 日

① 角柱と円柱
② 見取図と展開図 [その1]
基本のワーク

学習の目標
角柱や円柱のつくりや特ちょう、見取図のかき方を覚えよう！

教科書 ㊦128〜134ページ　答え 26ページ

基本1 角柱のつくりや特ちょうがわかりますか

☆ 右のような立体があります。

❶ ㋐〜㋒の立体の名前をそれぞれ書きましょう。

❷ 右の表は、角柱の面、頂点、辺についてまとめたものです。㋕〜㋚にあてはまる式を書きましょう。

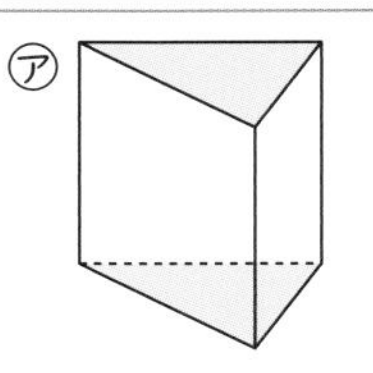
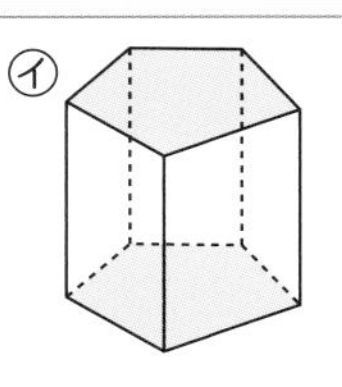
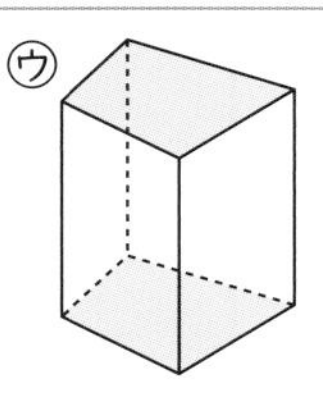

	三角柱	四角柱	五角柱
面の数	2＋3＝5	㋕	㋖
頂点の数	3×2＝6	㋗	㋘
辺の数	3×2＋3＝9	㋙	㋚

とき方 ❶ ㋐〜㋒のような立体を □ といいます。底面が三角形、四角形、…の角柱を、三角柱、四角柱、…といいます。

❷ ●角柱の面の数は、底面が2個、側面が●個だから、 2＋●

●角柱の頂点の数は、１つの底面に●個あるから、●× □

●角柱の辺の数は、１つの底面に●本、側面にも●本あるから、●× □ ＋●

それぞれの式の●に、4、5をあてはめます。

平面でない曲がった面を**曲面**、平面や曲面で囲まれた形を**立体**というよ。

たいせつ

角柱の、平行な２つの合同な面を**底面**、まわりの長方形や正方形の面を**側面**といいます。

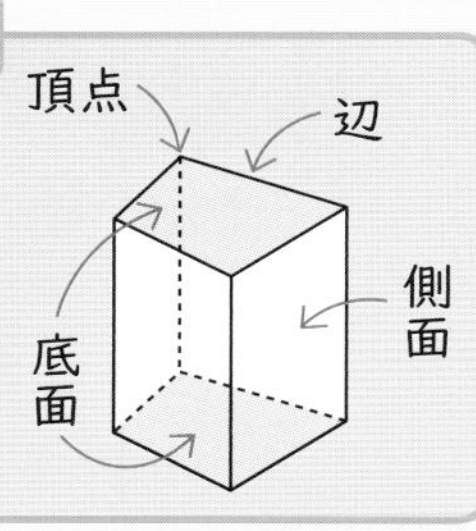

答え ❶ ㋐ □ ㋑ □ ㋒ □　❷ ㋕ □ ㋖ □ ㋗ □ ㋘ □ ㋙ □ ㋚ □

1 右の立体の底面は六角形です。　教科書 131ページ2

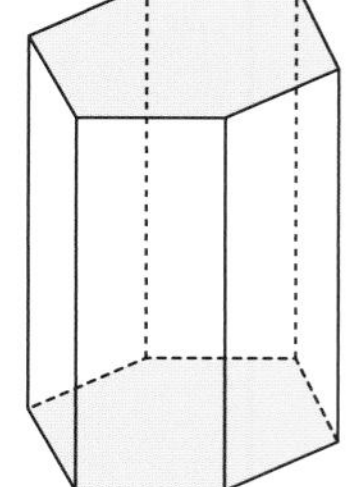

❶ この立体の名前を書きましょう。
（　　　　　）

❷ 色のついていない面は、どんな形ですか。
（　　　　　）

❸ 色のついている面と、色のついていない面はどのように交わっていますか。
（　　　　　）

❹ 右の立体の面、頂点、辺の数は、それぞれいくつありますか。

面の数（　　　）　頂点の数（　　　）　辺の数（　　　）

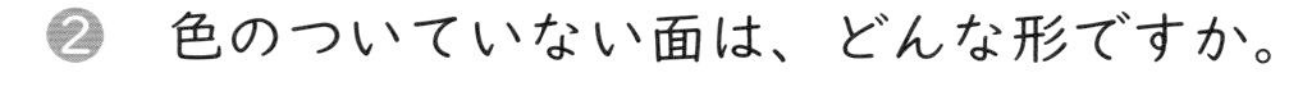

さんすうはかせ どんな角柱でも、面の数＋頂点の数－辺の数＝2 が成り立つんだよ。この式を、オイラーの多面体公式というよ。基本1の表で調べてみよう。

基本2 円柱のつくりや特ちょうがわかりますか

☆ 右のような立体があります。

❶ この立体の名前を書きましょう。

❷ 側面は、どのような面になっていますか。

❸ この円柱の高さは何cmですか。

10cm
5cm

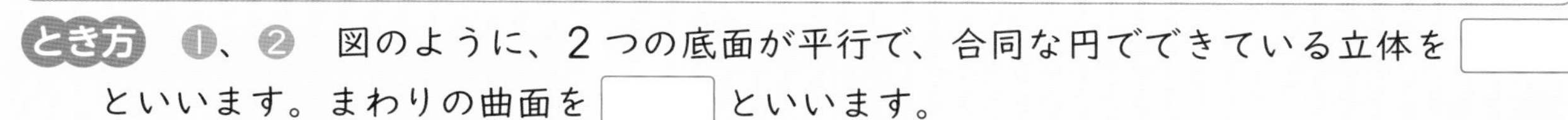

とき方 ❶、❷ 図のように、2つの底面が平行で、合同な円でできている立体を[　　]といいます。まわりの曲面を[　　]といいます。

❸ 角柱や円柱の2つの底面に垂直(すいちょく)な直線の長さを、角柱や円柱の[　　]といいます。

答え ❶[　　] ❷[　　] ❸[　　]cm

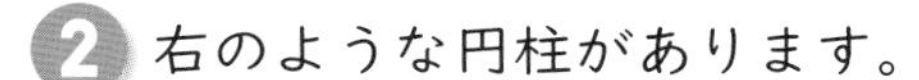

2 右のような円柱があります。

教科書 132ページ3

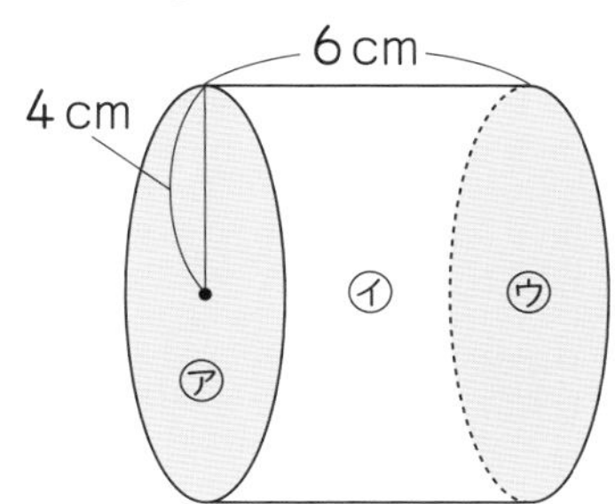

❶ 合同になっているのは、どの面とどの面ですか。

(　　　　　　)

❷ この円柱の高さは何cmですか。

(　　　　　　)

基本3 角柱や円柱の見取図のかき方がわかりますか

☆ 次の三角柱の見取図をかきましょう。

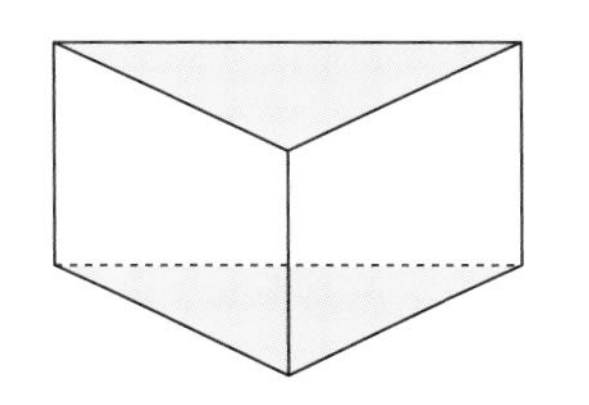

とき方 見取図は、平行な辺は平行に、見えない辺は点線でかきます。

答え

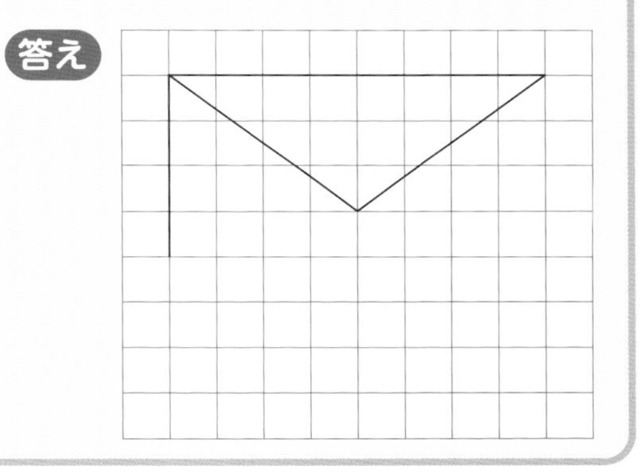

見取図とは
立体の形の全体がひと目でわかる図。

3 次の立体の見取図をかきましょう。

教科書 134ページ1

❶

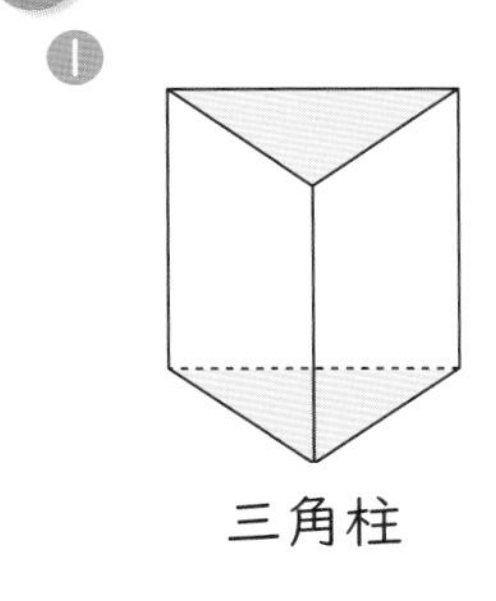

三角柱

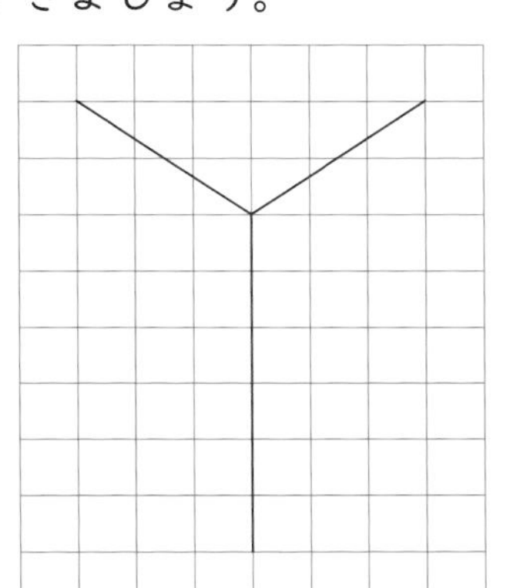

❷

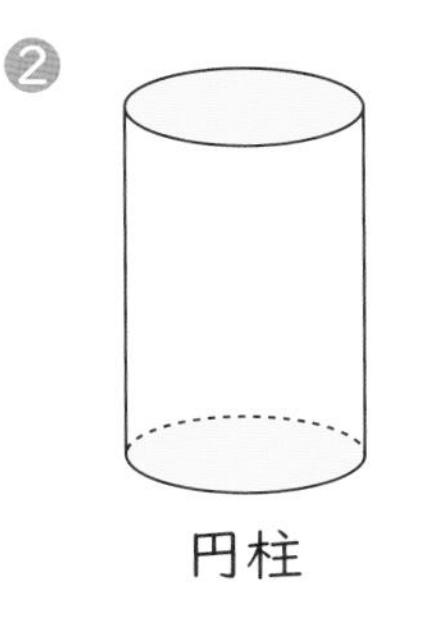

円柱

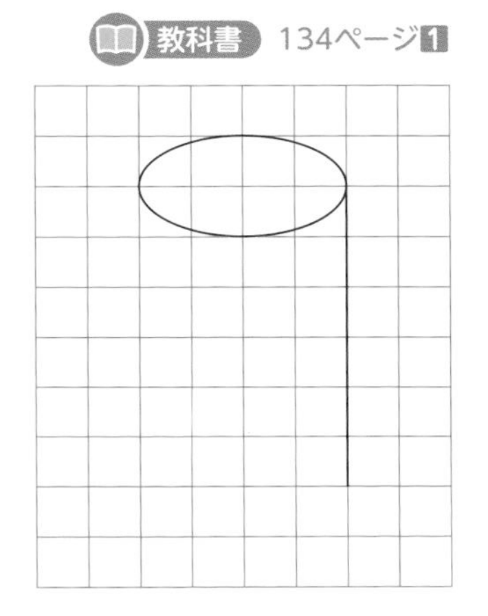

ポイント 角柱は平面だけで囲まれた立体、円柱は平面と曲面で囲まれた立体です。角柱と円柱のしくみや特ちょうを、しっかり覚えましょう。

勉強した日　月　日

② 見取図と展開図 [その2]

基本のワーク

教科書 ㊦135〜136ページ　答え 27ページ

基本1 角柱の展開図がわかりますか

☆ 右の図は、三角柱とその展開図です。

❶ 底面と側面は、それぞれ展開図の㋐〜㋔のどの部分ですか。

❷ 展開図の辺AB、辺CD、辺DE の長さは、それぞれ何cm ですか。

❸ 組み立てたとき、点F に集まる点はどれですか。

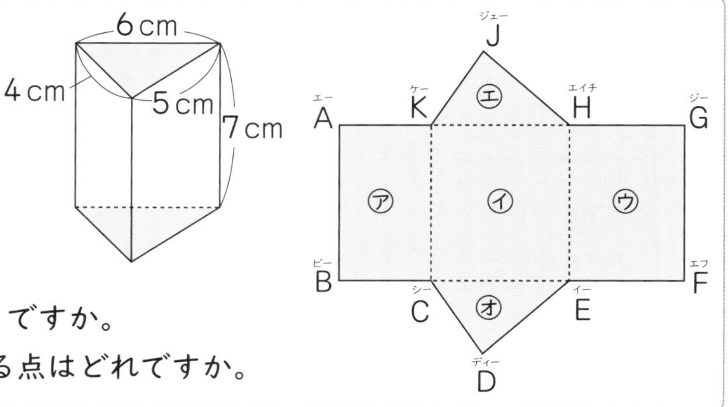

とき方 ❶ 底面の形は三角形、側面の形は□です。

❷ 辺AB は三角柱の高さにあたるから、□cm、辺CD は底面のいちばん短い辺だから、□cm、辺DE は2番目に短い辺だから、□cm です。

❸ 組み立てたとき、辺EF と辺ED、辺GF と辺AB が重なります。

立体を切り開いて、１まいの紙のようにかいた図。

答え ❶ 底面 □、□　側面 □、□、□

❷ 辺AB □cm　辺CD □cm　辺DE □cm

❸ 点□と点□

1 次の正三角柱の展開図をかきましょう。　教科書 135ページ2

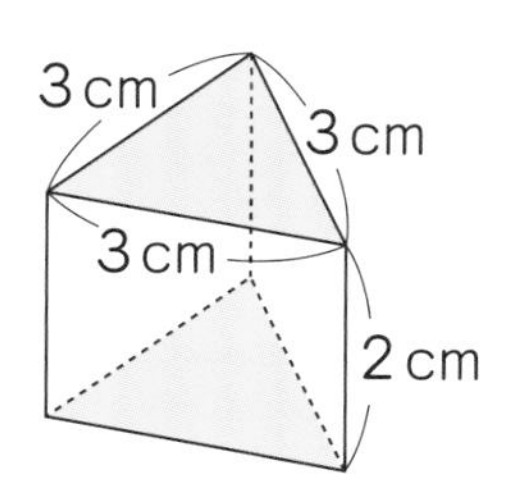

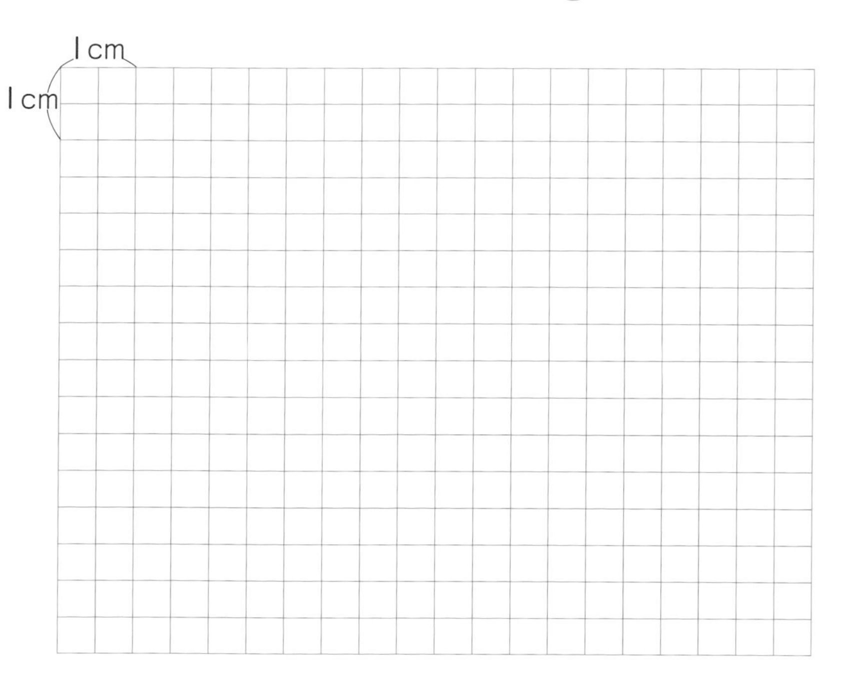

底面の正三角形は、コンパスを使って、３つの辺の長さが3cm になるようにかくよ。

ハチの巣は六角柱の形をしているよ。多くのじょうぶな部屋をつくるのに六角柱がいいからなんだよ。これを、ハニカム構造というよ。

基本 2 円柱の展開図がわかりますか

☆ 右の図は、円柱とその展開図です。

❶ この円柱の側面の展開図は、どんな形になりますか。

❷ 展開図の直線ABの長さは何cmになりますか。

❸ 展開図の直線ADの長さは何cmになりますか。

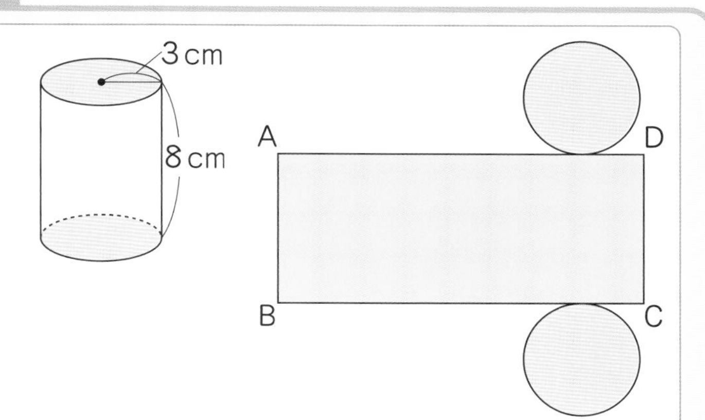

とき方 ❶ 円柱の側面を、右の図の直線ABのように、高さにあたる直線で切り開くと、になります。

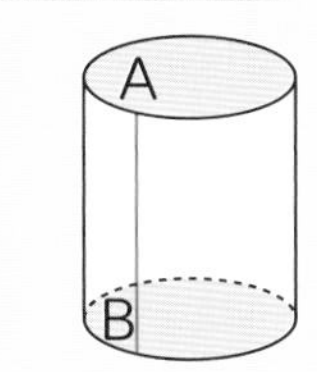

❷ 直線ABの長さは、円柱のに等しくなっています。

❸ 直線ADの長さは、底面の円の円周の長さに等しいから、

□×3.14＝□　　答え ❶  ❷ □cm ❸ cm

円柱の側面の展開図は長方形で、たては円柱の高さに等しく、横は底面の円の円周の長さに等しくなります。

2 次の円柱の展開図をかきましょう。円周率は3.14として計算し、小数第二位を四捨五入しましょう。

教科書 136ページ3

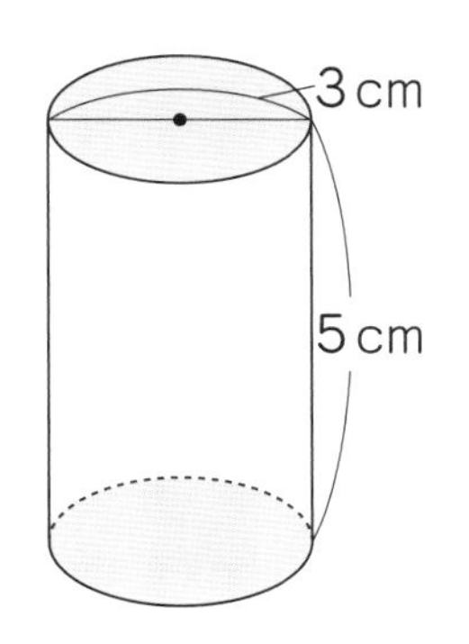

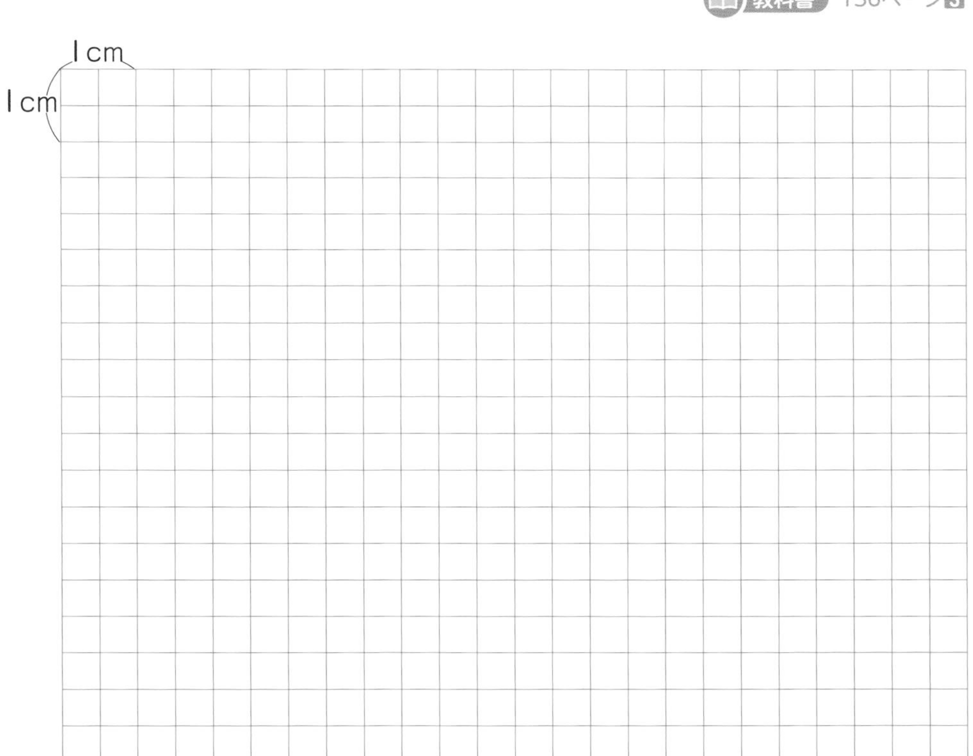

底面は、半径1.5cmの円だよ。側面の長方形の横の辺と、1点で重なるように、コンパスを使ってかこう。

ポイント 角柱の展開図は、角柱をどの辺で切り開くかで形が変わります。同じ角柱のいろいろな形の展開図をかけるようにしましょう。

勉強した日 月 日

練習のワーク

教科書 下128～139ページ 答え 27ページ

1 角柱と円柱 右のような立体があります。

❶ ㋐と㋑の立体の名前を書きましょう。

㋐（　　　　　）

㋑（　　　　　）

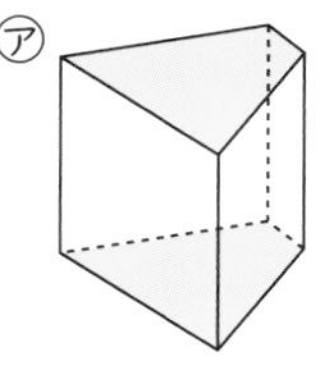

❷ 曲面がある立体は、㋐、㋑のどちらですか。

（　　　　　）

❸ ㋐の立体の側面は、どんな形ですか。

（　　　　　）

❹ ㋐の立体で、底面と垂直(すいちょく)な面はいくつありますか。

（　　　　　）

❺ ㋐の立体で、頂点(ちょうてん)と辺の数は、それぞれいくつありますか。

頂点の数（　　　　　） 辺の数（　　　　　）

2 角柱の見取図 次のような三角柱があります。

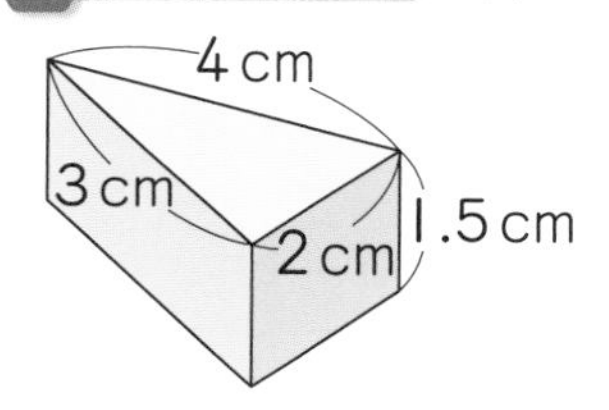

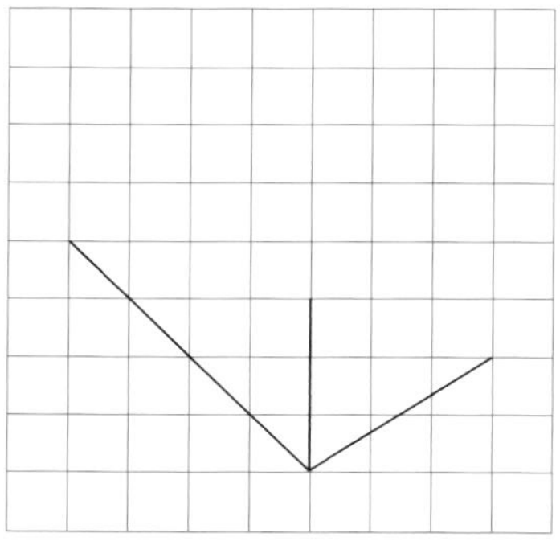

❶ 高さは何cmですか。

（　　　　　）

❷ 見取図を右にかきましょう。

3 円柱の展開図 右の図は、円柱の展開図(てんかいず)です。

❶ この展開図を組み立ててできる円柱の高さは何cmですか。

（　　　　　）

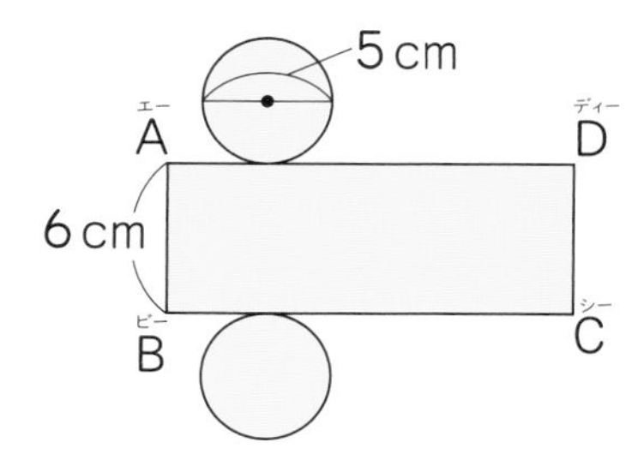

❷ この展開図の直線ADの長さは何cmですか。円周率(えんしゅうりつ)は3.14として計算しましょう。

（　　　　　）

てびき

1 角柱と円柱

❹ 角柱の底面と側面は垂直になっています。

❺ 底面と側面に注目して数えます。

さんこう

●角柱の頂点の数
➡●×2
●角柱の辺の数
➡●×2＋●

2 角柱の見取図

❶ 底面に垂直な直線の長さが高さです。

❷ 見えない辺は点線でかきます。

3 円柱の展開図

円柱の展開図で、側面のたては、円柱の高さに等しく、横は、底面の円の円周の長さに等しくなります。

円周＝直径×3.14
で求められるよ。

できるナビ 角柱と円柱で共通していることは、底面が２つあること、底面に垂直な直線の長さが高さであること、展開図にすると側面を１つの長方形で表せることだよ。

まとめのテスト

教科書 ㊦128〜139ページ　答え 28ページ

1 よく出る　右のような立体があります。　1つ7〔56点〕

❶　㋐と㋑の立体の名前を、それぞれ書きましょう。

㋐（　　　　　）㋑（　　　　　）

❷　㋐と㋑の底面は、それぞれどんな形ですか。

㋐（　　　　　）㋑（　　　　　）

❸　㋐の側面はどんな形ですか。

（　　　　　）

❹　㋑の側面は、どのような面になっていますか。

（　　　　　）

❺　㋐の面と辺の数は、それぞれいくつありますか。

面の数（　　　　　）辺の数（　　　　　）

2 右の図は、ある立体の展開図です。　1つ7〔28点〕

❶　この展開図を組み立てると、どんな立体ができますか。

（　　　　　）

❷　この展開図を組み立てると、底面は㋐〜㋔のどの面になりますか。全部答えましょう。

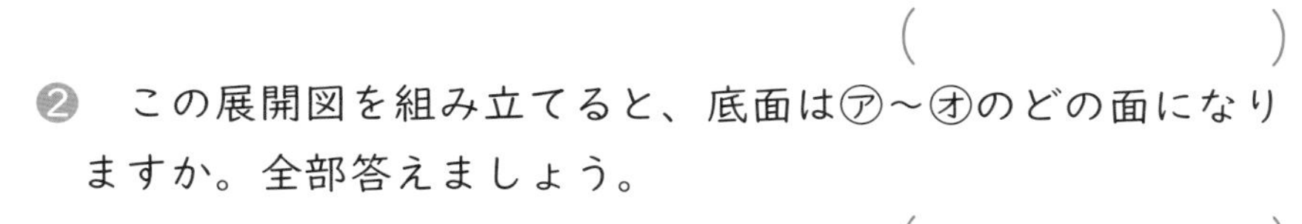

（　　　　　）

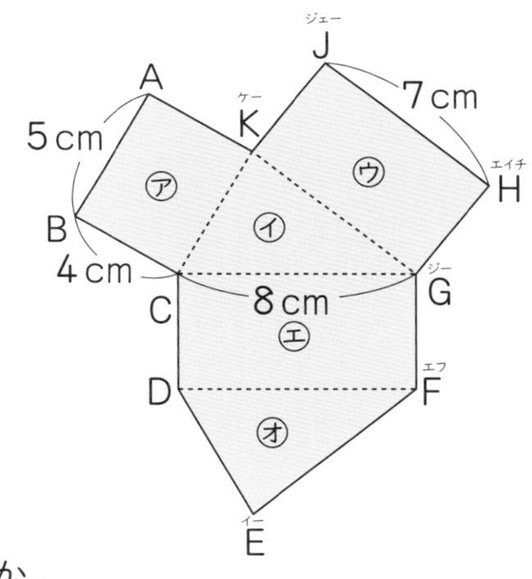

❸　この展開図を組み立てると、立体の高さは何cmになりますか。

（　　　　　）

❹　この展開図を組み立てたとき、点Aに集まる点はどれですか。

（　　　　　）

3 チャレンジ　右の図のような長方形の画用紙で、辺ABと辺DCを合わせて円柱の側面を作ります。底面を作るのに、直径何cmの円を用意すればよいですか。円周率は3.14として計算し、小数第二位を四捨五入して小数第一位まで求めましょう。のりしろは考えないものとします。

式　　1つ8〔16点〕

答え（　　　　　）

□角柱や円柱の性質がわかったかな？
□展開図についてわかったかな？

勉強した日　月　日

データから傾向を読み取ろう

学習の目標
グラフからデータを読み取り、わかることを考えよう！

教科書 下140～143ページ　答え 28ページ

基本1 グラフから傾向を読み取ることができますか

☆ ある小学校で、5年生１人が家で１週間に勉強する時間の教科の割合について、5年前と今年でどのように変化したかを調べて、次のようなグラフを作りました。

5年生１人が家で１週間に勉強する時間の教科の割合の変化

	0〜30	30〜50	50〜64	64〜74	74〜80	80〜100 (%)
5年前	算数	国語	英語	社会	理科	その他

	0〜28	28〜46	46〜70	70〜80	80〜92	92〜100 (%)
今年	算数	国語	英語	社会	理科	その他

❶ 5年前と比べて、今年の勉強時間の割合が増えた教科はどれとどれですか。

❷ １週間の全体の勉強時間は、5年前が450分、今年が500分でした。今年の算数の勉強時間は、5年前に比べて減ったといえますか。

とき方 ❶ 5年前は、算数…30％、国語…□％、英語…□％、社会…□％、理科…□％、その他…20％です。今年は、算数…28％、国語…18％、英語…24％、社会…10％、理科…12％、その他…8％です。

割合が増えたのは□と□です。

❷ 算数の勉強時間は、

5年前は $450 \times 0.3 = 135$（分）

今年は □ $\times 0.28 =$ □（分）

答え ❶ □と□　❷ 減ったと□。

1 基本1のグラフを見て、次の問いに答えましょう。　教科書 140ページ1

❶ 5年前と比べて、勉強する時間の割合が変わっていない教科はどれですか。

（　　　　）

❷ 次の㋐～㋒のうち、正しくないものはどれですか。

㋐ 今年の理科の割合は、5年前の２倍になった。

㋑ 今年の国語の勉強時間は、5年前と変わらない。

㋒ 今年の社会の勉強時間は、5年前と変わらない。

（　　　　）

いくつかの帯グラフを年や月などの順にたてにならべると、割合の変化するようすがわかりやすく表せるよ。

まとめのテスト

時間 20分　得点 /100点

教科書 ㊦140～143ページ　答え 28ページ

1 ある町の図書館には自動貸出機があり、本を借りるときは、自動貸出機を使うか、まど口で手続きするかを選べるようになっています。
右の図は、この図書館の2020年から2023年までの本の貸出さっ数の合計と、自動貸出機を利用して貸し出した割合を調べてグラフに表したものです。　1つ20〔60点〕

本の貸出さっ数の合計と自動貸出機の利用割合

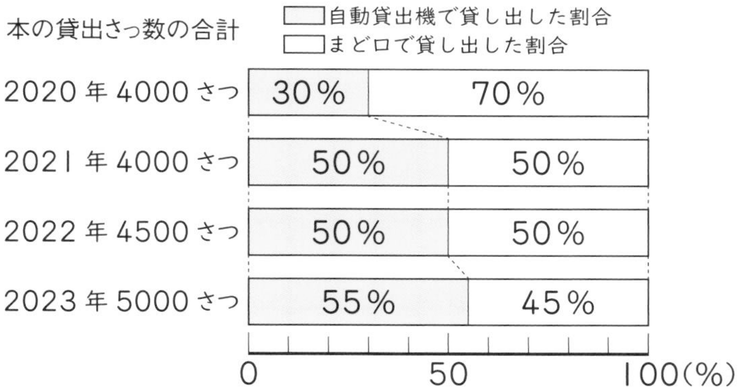

本の貸出さっ数の合計	自動貸出機で貸し出した割合	まど口で貸し出した割合
2020年 4000さつ	30%	70%
2021年 4000さつ	50%	50%
2022年 4500さつ	50%	50%
2023年 5000さつ	55%	45%

❶ 2020年と2021年を比べると、自動貸出機で貸し出したさっ数は増えていますか。

（　　　　　）

❷ 2021年と2022年を比べると、自動貸出機で貸し出したさっ数は増えていますか。

（　　　　　）

❸ 2020年から2023年までのうち、自動貸出機で貸し出したさっ数がいちばん多いのは何年ですか。

（　　　　　）

2 よく出る 次の図は、2010年、2015年、2020年のぶどうの収穫量の割合を調べてグラフに表したものです。　1つ20〔40点〕

ぶどうの都道府県別収穫量の割合の変化

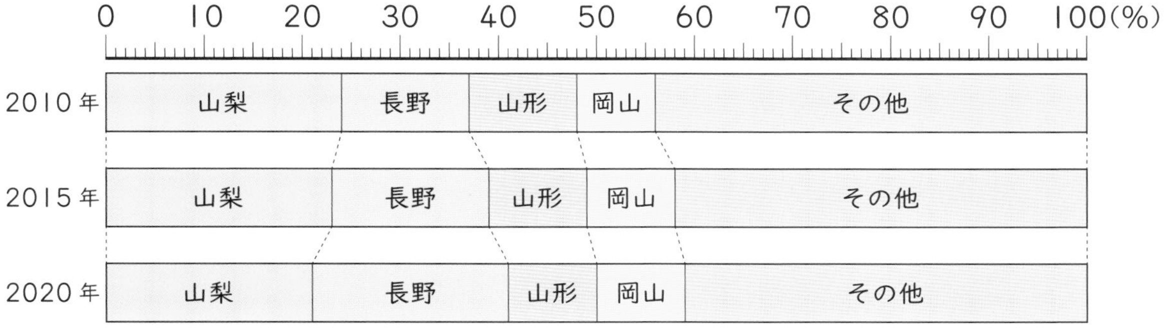

年					
2010年	山梨	長野	山形	岡山	その他
2015年	山梨	長野	山形	岡山	その他
2020年	山梨	長野	山形	岡山	その他

（目盛り：0　10　20　30　40　50　60　70　80　90　100(%)）

❶ 2010年から2015年、2020年と割合が増え続けているのは何県ですか。

（　　　　　）

❷ 2020年の山梨県の割合は、2010年の山梨県の割合の何倍ですか。分数で表しましょう。

（　　　　　）

チェック✓
□グラフから，数や割合を読み取ることができたかな？
□グラフから，変化のようすを読み取ることができたかな？

勉強した日　月　日

まとめのテスト①

時間20分　得点　/100点

教科書 下144～145ページ　答え 28ページ

1 4.83 を 100 倍した数、$\frac{1}{100}$ にした数を求めましょう。　1つ5〔10点〕

100 倍（　　　）　$\frac{1}{100}$（　　　）

2 次の計算をしましょう。　1つ5〔60点〕

❶ 9×2.3　❷ 3.5×6.4　❸ 7.83×1.4

❹ $68\div1.7$　❺ $9.03\div2.1$　❻ $0.14\div0.35$

❼ $\frac{2}{9}+\frac{3}{5}$　❽ $3\frac{1}{6}+1\frac{5}{8}$　❾ $1\frac{3}{4}+2\frac{7}{12}$

❿ $\frac{7}{10}-\frac{1}{4}$　⓫ $1\frac{11}{15}-1\frac{2}{3}$　⓬ $4\frac{5}{12}-1\frac{7}{9}$

3 10 と 35 の最小公倍数と最大公約数を求めましょう。　1つ5〔10点〕

最小公倍数（　　　）　最大公約数（　　　）

4 次の数を、大きい方から順にならべましょう。　〔4点〕

0.9　$\frac{11}{8}$　1.7　$1\frac{4}{5}$　$\frac{19}{20}$

（　　　）

5 1.5 L の重さが 1.38 kg の油があります。　1つ4〔16点〕

❶ この油 1 L の重さは何 kg ですか。

式

答え（　　　）

❷ この油 2.5 L の重さは何 kg ですか。

式

答え（　　　）

□小数のかけ算とわり算、分数のたし算とひき算ができたかな？
□数のしくみ、公倍数と公約数、整数・分数・小数の関係がわかったかな？

勉強した日　月　日

まとめのテスト②

教科書 下146～147ページ　答え 29ページ

時間20分　得点　/100点

1 次の図形の中で、どの図形とどの図形が合同ですか。〔9点〕

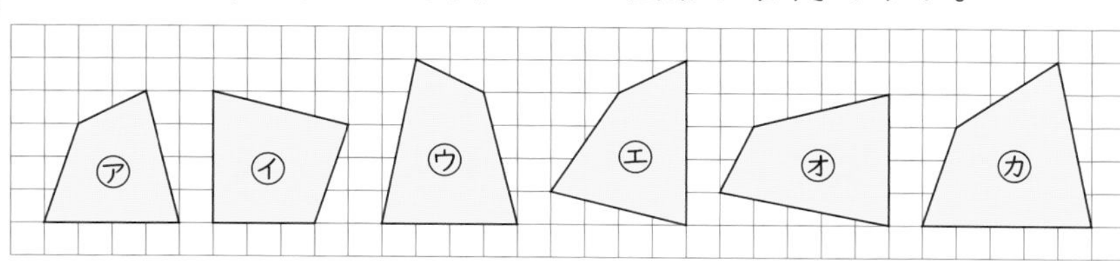

（　　　　）

2 次の㋐、㋑の角の大きさを、計算で求めましょう。1つ7〔14点〕

❶

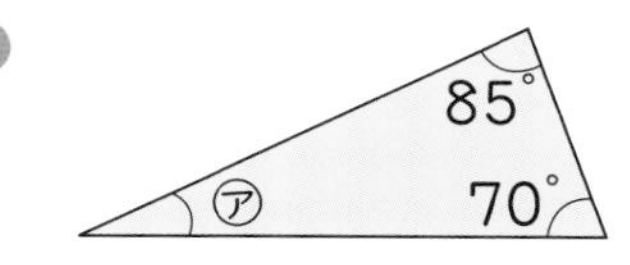

❷

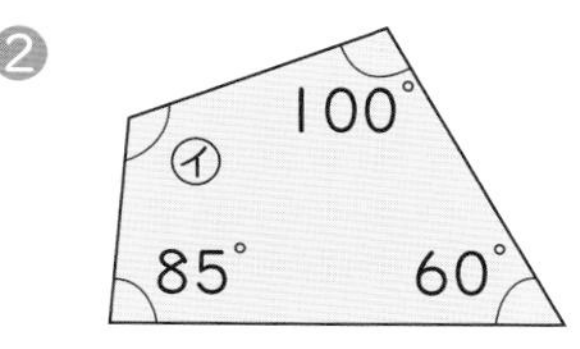

（　　　　）（　　　　）

3 次の図形の面積を求めましょう。1つ7〔28点〕

❶

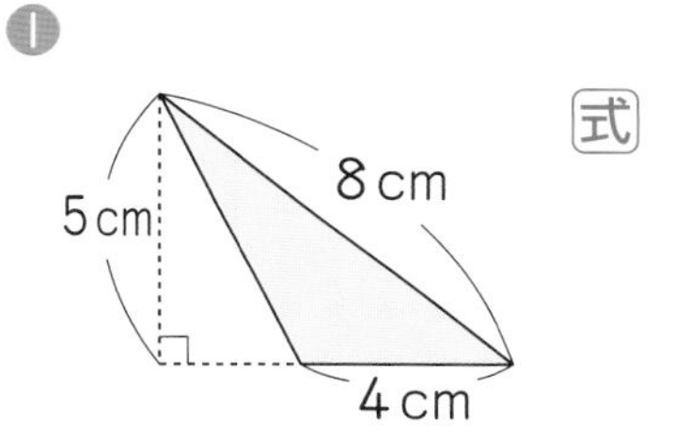

式

答え（　　　　）

❷ 台形

式

答え（　　　　）

4 直径7cmの円の円周の長さは何cmですか。1つ7〔14点〕

式

答え（　　　　）

5 円の中心のまわりの角を9等分して、正九角形をかきました。1つ7〔21点〕

❶ ㋐、㋑の角度は何度ですか。

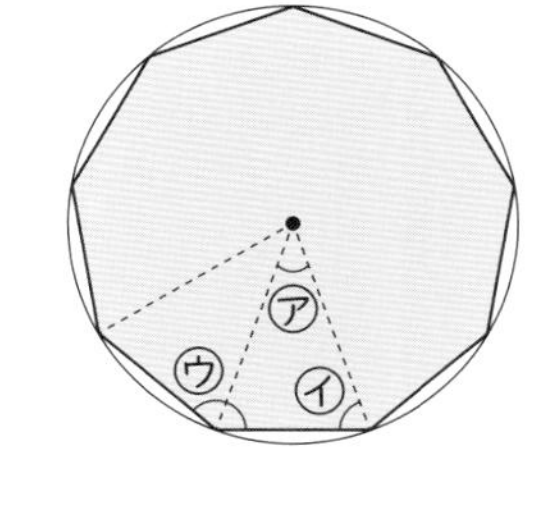

㋐（　　　　）㋑（　　　　）

❷ 正九角形の1つの角㋒の角度は何度ですか。

（　　　　）

6 右の図のような形の体積を求めましょう。1つ7〔14点〕

式

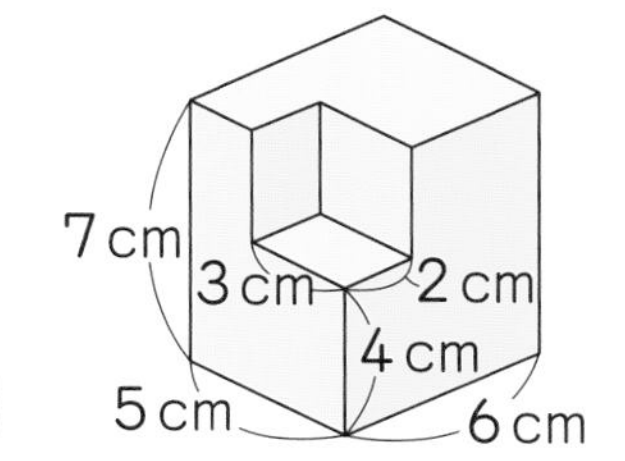

答え（　　　　）

□合同な図形を見つけたり、角の大きさや面積を求めたりできたかな？
□円周の長さや正多角形の角の大きさ、体積を求めることができたかな？

まとめのテスト③

時間20分

得点　/100点

教科書 ㊦148～149ページ　答え 29ページ

1 1mの代金が40円のリボンの長さと代金の関係について調べました。　1つ6〔18点〕

❶ リボンの長さと代金の関係を下の表にまとめましょう。

長さ(m)	1	2	3	4	5
代金(円)	40	80			

❷ 長さを□m、代金を○円として、代金を求める式を書きましょう。

(　　　　)

❸ 代金が560円のときのリボンの長さは何mですか。

(　　　　)

2 面積960m²の公園には、120人の子どもがいます。面積350m²の広場には、49人の子どもがいます。公園と広場はどちらがこんでいますか。　1つ6〔12点〕

式

答え(　　　　)

3 みおさんは家から2000mはなれた図書館へ向かって、歩いて出発しました。分速70mで歩くとすると、出発してから15分後には、図書館まであと何mのところにいますか。　1つ7〔14点〕

式

答え(　　　　)

4 □にあてはまる数を求めましょう。　1つ7〔42点〕

❶ 57cmは、95cmの□%です。

❷ 80kgは、64kgの□%です。

❸ 1.5mの40%は、□mです。

❹ 135人の120%は、□人です。

❺ □円の85%は5100円です。

❻ □mLの170%は680mLです。

5 次の表は、はやとさんのクラスの35人が、先週読んだ本のさっ数を調べたものです。はやとさんのクラスでは、先週1人平均何さつ読んだといえますか。　1つ7〔14点〕

先週読んだ本のさっ数と人数

さっ数(さつ)	0	1	2	3	4
人数(人)	8	12	10	3	2

式

答え(　　　　)

□比例の関係や単位量あたりの大きさ、速さの問題がとけたかな？
□割合について考えたり、平均を求めたりできたかな？

まとめのテスト④

時間20分　得点　/100点

教科書 ㊦144〜149ページ　答え 29ページ

1 次の計算をしましょう。　1つ8〔16点〕

❶ 0.3×0.28

❷ $2\frac{3}{8}-1\frac{11}{20}$

2 右の㋐の角の大きさを、計算で求めましょう。　〔8点〕

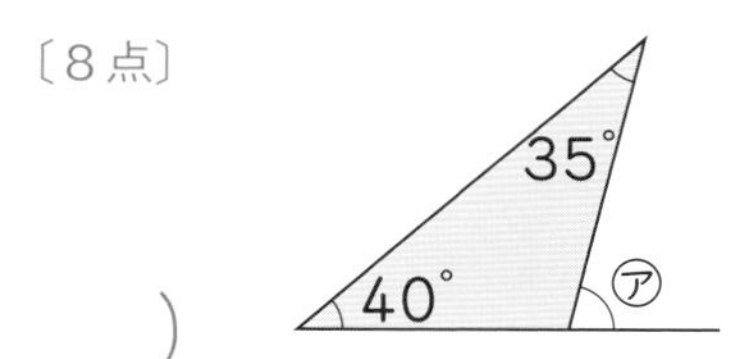

(　　　)

3 次の図形の面積を求めましょう。　1つ8〔32点〕

❶ 平行四辺形

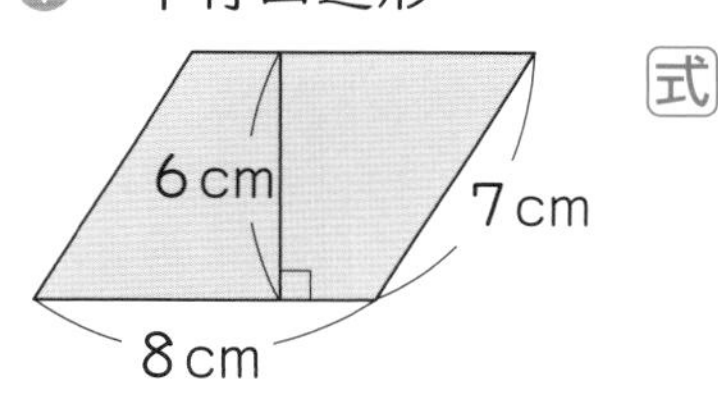

式

答え (　　　)

❷ ひし形

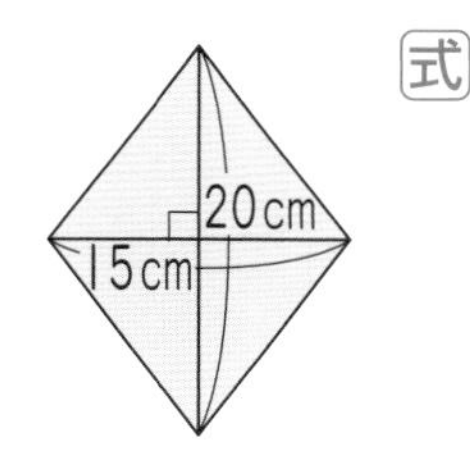

式

答え (　　　)

4 右の円グラフは、あつしさんの学校の５年生120人がいちばん好きな動物の割合を表したものです。ネコがいちばん好きな人は何人いますか。　〔8点〕

いちばん好きな動物

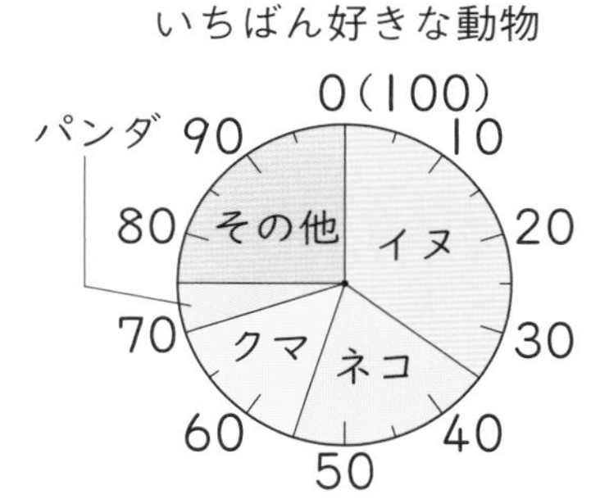

(　　　)

5 右の円柱の展開図をかいたら、側面はたて12cmの長方形になりました。側面の長方形の横の長さは何cmになりますか。　1つ9〔18点〕

式

答え (　　　)

6 Aスーパーではおかしを20円引きで、Bスーパーではおかしを10%引きで売っています。　1つ9〔18点〕

❶ 90円のおかしを買うとき、どちらの店で買う方が得といえますか。

(　　　)

❷ AスーパーとBスーパーで、おかしの代金が同じになるのは何円のときですか。

(　　　)

ふろくの「計算練習ノート」28〜29ページをやろう！

□分数・小数の計算問題や図形の角度・面積の問題がとけたかな？
□円グラフや展開図、割合についての問題がとけたかな？

勉強した日　月　日

学びのワーク　プログラミングのプ

教科書 ㊦150～151ページ　答え 30ページ

基本1 指示を使って、ロボットを動かすことができますか

☆ ロボットを動かして正方形をかきます。りおさんは、次の２つの指示を考えました。

前に□cm 進む　（□cm）

左に△° 曲がる　（△°）

❶ 上の２つの指示を使って、ロボットに１辺が３cmの正方形をかかせます。どんな指示を出せばよいですか。□にあてはまる数を書きましょう。

前に 3cm 進む → 左に㋐°曲がる
→ 前に㋑cm 進む → 左に 90° 曲がる
→ 前に㋒cm 進む → 左に㋓°曲がる
→ 前に 3cm 進む

❷ ❶の指示にしたがって、右の方眼に、ロボットになったつもりで、１辺が３cmの正方形をかきましょう。

とき方 ❶ ロボットが向きを変えるごとに正方形の１辺の長さを進みます。
正方形の４つの角はすべて　°だから、角を左に　°曲がります。
❷ ❶の指示にしたがって、正方形をかきます。

答え ❶ ㋐　　㋑　　㋒　　㋓　　❷ 問題の図に記入

1 基本1 と同じように、ロボットを動かして１辺が２cmの正六角形をかきます。

教科書 150ページ

❶ 前に何cm進むように指示しますか。
(　　　　)

❷ 左に何度曲がるように指示しますか。
(　　　　)

❸ ❶、❷の指示にしたがって、右の方眼に、ロボットになったつもりで、１辺が２cmの正六角形をかきましょう。

120°　?

正六角形の１つの角の大きさは120°だから…

正六角形は、合同な正三角形が６個でできています。正六角形の１つの角の大きさは、正三角形の１つの角の大きさ60°の２個分だから、120°です。